高等学校电子与电气工程及自动化专业“十二五”规划教材

系统辨识

侯媛彬　周莉　王立琦　宋春峰　编著

西安电子科技大学出版社

内 容 简 介

系统辨识是研究线性、非线性系统辨识建模的理论和方法，是将 MATLAB 仿真软件与系统辨识建模理论相融合的一种新技术，属于智能控制范畴。本书系统地论述了古典、现代辨识理论和方法，并探讨了多种新的非线性智能辨识技术，如神经网络、遗传神经网络算法、模糊神经网络等；还介绍了诱导和辨识混沌方法，分析了各种方法的一致性及特点，并探讨了 MATLAB 软件对各类辨识方法的实现途径。全书共 8 章，在理论分析的基础上，列举了大量的仿真程序，进行了程序剖析，并给出一些工程应用实例。

本书内容新颖、信息量大，并附有作者开发的多种与辨识相关的源程序及多媒体课件，为读者提供了系统辨识(或参数估计)的编程样本和学习参考。

本书可供高等学校自动化、测控、通信、安全类及相关专业师生和工程技术人员选用。

图书在版编目(CIP)数据

系统辨识/侯媛彬等编著. 一西安：西安电子科技大学出版社，2014.4
高等学校电子与电气工程及自动化专业“十二五”规划教材
ISBN 978-7-5606-3336-7

Ⅰ. ①系… Ⅱ. ①侯… Ⅲ. ①系统辨识-高等学校-教材 Ⅳ. ①N945.14

中国版本图书馆 CIP 数据核字(2014)第 051329 号

策　　划　马乐惠
责任编辑　雷鸿俊　马乐惠
出版发行　西安电子科技大学出版社(西安市太白南路 2 号)
电　　话　(029)88242885　88201467　　邮　　编　710071
网　　址　www.xduph.com　　电子邮箱　xdupfxb001@163.com
经　　销　新华书店
印刷单位　陕西天意印务有限责任公司
版　　次　2014 年 4 月第 1 版　2014 年 4 月第 1 次印刷
开　　本　787 毫米×1092 毫米　1/16　　印　　张 13.5
字　　数　313 千字
印　　数　1～3000 册
定　　价　30.00 元(含光盘)
ISBN 978-7-5606-3336-7/N

XDUP 3628001-1

如有印装问题可调换

序

在自然科学和社会科学的各个研究领域，越来越多的专家学者在关注与寻求着各自研究领域的系统(或过程)建模问题。系统辨识属于近几十年发展起来的信息、控制与系统科学的新兴交叉学科，其研究内容是关于系统建模理论和方法。MATLAB是美国Mathworks公司推出的应用软件，其优秀的数值计算能力和强大的扩展功能几乎能够满足所有的计算需求，一经推出就得到了专家学者和科研人员的广泛关注。本书是系统辨识建模理论与MATLAB仿真软件融合的产物，是信息与控制的前沿研究领域。

本书第一作者博士生导师侯媛彬教授是国家重点学科西安科技大学安全技术及工程博士点矿山设备安全运行理论及方法方向的学术带头人、西安科技大学省重点学科“控制理论与控制工程”学科带头人，兼任中国自动化学会电气专业委员会委员、陕西省自动化学会常务理事及教育委员会主任，长期从事本专业的教学和科研工作，多年来一直站在本学科的前沿，主持和参加省部级项目20余项，发表科技论文190余篇，其中50余篇被EI检索，出版专著、教材13部；作为第一完成人获省级科学技术奖6项、获发明专利和实用新型专利9项；曾荣获陕西省师德标兵；在系统工程、复杂系统的辨识、建模、故障诊断、安全生产与监测监控方面做了大量的研究工作，得到了国内外同行专家的好评。本书的其他三位作者也长期从事系统辨识教学及相关科研工作。他们正是在这些积累的基础上编写了本书。

全书系统地论述了古典辨识的相关分析法，现代辨识的最小二乘法、极大似然法、梯度校正法及Bayes辨识方法，并探讨了多种新的非线性智能辨识技术，如BP神经网络辨识及其改进算法、遗传神经网络算法、小脑模型CMAC神经网络辨识、Volterra辨识方法、复杂系统的混沌现象及其辨识等新的辨识方法；分析了各种方法的一致性及特点，并探讨了MATLAB软件对各类辨识方法的实现途径，在分析了各类辨识编程方法的基础上，开发了十多种可直接在MATLAB下运行的系统辨识程序，给出了程序剖析和工程应用实例，并附有习题、多媒体课件和仿真源程序光盘，为读者提供了学习及开发的样本。

由于近年很少有系统辨识方面的新书问世，尤其是将系统辨识与MATLAB软件相融合的书籍在国内外更为少见，因此，本书对于复杂系统的辨识及MATLAB软件的普及应用及其智能控制学科的发展将起到较大的促进作用。

韩崇昭 教授

2014年1月于西安交通大学

前　言

在社会和生产中，越来越多的需要辨识系统模型的问题已广泛引起人们的重视，社会科学和自然科学的各个领域中有很多学者在研究有关线性和非线性的辨识问题。本书是作者在多年从事系统辨识教学及与智能控制相关的科研积累的基础上编写而成的。

本书系统地论述了古典、现代辨识理论和方法，探讨了多种新的非线性智能辨识技术，分析了各种方法的一致性及特点，并设计了 MATLAB 软件对各类辨识方法的实现途径。本书内容新颖、信息量大，在分析了各类辨识编程方法的基础上，列举了编者团队开发的多种系统辨识程序，进行了程序剖析，给出了部分工程应用实例，并附有多媒体课件、习题和仿真光盘(光盘中附有开发的各类辨识程序，可直接在 MATLAB 下运行)，为读者提供了学习开发系统辨识程序的样本。

本书共 8 章。第 1、2 章为辨识的基本概念、理论基础和古典辨识方法；第 3 章至第 5 章为现代辨识内容，其中第 3 章是最小二乘参数辨识，第 4 章是极大似然法的参数辨识，第 5 章是其它参数辨识方法，主要包括梯度和 Bayes 辨识方法；第 6、7、8 章为复杂的非线性系统的智能辨识和混沌辨识，其中第 6 章是 BP 神经网络及其改进算法的辨识，第 7 章为小脑模型 CMAC 神经网络及其改进的算法辨识，第 8 章是 Volterra 辨识方法、复杂系统的混沌现象及其辨识。此外，第 2 章至第 7 章均包含有编者们开发的相应程序及其程序剖析。

本书的第 1 章、第 2 章、第 4 章、第 6 章、第 7 章由侯媛彬教授编写，第 3 章由周莉副教授编写，第 5 章由宋春峰老师编写，第 8 章由王立琦副教授编写。

西安交通大学韩崇昭博导审阅了全书并提出了宝贵意见。西安电子科技大学焦李成博导和西安建筑科技大学任庆昌博导对本书提出了宝贵意见，在此一并深表谢意！另外，在本书的编写过程中，汪梅教授、杜京义教授、高赟教授以及作者的研究生祝海江博士、李秀改博士、白云博士、李红岩博士、薛斐硕士、王璐硕士、党娇硕士、张铁斌硕士、高阳东硕士等给予了支持与帮助，在此也表示感谢！

由于作者水平有限，书中不足之处在所难免，欢迎读者批评指正并提出宝贵意见。

编　者

2014 年 1 月

目　录

第 1 章　辨识的基本概念

目前，在社会科学和自然科学领域中，越来越多的需要辨识的问题已成为研究的热点。早在 20 世纪 60 年代初期，Zadeh 就给出了有关系统辨识的定义，对于线性系统的模型辨识和参数估计，人们已经进行了深入的研究，并总结出一套成熟的方法，如最小二乘辨识方法、最大似然辨识方法、梯度法辨识等。这些理论和方法在工程实际中得到了广泛的应用。然而在现实中，非线性是普遍存在的，线性模型只是对非线性的一种简化和近似。对非线性系统的研究、设计要比线性系统复杂得多，且方法并非唯一，更找不到统一的设计模式。只能是针对具体问题分析其非线性的问题所在，抓住其影响系统静、动态品质的要害，研究辨识非线性系统模型及控制的理论和方法，进而对系统进行辨识、补偿或控制。如何能够通过辨识得到其较准确的模型，则是控制问题的关键。本章主要介绍系统辨识的基本概念。第 1 节为系统和模型，其中包括模型的表现形式及数学模型的分类；第 2 节为辨识建模的定义；第 3 节为辨识问题的表达形式及原理，其中包括辨识问题的表达形式、辨识算法的基本原理和误差准则；第 4 节为辨识的内容和步骤；第 5 节介绍典型的非线性系统辨识与控制方法。

1.1　系统和模型

1.1.1　模型的表现形式

系统是通过模型来表达的，因此系统辨识也称为模型辨识。模型有以下表现形式：

(1) "直觉"模型。它指过程的特性以非解析的形式直接储存在人脑中，靠人的直觉控制过程的进行。例如，司机就是靠"直觉模型"来控制汽车的方向盘的。

(2) 物理模型。它是根据相似原理把实践过程加以缩小的复制品，或是实际过程的一种物理模拟。例如，电力系统动态模型、某种控制机床模型或风洞、水利学模型、传热学模型等均是物理模型。

(3) 图表模型。它以图形或表格的形式来表现过程的特性，如阶跃响应、脉冲响应和频率响应等，也称非参数模型。

(4) 数学模型。它用数学结构的形式来反映实际过程的行为特性，常用的有代数方程、微分方程、差分方程和状态方程。以下是一些常见的数学模型：

① 经济学上的 Cobb-Douglas 产生关系模型(代数方程)为

$$Y = AL^{a_1}K^{a_2}, \quad a_1 > 0, \quad a_2 < 1 \tag{1.1}$$

其中，Y 为产值，L 为劳动力，K 为资本。

② 微分方程为

$$\begin{aligned} &z^{(n)}(t)+a_1z^{(n-1)}(t)+a_2z^{(n-2)}+\cdots+a_{n-1}z^{(1)}(t)+a_nz(t) \\ &=b_1u^{(m-1)}(t)+b_2u^{(m-2)}+\cdots+b_{m-1}u^{(1)}(t)+b_mu(t)+e(t) \end{aligned} \tag{1.2}$$

其中，$u(t)$和 $z(t)$为输入、输出量，$e(t)$为噪声项。

③ 差分方程为

$$A(z^{-1})z(k)=B(z^{-1})u(k)+e(k) \tag{1.3}$$

式中

$$\begin{cases} A(z^{-1})=1+a_1z^{-1}+a_2z^{-2}+\cdots+a_{n_a}z^{n_a} \\ B(z^{-1})=b_1z^{-1}+b_2z^{-2}+\cdots+b_{n_b}z^{n_b} \end{cases} \tag{1.4}$$

即

$$\begin{aligned} &z(k)+a_1z(k-1)+a_2z(k-2)+\cdots+a_{n_a}z(k-n_a) \\ &=b_1u(k-1)+\cdots+b_{n_b}u(k-n_b)+e(k) \end{aligned} \tag{1.5}$$

其中，$u(k)$和 $z(k)$为输入、输出量，$e(k)$为噪声项，z^{-1}表示迟延算子，即 $z^{-1}x(k)=x(k-1)$。

④ 状态方程为

$$\begin{cases} \dot{x}(t)=Ax(t)+bu(t)+F\omega(t) \\ z(t)=cx(t)+hw(t) \end{cases} \tag{1.6}$$

或

$$\begin{cases} x(k+1)=Ax(k)+bu(k)+F\omega(k) \\ z(k)=cx(k)+hw(k) \end{cases} \tag{1.7}$$

其中，$u(\cdot)$和 $z(\cdot)$为输入、输出量，$x(\cdot)$为状态变量，$\omega(\cdot)$和 $w(\cdot)$为噪声项。

1.1.2　系统及其模型的分类

系统工程是研究大规模复杂系统的一门交叉学科，它把自然科学和社会科学的思想、理论、方法、策略和手段等根据总体协调的需要有机地联系起来，把人们的生产、科研或经济活动有效地组织起来，应用定量分析和定性分析相结合的方法及计算机等技术工具，对系统的构成要求、组织结构、信息交换和反馈控制等功能进行分析、设计、制造和服务，从而达到最优设计、最优控制和最优管理的目的，以便充分发挥人力、物力的潜力，并通过组织管理技术或局部和整体之间的关系协调配合，实现系统的综合最优化。系统工程的内容包括系统辨识技术、系统模型优化、系统最优化技术、系统评价技术、系统预测技术和系统决策技术，其中系统辨识是系统工程最主要的研究内容。

从系统工程的角度来看，系统具有以下特性：

(1) 整体性：系统是由两个以上的具有相互区别的特性子系统组合而成的，各个子系统可协调。

(2) 集合性：集合的概念是把具有某种属性的一些对象看成一个整体，集合中有两个以上的子集，也可理解成整体性中子系统的具体化，如一台计算机由多个部件组成。

(3) 层次性：从结构上看系统中的各个子系统间具有一定的联系，即具有层次性和逻辑性。

(4) 相关性：子系统间的关系和演变可显现出相关性。

(5) 目的性：一个系统要实现的功能即为目的。

(6) 适用性：系统在设计时必须考虑环境才能具有适应性。

从系统工程的角度来看，系统可分成自然系统和人造系统、实际系统和概念系统、动态系统和静态系统、开放系统和封闭系统以及简单系统、简单巨系统和复杂巨系统。

一般来说，系统的特性有线性与非线性、动态与静态、确定性与随机性、宏观与微观之分，故描述系统特性的数学模型必然也有这几种类型的区分。对于工学学科来说，用线性的微分方程、差分方程或状态方程所描述的模型为线性系统模型；若系统中含有非线性的元件或部件，则用非线性的微分方程、差分方程或状态方程所描述的模型为非线性系统模型。在分析或设计系统时，对非线性不严重的系统，常用线性化处理的方法，在特定的条件下将非线性模型处理成线性模型。但对非线性严重的特性，采用分区域处理的非线性处理或设计的方法。

系统模型也可分为参数模型和非参数模型。用数学表达式如式(1.1)～式(1.7)能描述的模型称为参数模型；用图形或曲线如经典控制理论中的脉冲响应、根轨迹、伯德图、奈奎斯特图表示的模型则称为非参数模型。

此外，还可将系统模型分为外部模型和内部模型。外部模型是指单输入单输出(Single Input Single Output，SISO)系统的模型，一般采用微分方程、差分方程来描述，主要用在经典控制理论和简单系统的计算机控制中，还有传递函数(方框图/信号流图)、频率特性也为 SISO 系统的模型；内部模型是指多输入多输出 (Multiple Input Multiple Output，MIMO)系统的状态空间模型，主要用于现代控制理论中的复杂系统模型描述以及复杂的电路网络模型描述。

1.2　辨识建模的定义

系统模型建立(建模)分为机理建模、系统辨识建模、机理分析和系统辨识相结合的建模方法。机理建模是一种常用的建模方法，是根据系统的结构，分析系统运动的规律，利用已知的定律、定理或原理，如化学动力学原理、生物学定律、牛顿定理、能量平衡方程和传热传质原理等推导出描述系统的数学模型，建立的模型可能是线性的或非线性的，这类建模有时也称为白箱建模。系统辨识是一种利用系统的输入输出数据建模的方法，是黑箱建模问题，即使对系统的结构和参数一无所知，也可以通过多次测量得到的系统的输入和输出数据来求得系统的模型，是对实际系统的一个合适的近似。在这方面线性系统的建模(辨识)理论已成熟，获得的模型较简单。机理建模和辨识建模结合的方法适用于系统的运动机理不是完全未知的情况，称之为灰箱建模，其利用已知的运动机理和经验确定系统的结构和参数(即确定模型)。

辨识问题包括模型结构辨识和参数估计。关于模型结构辨识，在著名自动控制和系统工程专家刘豹等的《系统辨识》中讨论了模型结构辨识的方法，本书重点讨论参数估计。所谓参数估计或点估计问题，即设 x 为一未知参数，可以视为参数空间 X 中的一个点，量测 y 是一随机向量，其分量依赖于参数 x，即根据 y 的一组样本(观测值)对参数 x 的估计就称为参数估计问题。系统辨识是研究如何获得必要的系统输入输出的数据(样本)，以及如何从所获得的数据构造一个相对真实地反映客观对象的数学模型。L. A. Zadeh 在 1962 年曾给系统辨识下过一个定义(见定义 1.1)。

定义 1.1 辨识就是在被测系统输入和输出的统计数据基础上，由规定的一类系统模型集中确定一个系统模型，使之与被测系统等价。

这个定义明确了辨识的三大要素，即系统的输入输出数据、模型类和等价准则。这个定义中提到的"一类系统模型"是指规定的连续时间模型或离散时间模型、输入输出模型或状态空间模型、确定性模型或随机模型、线性模型或非线性模型等。模型类的规定是根据人们对实际系统的了解以及建立模型的目的设定的。规定了模型类后，再由输入输出数据按结构辨识的方法确定系统的结构参数，并且用参数辨识的方法辨识系统的参数。

根据定义，我们所建立的模型必须与被测系统在某种意义上是等价的。

设 M 表示被测系统的一个模型，并且满足

$$M \in G_m \tag{1.8}$$

G_m 是具有某种属性的模型类。一个系统可看做是从系统允许的输入空间 U 到输出空间 Y 的一个算子 p(相当于对象 M)，p 属于某个算子类 G。系统辨识的问题是指对于一个给定的算子类 G 和一个对象 $p \in G$，确定一个模型类 G_m 及它的一个元素 $p_m \in G_m$(可以认为 G_m 是 G 的一个子集)，使得 p_m 尽可能地逼近 p。在实际的被控系统中，可以采集到对象的输入和输出的数据，现认为时间函数 $u(t)$、$y(t)$($t \in [0, T]$)所表示的输入输出对可以定义这个系统 p，这时辨识的目标是确定 p_m，并且满足

$$\| y(u) - y_m(u) \| = \| p(u) - p_m(u) \| \leqslant \varepsilon,\ u \in U,\ \varepsilon > 0 \tag{1.9}$$

模型不确定的非线性系统的辨识应属于黑箱辨识问题。对于黑箱辨识方法，被测对象所属的算子是未知的，由于输入、输出对隐含地表示算子 p，通常又可认为 p 属于非线性连续算子集合，因此可选用对连续算子集合具有任意逼近能力的模型集合。对模型集合的选择主要考虑算法的简单性、模型的适应能力和逼近的精度等因素。对于离散时间系统，这样的集合有基于多项式的 NARMAX 模型，而基于神经网络所构成的模型也属其中的一种。黑箱法由实验观测、数学建模和模型验证三个步骤组成。

对于实际中复杂的具有非线性的系统，若只采用机理建模方法则得不到系统的完整模型，一般采用机理建模和辨识结合的方法建模。

1.3 辨识问题的表达形式及原理

1.3.1 辨识问题的表达形式

下面着重讨论线性离散模型的辨识问题。所谓线性离散模型，是指一个或几个变量可以表示为另外一些变量在时间或空间的离散点上的线性组合，如图 1.1 所示。

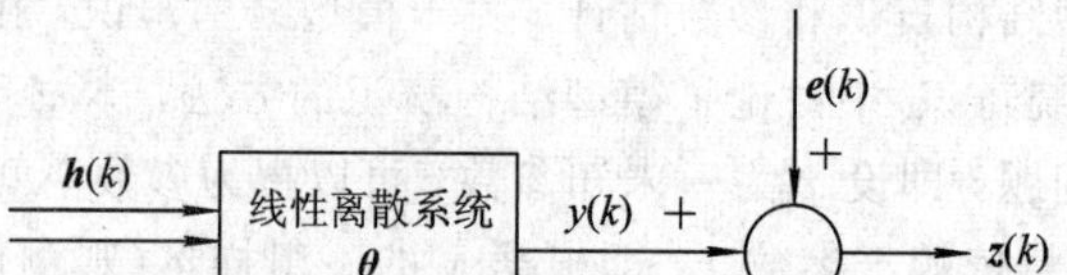

图 1.1 线性离散模型的数学表达形式

图 1.1 中，$\boldsymbol{h}(k)$是输入向量，$\boldsymbol{z}(k)$是模型的输出变量，它们在离散点上必须是可观测的；$\boldsymbol{e}(k)$是模型噪声；$\boldsymbol{\theta}$ 是未知模型参数。记

$$\begin{cases}\boldsymbol{h}(k)=[h_1(k) \quad h_2(k) \quad h_3(k) \quad \cdots \quad h_n(k)]^{\mathrm{T}} \\ \boldsymbol{\theta}=[\theta_1 \quad \theta_2 \quad \theta_3 \quad \cdots \quad \theta_N]^{\mathrm{T}}\end{cases} \tag{1.10}$$

则线性离散模型的输出可表示成

$$z(k)=\sum_{i=1}^{N}\theta_i h_i(k)+\boldsymbol{e}(k)=\boldsymbol{h}^{\mathrm{T}}(k)\boldsymbol{\theta}+\boldsymbol{e}(k) \tag{1.11}$$

例 1.1 将差分方程化成最小二乘格式。考虑如下差分方程：

$$\begin{aligned}&z(k)+a_1 z(k-1)+a_2 z(k-2)+\cdots+a_n z(k-n)\\&=b_1 u(k-1)+\cdots+b_n u(k-n)+e(k)\end{aligned} \tag{1.12}$$

其中，方程的输入输出变量 $u(\cdot)$、$z(\cdot)$在各离散点上都是可观测的。

解 设样本及参数集为

$$\begin{cases}\boldsymbol{h}(k)=[-z(k-1) \quad -z(k-2) \quad \cdots \quad -z(k-n) \quad u(k-1) \quad u(k-2) \quad \cdots \quad u(k-n)]^{\mathrm{T}} \\ \boldsymbol{\theta}=[a_1 \quad a_2 \quad \cdots \quad a_n \quad b_1 \quad b_2 \quad \cdots \quad b_n]^{\mathrm{T}}\end{cases} \tag{1.13}$$

则 $\boldsymbol{h}(k)$是可观测的向量，那么差分方程所对应的最小二乘格式为

$$z(k)=\boldsymbol{h}^{\mathrm{T}}(k)\boldsymbol{\theta}+\boldsymbol{e}(k) \tag{1.14}$$

如果图 1.2 是被辨识的系统，则描述它的模型必须是能化成图 1.3 所示的辨识表达形式，即最小二乘格式，输出量 $z(k)$应是输入量 $\boldsymbol{h}(k)$ 的线性组合，如式(1.14)。

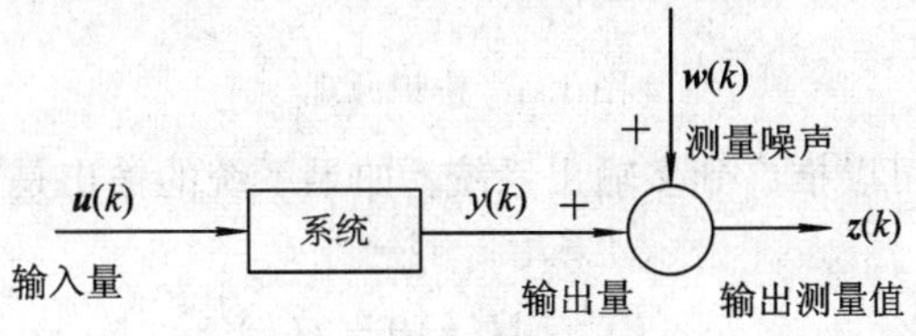

图 1.2 待辨识的过程

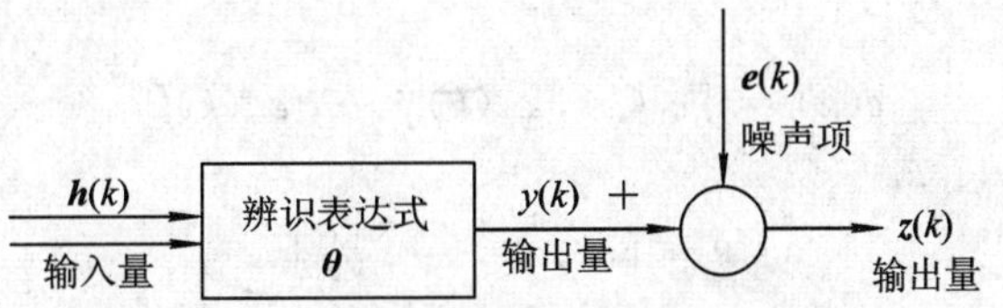

图 1.3 辨识问题的表达形式

1.3.2 辨识算法的基本原理

辨识的目的就是根据系统的测量信息，在某种准则意义下，估计出模型的未知参数，其基本原理如图 1.4 所示。

为了得到模型参数 $\boldsymbol{\theta}$ 的估计值，通常采用逐步逼近的办法。在 k 时刻，根据前一时刻的估计参数计算出模型该时刻的输出，即系统输出预报值：

$$\hat{z}(k) = \boldsymbol{h}^{\mathrm{T}}(k)\,\hat{\boldsymbol{\theta}}(k-1) \tag{1.15}$$

同时计算出预报误差，或称新息(Innovation)：

$$\tilde{z}(k) = z(k) - \hat{z}(k) \tag{1.16}$$

其中，系统输出量

$$z(k) = \boldsymbol{h}^{\mathrm{T}}(k)\boldsymbol{\theta}_0(k-1) + e(k) \tag{1.17}$$

及辨识表达式的输入量 $\boldsymbol{h}(k)$ 都是可测量的。然后将预报误差 $\tilde{z}(k)$ 反馈到辨识算法中，在某种准则下计算出 k 时刻的模型参数估计值 $\hat{\boldsymbol{\theta}}(k)$，并据此更新模型参数。这样依次迭代下去，直至其准则函数达到最小值。此刻模型的输出 $\hat{z}(k)$ 便可以在该准则意义下最好地逼近系统的输出 $z(k)$，从而获得了所需要的模型。

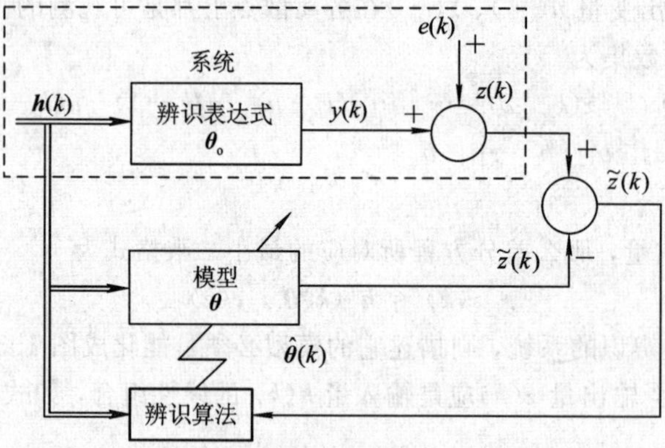

图 1.4 辨识原理

上述辨识算法原理可以推广到多输出系统。如果系统的输出是 m 维向量，那么辨识问题的表达形式应为

$$z(k) = \boldsymbol{H}(k)\boldsymbol{\theta} + e(k) \tag{1.18}$$

其中，输出向量为

$$\boldsymbol{z}(k) = [z_1(k),\, z_2(k),\, \cdots,\, z_m(k)]^{\mathrm{T}} \tag{1.19}$$

噪声向量为

$$\boldsymbol{e}(k) = [e_1(k),\, e_2(k),\, \cdots,\, e_m(k)]^{\mathrm{T}} \tag{1.20}$$

参数向量为

$$\boldsymbol{\theta} = [\theta_1,\, \theta_2,\, \cdots,\, \theta_N]^{\mathrm{T}} \tag{1.21}$$

输入数据阵为

$$\boldsymbol{H}(k) = \begin{bmatrix} h_{11}(k) & h_{12}(k) & \cdots & h_{1N}(k) \\ h_{21}(k) & h_{22}(k) & \cdots & h_{2N}(k) \\ \vdots & \vdots & \ddots & \vdots \\ h_{m1}(k) & h_{m2}(k) & \cdots & h_{mN}(k) \end{bmatrix} \tag{1.22}$$

该多输出情况下的辨识问题与单输出情况下的辨识问题类同，可将多输入多输出系统(MIMO)的辨识原理描述为图 1.5 所示。

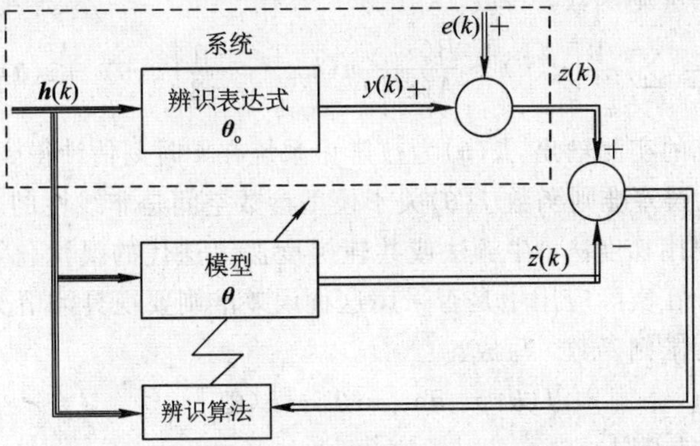

图 1.5　MISO 系统的辨识原理

1.3.3　误差准则

等价准则是辨识问题中不可缺少的三大要素之一，它是用来衡量模型接近实际过程的准则，通常被表示为一个误差的泛函。因此等价准则也叫做误差准则或损失函数，也称准则函数，记作

$$J(\boldsymbol{\theta}) = \sum_{k=1}^{L} f(\tilde{z}(k)) \tag{1.23}$$

其中，$f(\cdot)$是 $\tilde{z}(k)$的函数。用得最多的是平方函数，即

$$f(\tilde{z}(k)) = \tilde{z}^2(k) \tag{1.24}$$

$\tilde{z}(k)$是定义在区间$(0, L)$上的误差函数。这个误差函数应该广义地理解为模型与实际过程的"误差"。从系统的结构上来划分，一般将系统的误差分为输出误差和输入误差。将系统的输出和模型的输出之差定义的误差称为输出误差；将系统的输入和逆模型的输出之差定义的误差称为输入误差。在系统辨识过程中多采用输出误差作为准则函数。

若系统和模型的输出分别记作 $z(k)$和 $z_m(k)$，则

$$\tilde{z}(k) = z(k) - z_m(k) = z(k) - f[u(k)] \tag{1.25}$$

称做输出误差。其中，$f[u(k)]$是当输入为 $u(k)$时的模型输出。如果扰动是作用在系统输出端的白噪声，那么选用这种误差准则就是最合适的。但是，输出误差 $\tilde{z}(k)$通常是模型参数的非线性函数，因此在这种误差准则意义下，辨识问题将归结成复杂的非线性最优化问题。比如，模型取脉冲传递函数(离散)形式为

$$G(z^{-1}) = \frac{B(z^{-1})}{A(z^{-1})} \tag{1.26}$$

其中

$$\begin{cases} A(z^{-1}) = 1 + a_1 z^{-1} + \cdots + a_{n_a} z^{-n_a} \\ B(z^{-1}) = b_1 z^{-1} + b_2 z^{-2} + \cdots + b_{n_b} z^{-n_b} \end{cases} \tag{1.27}$$

则输出误差为

$$\tilde{z}(k) = z(k) - \frac{B(z^{-1})}{A(z^{-1})} u(k) \tag{1.28}$$

在编写系统辨识程序时，以输出误差作为准则函数有以下几种形式：

(1) 均方误差作为准则函数，写成

$$J(\boldsymbol{\theta}) = \sum_{k=1}^{L} \frac{1}{2}\left[z(k) - \frac{B(z^{-1})}{A(z^{-1})}u(k)\right]^2 = \frac{1}{2}[z(\boldsymbol{\theta}) - \hat{z}(\boldsymbol{\theta})]^2 \tag{1.29}$$

式中，$z(\boldsymbol{\theta})$为被测系统的实测输出，$\hat{z}(\boldsymbol{\theta})$为被辨识系统在 k 时刻估计得到的系统参数$\hat{\boldsymbol{\theta}}$下的模型输出估计。显然，误差准则函数 $J(\boldsymbol{\theta})$关于模型参数空间是非线性的。由于在确定这种情况的最优解时，需要用梯度法、牛顿法或共轭梯度法等迭代的最优化算法，这就使得辨识算法变得比较复杂。在实际应用中是否采用这种误差准则要视具体情况而定。

(2) 绝对误差作为准则函数，写成

$$J(\boldsymbol{\theta}) = \text{abs}[z(\boldsymbol{\theta}) - \hat{z}(\boldsymbol{\theta})] \tag{1.30}$$

式中，abs 为取绝对值的符号。

(3) 相对误差作为准则函数，写成

$$J(\boldsymbol{\theta}) = \frac{\hat{z}(k) - \hat{z}(k-1)}{\hat{z}(k-1)} \tag{1.31}$$

式中，$\hat{z}(k)$为被辨识系统在 k 时刻估计得到的模型参数 $\hat{\boldsymbol{\theta}}$下的模型输出，$\hat{z}(k-1)$为被辨识系统在 $k-1$ 时刻估计得到的模型参数 $\hat{\boldsymbol{\theta}}$下的模型输出。也有用参数的相对误差作为准则函数的，即将式(1.31)中的 $\hat{z}(k)$换成 $\hat{\boldsymbol{\theta}}(k)$，将 $\hat{z}(k-1)$换成 $\hat{\boldsymbol{\theta}}(k-1)$。无论哪种形式的相对误差作为准则函数，在编程仿真时初值一定不能太小，否则辨识的初误差很大。

(4) 矩阵误差作为准则函数时，在 MIMO 系统中，输出误差用误差向量或矩阵来表示。

1.4 辨识的内容和步骤

辨识问题分为模型结构辨识和参数辨识(或估计)。当系统模型结构根据工程经验或采用模型结构的辨识确定后，主要的问题是模型的参数估计。由上述分析可见，系统辨识主要包括以下内容和步骤：

(1) 设法取得系统输入输出的观测数据。

为了获得一个最大可能接近实际对象特性的数学模型，在条件许可的情况下，要进行辨识实验。我们希望由辨识实验所获得的系统输入输出数据尽可能多地包括对象的信息。辨识实验设计包括：

① 设计准则。为了对不同的试验方案进行比较，必须给出一个度量试验优劣性的准则。比如参数估计的精度，可以采用以上讨论的各种形式的误差为基础的准则函数作为参数估计的精度。

② 持续激励输入信号的设计。因为测量数据(包括所有被测系统的输入输出)与输入信号的选择有关，本书将推出各种关系的表达式，并据此设计出最优输入信号。用于辨识模型的输入信号通常要求是零均值的伪随机信号。无论采用何种信号，都要求信号是持续激励的。

③ 采样间隔的设计。在实验之前必须适当地选择采样间隔或输入信号的时序脉冲宽度，其主要依据是实际系统的采样间隔和所要求的模型精度。若采样间隔 Δ 太大，会影响

辨识精度；若 Δ 太小，则会增加存储量和计算量。

对于 SISO 系统来讲，一个经验的规则是

$$\frac{T_{gs}}{\Delta} \approx 5 \sim 15 \tag{1.32}$$

其中 T_{gs} 是系统过渡过程时间的 95%；另外一个规则是

$$\Delta \approx T_{min} \tag{1.33}$$

或

$$\Delta \approx (0.05 \sim 0.1) T_a \tag{1.34}$$

式中，T_{min} 是对象的最小时间常数，T_a 为系统的主要(或最大)的时间常数。

对 MIMO 系统而言，系统的传递函数矩阵 $\boldsymbol{G}(s)$ 是 $p \times m$ 维的，其中 p 是系统输出的维数，m 为系统输入的维数，采样间隔的设计是：首先找到 MIMO 系统的传递函数矩阵 $\boldsymbol{G}(s)$ 的分母多项式的最小公倍式，然后将该分母多项式的最小公倍式看做一个 SISO 系统的特征方程，再根据式(1.32)～式(1.34)来设计。

(2) 应有一个合适的模型集。

为了所辨识的系统能选择出一个合适的模型，模型集可以是根据机理所得到的一些未知参数的模型结构，或是待定参数仅作为数据拟合工具的黑箱模型结构，也可以是根据系统实际工艺要求或系统预测所得到的一组待拟合曲线数据结构。

(3) 必须有一个对辨识所得到模型的验证评价。

对辨识所得到模型的验证是系统辨识的重要环节。验证的目的是为了确定该模型是否是模型集中针对当前观测数据的最佳选择。验证的方法主要有以下几种：

① 利用先验知识验证，即根据对系统已有的知识来判断模型是否实用。

② 利用数据检验。当利用一组数据辨识得到一个模型之后，通常希望用另一组未参与辨识的数据检验模型的适用性。如果检验结果失败，可能存在的问题是辨识所用的一组数据包含的信息不足或所选模型类不合适。另外，也可以用同一组数据对不同模型进行比较，以选用更合适的模型。

③ 利用实际响应检验。比较实际系统和模型的阶跃响应或脉冲响应是判别模型是否适用的重要手段。

④ 利用激励信号 $\{u(k)\}$ 的自相关函数校验。若验证 $\{u(k)\}$ 是零均值的白噪声序列，则相应的模型是可靠的，其置信度为 95%。

1.5 典型的非线性系统辨识与控制方法

1.5.1 非线性辨识典型模型及辨识、控制方法的特点

建立描述非线性现象模型是研究非线性问题的基础，Billings 对非线性系统辨识结果作了总结性的综述。Titterington 和 Akitsos 在 1989 年也作了非线性系统辨识的综述。描述非线性系统的典型模型及对非线性辨识、控制的方法有以下几种：

(1) Volterra 级数。Volterra 级数可表示为

$$y(t)=\sum_{n=1}^{\infty}\int_{-\infty}^{\infty}\cdots\int_{-\infty}^{\infty}h_n(\tau_1,\tau_2,\cdots,\tau_n)\prod_{i=1}^{n}u(t-\tau_i)\mathrm{d}\tau_i=\sum_{n=1}^{\infty}y_n(t) \tag{1.35}$$

函数 $h_i(\tau_1,\tau_2,\cdots,\tau_i)$是 Volterra 级数的核(Kernel)。Volterra 的核(特别是频域核)有明确的物理意义。从模型辨识的角度看 Volterra 级数有一个明显的缺点，即需要相当多的被估计参数才能取得满意的精度。例如，当用 Volterra 级数逼近一个二阶的非线性系统时需要多个参数。Billings 对这个模型作过详细的研究，提出了几种辨识算法。尽管 Volterra 级数对非线性系统理论、函数逼近、辨识方法的发展有非常重要的推动作用，但人们认为它很难用于过程建模。

(2) NARMAX 模型子集。谢非尔德大学的专家对非线性的辨识作了一次综述，他认为：NARMAX 模型 $y(k)=F[y(k-1),\cdots,y(k-n_a),u(k-1),\cdots,u(k-n_b),e(k-1),\cdots,e(k-n_e)+e(k)]$ 中，$F(\cdot)$是一个非线性函数；$e(k)$是一个不可观测的零均值和有限方差的独立噪声($k=0,1,2,\cdots$)，是离散时间标量。之后，Sontag、Billings 等人又找到了另一 NARMAX 模型子集，称为有理(Rational)NARMAX 模型，其表达式如下：

$$y(k)=\frac{a(k)}{b(k)}+e(k)=\frac{\sum_{j=1}^{\mathrm{num}}p_{nj}(k)q_{nj}}{\sum_{j=1}^{\mathrm{den}}p_{dj}(k)q_{dj}}+e(k) \tag{1.36}$$

NARMAX 模型提供了一个统一的有限可实现非线性系统表达式，如双线性型、Wiener 模型、Armax 模型等，其优点是逼近精度高，收敛速度快，对线性参数的子集模型辨识简便，可以用线性最小二乘法进行选项和参数估计。这种模型在国外已用在化工领域、海洋工程和电力工程当中。但当被测对象是多变量系统且阶数较高时，模型中的参数非常多。而且在这种模型中，模型结构辨识问题一直未解决。

(3) 神经网络(Neural Networks)模型。神经网络近年来得以飞速发展，并已有效地用于非线性系统的辨识和控制。目前广泛使用的有两种神经网络，一种是多层(Multilayer)神经网络，另一种是循环(Recurrent) 神经网络。从辨识的角度看，多层神经网络代表了静态非线性模型，而循环神经网络代表了动态非线性模型。Narendra 等人提出了多层前馈网络用于非线性辨识的一般框架，Billings 等人从基于人工神经网络的 NARMAX 模型出发，进行了类似的研究，提出了并行递推预报误差辨识方法。另外，模糊控制和神经网络结合产生的模糊神经网络(FNN)也可以用于非线性辨识。

神经网络比其它非线性辨识方法优越的是，它可以不依赖模型函数，也就是说，可以不用了解被辨识非线性系统(被测系统)输入和输出之间存在何种数学关系。目前用得较多的是具有反传的前馈 BP 网络。只要给定系统输入样本、网络的结构以及系统输出的教师信号，给网络一组输入样本，便可得到对应的网络输出，利用网络输出和教师信号的差值来修正网络的权值和阈值，直至满足要求。换句话说，就是利用多层网络所具有的对任意非线性映射的逼近能力，来模拟实际系统的输入输出关系。但 BP 算法存在着局部极值和收敛速度慢等无法克服的缺点，这就促使人们去研究其改进的算法。我们对一类非线性系统神经网络辨识作过几种偿试性的改进算法研究，收到了较好的效果，其中包括降低一类神经网络灵敏度的理论和方法、提高一类神经网络容错性的理论和方法、提高神经网络收敛速度的一种赋初值算法、改进适应度函数的遗传神经解耦控制器、隶属函数型神经网络与模糊控制融合的方法等[47-60]。这部分内容将在第 7 章展开讨论。

(4) H_∞ 控制理论。应用 H_∞ 控制理论设计的控制器对各种摄动(外部干扰信号、系统内部参数变化、传感器噪声等)的灵敏度最低。这种设计可以使 SISO 系统达到最优，但对 MIMO 系统设计的控制器阶数太高，难以实现。但日本的华人专家 SHENG TIELONG 等学者应用 H_∞ 控制理论对 MIMO 系统的设计和非线性系统控制作了大量深入的研究，认为 H_∞ 控制理论对于非线性系统控制具有较好的前景。

(5) 扩展的卡尔曼滤波。扩展的卡尔曼滤波可以用于非线性系统的状态估计。尽管贝叶斯(Bayes)估值给出了一种直观的精确表达式，但其每一步的积分运算都是非常困难的，因而很难用于实际计算非线性的状态估计。扩展的卡尔曼滤波实际是把非线性模型进行线性化处理，然后利用卡尔曼滤波进行状态估计。用一阶近似扩展的卡尔曼滤波的精度与系统模型的非线性特性以及噪声水平有关。当非线性函数参考点附近比较平直并且信噪比较高时，该算法一般可获得足够精确的结果。为考察系统精度对系统进行仿真时，如果出现算法的结果发散或精度较差的情况，可以考虑用二阶近似扩展的卡尔曼滤波方法。

(6) 微分几何法。微分几何法是研究非线性系统的一种新的工具，其作用相当于 SISO 线性系统的拉氏变换和多变量系统中的线性代数。近年来，非线性系统的几何理论已初步形成，用微分几何方法可以有效地解决非线性系统的能控性、能观性、可逆性、解耦、最小实现及系统的对称性、相似性等问题。

另外，预测控制(Predictive Control，PC)、模糊解耦(Fuzzy Decoupling，FD)、滑模变结构(Sliding Mode Variable Structure，SMVS)、模型参考自适应控制(Model Reference Adaptive Control，MRAC)、专家控制(Expert Control，EC)或相互组合的方法均可用于非线性系统的控制。

1.5.2　非线性系统参数估计的特点

参数估计是在模型阶次或模型的结构已确定后，根据系统所外加的输入样本及实测到的数据求模型中的参数或模型的数学表达式中与各项有关的系数。从参数估计的角度看，非线性的模型又可分为线性参数模型和非线性参数模型。若系统模型为离散化的方程，其中输出变量中存在大于或等于二次以上的项，其它参数、输入都是线性的，则该模型是线性参数的非线性模型。如果模型的参数是非线性的，且输入输出都是非线性的，则这种模型是非线性参数的非线性模型。对参数估计来说，后者比前者复杂得多。

目前参数估计用得较多的方法是有预测误差(Prediction Error)算法和各种改进的最小二乘算法。Jackoby、Pandit、Billings 等已将有预测误差算法用于估计非线性模型的参数。Huffel 和 Vandewalle 基于线性变量有误差模型推导了一类改进最小二乘算法，但现实仍未推广到非线性模型的参数估计；Korenberg、Billings、Mcllroy 等将直交最小二乘算法推广到线性参数的非线性模型的参数估计；Billings 等又将这一算法进一步推广到有理 NARMAX 模型(非线性参数)的参数估计，这一结果是非线性参数估计及变量有误差问题研究的一次大的进展。研究非线性模型的参数估计是研究非线性问题的一个重要方面。

1.5.3　神经网络及其系统控制结构

上面讨论了神经网络在非线性辨识中的特点，本部分主要分析非线性系统神经网络控制的研究问题。非线性系统控制是当前自动控制领域的一个难点，而基于神经网络的非线性系统控制又是非线性控制研究中的一个热点。这是由于现代控制理论以完备的系统模型为基础，使得将其用于非线性系统的建模相当困难。早在人工神经网络研究的初期，就已开始了控制领域应用的研究。但迄今为止，人工神经网络辨识方法还不能算作一种独立的成熟的方法，只是在原有的非线性控制方式中用神经网络模型替换原有模型，且将网络的训练过程与模型参考自适应、辨识过程结合使用。应根据被辨识对象的特性探讨出实用的算法。作者在神经网络辨识方面尝试过几种较为有效的改进型的算法，具体将在第 7 章展开讨论。

下面简要介绍一些学者研究的几种神经网络控制结构形式及其现状。

1) 预测控制

预测控制又称为预估控制。Erramilli、W. Willinger、Scokaert、P. O. M.、Clarke D. H. 等证明：采用时段后退技术(Receding Horizon)可构成一种计算量有限的反馈控制算法，且这种算法可用于非线性系统，使系统达到稳定。在这种算法中，一般由系统输出和预测的方差值、系统本时刻输入和上一时刻输入的方差值组成一个二次型指标函数。根据系统前一时段的输出、输入数据，由网络来预测后一时段系统的输出，经过优化处理，即可得到使指标函数最小情况下的控制信号。实际上预测的目的是给系统控制器的设计提供参考依据。

这种方法已成功地用在很多领域，如对大量的通信网络业务量的处理，学者们通过神经网络训练，掌握通信业务源的内在规律，从而实时、动态地对业务源预测，其结果有助于对 ATM 网络的控制以及船舶横摇动的时间序列预报、气象预报、工业过程控制等。

2) 控制系统的状态监测与故障诊断

故障诊断是利用监测空间到故障空间的映射关系以及对系统在各时刻采集到的状态变量，判断系统运行正常与否，实质上也是模式分类的过程。Timo Soraa 等(1993)指出，用于控制系统监测与故障诊断的神经网络主要有 MLP(多层感知器)神经网络、RBF(径向基函数神经网络)、ART(自适应共振)神经网络和 SOM(自组织映射)神经网络等。后两种非监督学习神经网络对于故障诊断准确率不高，如 ART 的误诊断率超过 30%。相比之下，MLP 网络能够对训练样本可靠分类且测试结果令人满意。

系统状态监测与故障诊断方法很有代表性。其基本步骤是：从实际控制系统提取监测状态变量构成监测向量 $\boldsymbol{P}$；将 $\boldsymbol{P}$ 作为原始输入样本，根据函数型连接思想对 $\boldsymbol{P}$ 进行样本模式特性增强，形成 $\boldsymbol{X}$；根据 $\boldsymbol{X}$ 和相应的监督信号对神经网络进行离线训练，从而获取神经网络的结构参数；在线对系统状态监测与故障诊断时，利用已训练好的神经网络对系统监测的状态变量进行泛化；显示系统的运行状况正常与否。

在实际控制，特别是被控对象具有非线性特性时，人们往往无法得到被控对象的解析模型，更无望依据古典或现代控制理论设计有效的控制器。因此，现场技术人员常根据现场工况和积累的经验对系统进行控制。在这种情况下，可采用监督控制方式。这种控制方法已被用于智能控制的决策系统、倒立摆平衡控制等。

3) 模型参考自适应控制

在模型参考自适应控制系统中，系统期望的输出特性由一个能满足系统要求的参考模型给出，控制器在被控对象之前且处于串联连接的关系。基于神经网络的非线性系统模型参考自适应控制是 Narendra 等 (1990)提出来的，将神经网络用作控制器，利用被控对象的输出和网络的差值来训练网络，网络的输出又作用给被控对象，使对象的输出逐渐逼近参考模型的理想输出，最终使系统达到平衡稳定。

4) 内模控制

在内模控制中，被控系统和一个系统的前向模型处于并列位置，被控对象的输出与该模型的差值作为反馈信号送到被控对象前(控制器和被控对象串联连接)的控制器，该系统要求控制器函数是被控对象的逆。由于内模控制有较强的鲁棒性，因而在过程控制中得到了广泛的应用。目前已研究智能自适应内模控制系统，用神经网络已得到的系统模型实现非线性系统的内模控制方法是 Hunt 等(1991)提出的[30]。内模控制器参数在线调整是根据被控对象的输出与神经网络模型的差值进行的，故该神经网络必须是离线或在线辨识所得到的模型，它一定要能反映实际系统的特性。为了将内模控制用于非线性系统，文献[31]引入了广义逆的概念，突破了内模控制只能对线性系统进行控制的局限性。国际和国内专家对内模控制进行了大量研究[13-18]，如文献[15]将内模控制应用到 PWM 整流器电流内环控制中，用内模控制器取代传统 PI 调节器，不要求整流器有准确的模型和参数，并可减少系统调节参数，避免重复试验，具有良好的抗扰动性；文献[17] 针对工业中存在的非线性和时滞问题，将内模控制思想和神经控制结合起来，并利用一种改进径向基神经网络(Radial Basis Function Neural Networks，RBFNN)分别对被控对象的模型和控制器进行自适应学习，并通过实验验证，该方法具有良好的自适应性和鲁棒稳定性。内模控制的研究已取得了较大进展，但还存在一些问题有待解决[20]。相对于研究得较透彻的单变量内模控制，多变量内模控制的相关理论体系还有待进一步完善，特别是非线性系统更是今后研究的重点。内模控制虽因本质鲁棒性，对模型的容错度较高，但这不意味着对模型精度没有要求。在目前所提出的神经网络、模糊等一系列新兴建模方法中，面对复杂工业对象如何确定与内模控制相配套的建模方法，还未提出具体的准则。

5) 模糊神经网络系统

模糊神经网络系统从结构上看主要有两类。第一类是在神经网络结构中引入模糊逻辑，使其具有直接处理模糊信息的能力。若把一般神经网络中的加权求和转为模糊逻辑运算中的“∨”(析取：取大，即“并”)、“∧”(合取：取小，即“交”)，从而形成模糊神经元网络。第二类是直接利用神经网络的学习功能及映射能力，去等效模糊系统中的各个模糊功能块，如模糊化、模糊推理和模糊判决。另外，还可以把神经网络和模糊控制用在同一个系统中，以发挥各自的特长。

J. R. Jang 采用暂存反向传播算法实现模糊神经网络的自学习。这种方法利用自适应神经网络实现了时间序列预报和系统辨识，并形成了模糊控制器。倒立摆实验结果证明了这一方法的有效性和控制器的鲁棒性。神经网络在模糊自适应控制器中的另一个应用是改进和增强自组织模糊控制器的学习能力。T. Yamaguchi 等提出用模糊联想记忆系统(FAM)实现自组织模糊控制的方法。FAM 利用模糊规则表达专家知识，且采用神经网络的自学习能力来提炼知识。这样可在模糊规则的前提部分产生期望的隶属函数分布，然后可单独训练控制器，以保证在特定的限制条件下达到最佳。从两个可调参数的模型(直升机飞行控制器)仿真研究发现，学习后直升机稳定飞行的效果明显优于学习前的效果。大多数的模糊神经网络系统被看做分层前馈网络，然后用 BP 网络来实现。Junbong Nie 等提出了一种不同的方法，通过引入局部网络结构和前馈推理算法，用整个 RBF(Radial Basis Function)网来表达基于规则的模糊知识，并将其发展成多变量自组织和自学习模糊控制器。同时引入模糊竞争机制和重复学习控制算法，使得基于模糊的 RBF 网(FRBF 网)的模糊控制器在缺少“专家知识”(或“教师信号”)的情况下，能自组织其结构、自学习控制规律，以达到满意的控制效果。

在实际应用中，基于神经网络的自适应模糊控制器存在的主要问题是：由于神经网络的结构复杂、计算量大，使得控制器的计算时间过长。如何用简单的方法对模糊控制器进行量化，并转换成易于学习的算法，借用何种学习算法，如何确定学习指标构成有效的模糊控制学习系统，如何用神经网络表达某种模糊模型等，都是有待进一步研究的问题。

1.5.4 非线性解耦问题

耦合是生产过程动态特性普遍存在的一种现象。若被控对象存在耦合，势必降低控制系统的调节性能。耦合严重时，会使系统无法正常运行。因此对解耦问题的研究无论是对控制理论的发展还是对工程实际都是非常有意义的。

目前有许多方法用于多变量控制的解耦问题，在工程上应用最多的解耦方法是 Bokesenbom Hood 提出的对角矩阵法和 Bristal 提出的相对增益法，它们均基于过程通道的传递函数来设计解耦控制器，使系统的零极点对消，得到简便形式的控制器。但这些方法使得被控对象的动态特性发生变化，而且变得相对复杂，从而使控制器的设计有一定困难。前馈补偿解耦控制也有用到工程中的，前馈补偿解耦实际是把某通道的调节器输出对另外通道的影响看做扰动作用，然后应用前馈控制的原理消除回路的耦合，以上解耦方法均要求系统模型确定。而非线性系统多属参数易变，模型不确定，因此上述解耦方法不能应用于非线性系统的解耦。

尽管解耦理论已取得了不少成果，但与最优控制、自适应控制等其它分支相比，解耦理论在工程上的应用却不能令人满意。

目前，利用模糊理论对多变量非线系统进行控制或解耦控制也是研究非线性问题的一个热点。国内外对多变量模糊控制系统的研究方兴未艾，逐渐成为模糊领域研究的热门课题。多变量模糊控制系统主要有：分层多变量模糊控制器、自学习模糊控制器、基于模型的多变量模糊控制方法、多变量的模糊解耦以及基于神经网络的模糊控制。

模糊解耦的方法有以下两种：

(1) 直接模糊解耦法。这种方法是将被控对象和解耦补偿器相串联，先进行解耦，然后针对解耦后的各变量进行模糊控制设计。该方法是文献[33]和 C. W. Xu 及 Y. Z. Lu[34] 首先提出来的，给出了实现解耦的一个充要条件，但解耦补偿器的结构和参数是用经验试凑法离线确定的，没有通用法，很难实现完全解耦。随后，C. W. Xu 和 Y. Z. Lu 又提出了模糊关系系统的反馈解耦，考虑到用于多输入多输出(MIMO)系统的情况，文中给出了实现解耦的一个充分条件，但控制器的构成尚缺少理论依据。

(2) 间接模糊解耦法。Chen 等引入相关因子，研究出一类多变量模糊控制器。Czogalaand 和 Zimmermann 引入随机相关因子，利用此类因子构造出多维概率模糊控制器。Gupta 等在此研究基础上，提出通过对多变量模糊控制规则进行子空间的分析，然后用一组二维模糊方程描述多维模糊控制规则。文献[35]对 Gupta 解耦算法中采用的

Mamdani 推理合成规则进行了改进，提出一种新算法，将“max-min”合成算子修改为“max-∧”运算，从理论上证明了采用新的合成算子所得到的推理结论更为确定，且满足一致性条件。

近年来，国内外专家将模糊控制、自适应控制、神经网络、遗传算法等先进控制技术搭配起来实现解耦，形成了模糊神经网络解耦、自适应模糊解耦等多种算法[36-42]，其中包括对环境温度和湿度的解耦、对注塑机各料桶温度的解耦、重介选煤工艺控制系统中液位和密度被控对象的解耦以及对工业生产过程的多变量解耦。

总之，模糊解耦控制系统的研究正处于发展阶段，很多结论有理论推导，且有的结论已进入实验室进行验证或用于生产实际中。但是，针对解耦之后控制系统的稳定性、可控可观性的研究尚未成型。因此，无论是针对控制对象还是针对控制器解耦，当前急需解决的问题是如何由模糊关系方程求解各个解耦后的模糊子关系，尽量减少前述方法所加的约束条件，得到令人满意的仿真效果。

1.5.5　需要深入研究的非线性问题

智能控制是传统控制理论发展的高级阶段，主要用来解决那些用传统方法无法解决的复杂系统(非线性系统)控制问题。前述的神经网络及模糊控制均属于智能控制范畴，即为智能控制的一个分支。智能控制中也有不少需要辨识模型的问题。自全球第一届智能控制会议 1993 年 8 月在北京召开以来，在全国各地区相继召开了十余届，在会上全球关注智能控制的专家共同研讨智能控制的热点问题。从智能控制应用发展来看，今后如何按人们所关心的问题去研究，应从以下几方面来进行。

1) 网络理论方面

在发展人工神经网络理论中，要突出其学习、并行处理及联想记忆功能。进一步开发 Petri 网及其它网络功能，因为这些网络在系统建模时已脱离了传统的方法，给智能控制带来了生机。尤其是在神经网络逼近非线性函数(特性)及其控制系统方面应解决如下问题：

(1) 对不同的逼近对象，如在辨识中对不同的被辨识非线性模型，如何选择神经网络结构，当选择前馈多层网络时，问题就落实到如何确定网络的总体结构形式、网络层数以及每层节点的个数，目前还缺乏理论指导。尽管有不少学者投身到该问题的研究中，但只停留在经验上和启发式的规则上，问题有待深入研究。

(2) 从如何提高网络的训练速度上深入研究。要从网络作用函数的映射机理、网络的灵敏度、网络的容错能力以及抗干扰性等问题上深入研究，找出现有网络逼近复杂非线性特性速度慢的根本原因，进而研究提高训练速度的理论和方法。

(3) 从提高神经网络系统的控制精度方面研究。神经网络作为控制器对系统进行实时控制时，由于网络的训练速度限制，加之非线性系统的复杂性，使得这一问题具有相当大的难度。对于这种系统的稳定性、可控性理论还需深入研究。另外，由于非线性系统的噪声是普遍存在的，因此研究如何提高网络抗干扰性、降低灵敏度及提高神经网络控制器的鲁棒性问题是提高神经网络系统控制精度的关键，须进一步深入研究。

另外，神经网络的发展最终要以大规模、高精度的并行计算集成电路(硬件)来实现，因此，神经网络的硬件开发及其研究也是一个研究神经网络的重大发展方向。若这个问题能解决，将对神经网络控制复杂的非线性系统的控制速度及精度提高有一个很大的促进。

2）模糊控制理论

（1）模糊集理论的研究。模糊集理论是介于逻辑计算与数值计算之间的一种数学工具，其形式上利用规则模糊推理，这正好补偿了人工神经网络的弱点。

（2）从多变量模糊控制的理论方面研究。其中包括：① 有模糊规则设计方法，该方法又包括隶属函数的确定、量化因子、采样周期、规则系数的最优选择、规则和隶属函数的自动生成等；② 多维模糊推理方法的研究，以满足高性能多变量控制器设计的需求；③ 多变量控制系统稳定性的研究，以及对可控性、可观性等性能指标的评估方法；④ 模糊动态模型的辨识方法及相应的自学习方法；⑤ 基于模型的模糊自校正控制系统的研究；⑥ 神经网络与模糊控制相结合，从而提高系统控制精度方法的研究；⑦ 实用多变量控制技术的开发与应用，为解决像多自由度的机器人柔性运动控制这样的复杂问题服务。其重要发展动向是 MIMO 模糊控制器的集成化和 MIMO 模糊计算机的开发。

3）信息融合理论及方法的研究

一个复杂的多变量非线性系统要得到较理想的控制效果，多个传感器多种信息的融合是关键。除了传统的基于 Bayes 参数估计数据融合方法外，还应对基于模糊理论信息融合方法、粗糙集理论与智能方法结合的信息融合方法进行研究。

4）数据挖掘

数据挖掘方法是对复杂的多变量非线性系统研究的重要方法之一。支持向量机技术可经济、有效地挖掘所需的甚至是无法测到的(野点)数据。

5）知识工程的研究

作为智能控制重要分支的专家系统、学习系统都离不开知识的运用、获取和更新，因而应对知识工程做进一步研究。

6）系统可靠性理论的研究

一个智能控制系统的正常运行，离不开故障诊断、故障的随时检测与自动排除，一些算法中的冗余、容错理论的研究对系统控制的可靠性至关重要。

7）小样本数据处理研究

在系统控制、辨识或决策时，常会遇到数据样本太少的问题，线性最小偏差估计、统计学习理论、支持矢量机、多元线性回归分析、偏最小二乘回归分析、方差分量线性模型、自变量筛选和综合特征参数模型、贝叶斯统计分析方法等均可对小样本数据进行处理。

8）大样本数据处理研究

随着互联网的飞速发展，尤其是近几年来人们所掌握的数据量爆炸式增长，现在很多业务部门都需要操作海量数据，如水利部门水利的数据、规划部门规划的数据、气象部门气象的数据、系统的安全监测等。工程上处理数据粗糙集的理论和 K-means 算法是处理大样本数据聚类分析的常用算法之一，基于相似度函数的快速核主元分析方法和改进的聚类法也是处理大样本数据聚类分析的算法。

9）工程优化研究

国内外专家对工程优化问题进行了大量研究，瑞士专家 Andjelic Z[63] 提出了一个无梯度空白的工程优化的新方法。该方法的主要特点是工程问题的优化并没有伴随问题的计算，提供了一个快速和强大的工程实际中三维问题的优化。伊朗专家 Etghani Mir Majid、Shojaeefard Mohamnad Hassan 等[64] 采用人工神经网络优化柴油发动机，使之能达到最大制动功率，而燃料消耗最少，同时研究了优化使用生物柴油的柴油发动机性能和排放问题。加拿大专家 Hare Warren、Nutini Julie、Tesfamariam、Solomon[65] 对工程结构非梯度的优化方法作了深入的研究。国内专家们[66-68] 结合工程实践问题，对工程优化问题作了大量的研究，文献[66]针对微网节能减排调度，提出考虑微源同时提供有功和无功出力并计及制热收益的热电联产型微网系统多目标经济调度模型。该研究以一个包含风、光、储、微型燃气轮机、燃料电池以及热电负荷的具体微网为例，在研究模糊优化理论的基础上，采用最大模糊满意度法将多目标经济调度问题转化成非线性单目标优化问题，并运用改进遗传算法优化考虑实时电价的并网运行方式下各微源的有功、无功出力和多目标优化的满意度，对比分析了单目标与多目标系统优化值。文献[67]研究了露天煤矿采区转向接续期间剥采工程的优化，文献[68]研究了开关磁阻风力发电系统输出电压的优化控制。这些研究结果对工程实践都具有一定的指导意义，结合不同的工程实际还有大量的优化问题有待进一步研究。

10）混沌的诱导与控制

非线性控制系统的混沌研究也是对控制学科学者们的新挑战。20 世纪 70 年代，美国大气物理学家 Lorenz 在实验室里观察到一个完全确定的非线性方程组(现被称为 Lorenz 方程)，对初值异常敏感，具有貌似随机信号的输出。十多年后，许多学者相继在不同的领域中发现了这种现象。Li-Yorke 首先称之为“混沌”(Chaos)。这在科学界引起了一场很大的震动，有的学者认为：混沌现象的发现否定了传统的确定论时空观，将是本世纪量子力学和相对论之后第三次技术观念的革新。广泛地说，器件的非线性是绝对的，而线性是相对的。线性状态只是非线性状态的一种近似或一种特例而已。由于混沌运动是非线性系统的一种普遍的运动，模糊了传统的确定系统和随机系统的界限，目前是最活跃的科学领域之一，已成为数学、物理、化学、力学、光学、天文学及脑科学等众多学科的重点研究课题。对这种新的、复杂的混沌对象的研究，传统基于小扰动、线性化的处理方法不再适用。具体学科的一些定义、定理可能将改变，如控制理论中系统的稳定分为常值稳定、周期稳定、混沌状态等。混沌的特征是对初值异常敏感，不能进行长期预测，确定性系统却有貌似随机的响应，局部不稳定，但是总体吸引，与常规运动(平衡周期运动、准周期运动)不同，是一种始终限于有限区域并轨迹不重复性态复杂的运动。

国内外专家对混沌特性及其诱导进行了大量研究，美国的专家 Pence Benjamin、Hays Joseph、Fathy Hosam K.[69] 针对崎岖的地形，提出了一种对车辆减震弹簧质量的多项式混沌的估计方法，将该方法与最小二乘法和卡尔曼滤波法进行了比较，并进行了实验验证；德国专家 Kirsch Sebastian、Hanke-Rauschenbach Richardan、Stein Bianka[70] 针对质子交换膜燃料电池，在振荡、混沌、脉冲的信号作用下其 H_2 演化和 CO 电氧化对特性的影响进行了深入研究，并进行了验证；国内专家的文献[71]基于混沌特性分析的风速序列混合预测方法，研究给出了基于混沌不稳定周期轨道的预测方法和基于混沌算子网络的风速时间序列预测方法，通过优化求解融合指标函数，最终将两种具有不同机理的预测方法所得预测结果进行融合，得到了混合预测结果。文献[72]探讨了混沌免疫遗传算法在汽车悬置系统设计中的应用。

控制系统的混沌运动来自三个方面：一是非线性控制系统本身的混沌；二是控制算法带来的混沌；三是系统离散化引起的混沌。若系统模型用状态方程来描述，对定常系统而言，只有三阶以上的系统能够产生混沌。近年来有关专家对混沌识别与混沌系统辨识、混沌系统的诱导与控制进行了深入的研究，这对非线性问题的稳定控制开辟了新的途径。有关反馈动态系统出现的混沌现象、基于控制理论的混沌分析方法及混沌识别与混沌系统辨识问题将在第 8 章展开。

1.6 小 结

本章是系统和模型及辨识建模的基本概念，其中第 1、2 节介绍了模型的表现形式及数学模型的分类、辨识的定义，第 3 节介绍了辨识问题的表达形式及原理，其中包括辨识问题的表达形式、辨识算法的基本原理和误差准则，第 4 节是辨识的内容和步骤，最后一节介绍了典型的非线性系统辨识与控制方法，其中包括非线性系统辨识与控制方法的特点、非线性参数估计的特点、神经网络及其控制系统结构、非线性解耦及需要深入研究的非线性问题。

思 考 题

1. 简述数学模型的表达形式及其分类。
2. 辨识建模的定义是什么？
3. 辨识问题的表达形式是什么？
4. 什么是辨识的误差准则？
5. 简述辨识的内容和步骤。
6. 神经网络非线性辨识的主要特点是什么？

第 2 章　辨识理论基础及古典辨识法

本章是系统辨识基础，包括辨识的理论基础和古典辨识法两部分内容。第 1～4 节主要介绍随机过程的基本概念及其数学描述、线性系统在随机输入下的响应等，并讨论随机序列和白噪声及其产生方法。系统辨识所用的数据通常含有噪声，它的基本概念及其产生方法与系统辨识密切相关。因此，这几节还分别讨论并剖析用 MATLAB 语言开发的产生随机序列、白噪声和 M 序列的三种程序。在第 5 节古典辨识法中，介绍相关分析法辨识和相关函数的概念，讨论相关分析频率响应和相关分析脉冲响应法辨识，并列举相关分析脉冲响应法辨识的实例。

2.1　随机过程及其数学描述

2.1.1　随机过程的基本概念

在自然过程和科学技术研究中，有些变化过程具有明确的规律性，例如自由落体运动、电容充电过程等，这些称为确定性过程。还有些变化过程具有偶然性，例如电子放大器的零点漂移、风浪中海面的起伏等，人们无法预知下一时刻将会发生什么情况，这些称为随机过程。所谓“随机过程”是无周期的，指大量样本 $x_1(t)$，$x_2(t)$，…所构成的总体。

1. 随机过程数学描述

为了对随机过程 $x(t)$进行数学描述，应该注意以下几点：

(1) 在每一孤立的瞬间，$x(t)$的取值是随机的，它是一个随机变量。因此，$x(t)$首先可以用描述一维随机变量的方法加以描述，这就引出了随机过程一维概率密度 $p_1(x, t)$的概念。

(2) 沿时间坐标轴看，$x(t)$是 x 的取值随时间变化的过程。为了完整地描述一个随机过程，还需反映不同的时刻 x 取值之间的联系。二维概率密度 $p_2(x_1, x_2; t_1, t_2)$代表 x 在 t_1时刻取值为 x_1、t_2时刻取值为 x_2的概率密度。这就是说，$p_2(x_1, x_2; t_1, t_2)\mathrm{d}x_1\mathrm{d}x_2$代表 $x(t)$相继通过随机过程图 2.1 中 $\mathrm{d}x_1$和 $\mathrm{d}x_2$两个小窗口的概率。

(3) 严格意义上说，要真正完整地描述 $x(t)$，除一维、二维概率密度外，还需要三维、四维、……概率密度。这几乎是无法满足的苛刻要求。在实际应用中，人们不得不满足于用某些数字特征来近似地刻画一个随机过程。

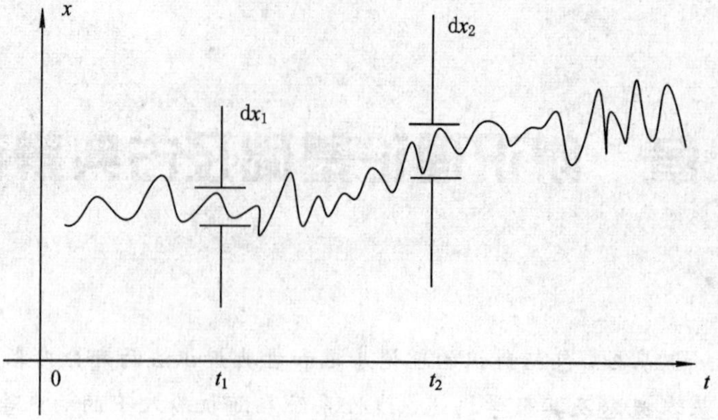

图 2.1　$p_2(x_1, x_2; t_1, t_2)dx_1dx_2$ 概率

2. 随机过程的特征

在实际应用中，人们只限于用一些最基本的数字特征来刻画 $x(t)$，即 $p_1(x, t)$和 $p_2(x_1, x_2; t_1, t_2)$有关的两类数字特征。

如果平稳随机过程 $x(t)$的各集合平均值等于相对应的时间平均值，即

$$\begin{cases}\overline{x} = \mu_x \\ \overline{x(t)x(t+\tau)} = R_x(\tau)\end{cases} \tag{2.1}$$

式中，$\overline{x}$ 为随机过程 $x(t)$的时间均值(指对 dt 积分的均值)，μ_x为与一维概率密度 $p_1(x, t)$有关的数字特征量集合均值(指对 dx 的积分的均值)，$R_x(\tau)$为自相关函数，则称 $x(t)$是各态遍历的平稳随机过程。

对于各态遍历的平稳随机过程，它的两个基本数字特征就可以只根据一个很长的样本按下式计算：

$$\begin{cases}\mu_x = \lim\limits_{T\to\infty} \dfrac{1}{2T}\displaystyle\int_{-T}^{T} x(t)\,dt \\ R_x(\tau) = \lim\limits_{T\to\infty} \dfrac{1}{2T}\displaystyle\int_{-\infty}^{\infty} x(t)x(t+\tau)\,dt\end{cases} \tag{2.2}$$

实际上，只能使 T 取尽可能大的有限值，见图 2.2。假定 $T=NT_0$，$\tau=lT_0$为采样时间，则式(2.2)变为

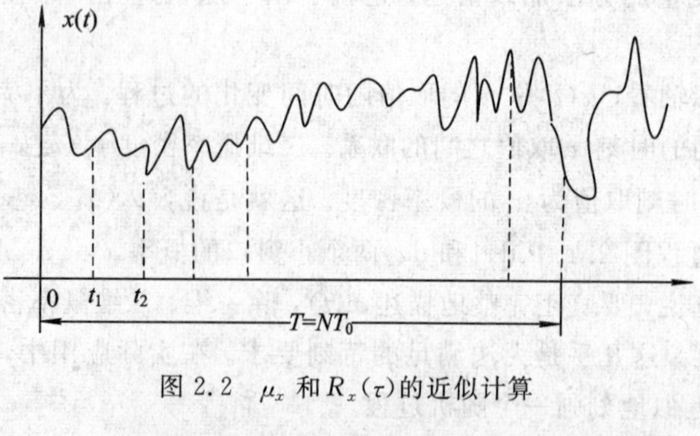

图 2.2　μ_x 和 $R_x(\tau)$的近似计算

$$\begin{cases} \mu_x \approx \dfrac{1}{N}\sum\limits_{k-1}^{N} x(k) \\ R_x(\tau) \overset{\text{def}}{=} R_x(l) \approx \dfrac{1}{N-l}\sum\limits_{k=1}^{N-l} x(k)x(k+l) \end{cases} \tag{2.3}$$

以上只讨论了一个随机过程单独存在时的情况。有时在同一个问题中涉及两个互相有关的随机过程 $x(t)$和 $y(t)$，例如一个出现在过程的输入侧，另一个出现在输出侧，则可用互相关函数和互协方差函数来描述它们之间的联系。

互相关函数为

$$R_{xy}(\tau) \triangleq E\{x(t)y(t+\tau)\} \tag{2.4}$$

互协方差函数为

$$\begin{aligned} C_{xy}(\tau) &\triangleq \mathrm{Cov}\{x(t),\ y(t+\tau)\} \triangleq E\{[x(t)-\mu_x][y(t+\tau)-\mu_y]\} \\ &= R_{xy}(\tau) - \mu_x\mu_y \end{aligned} \tag{2.5}$$

若 $C_{xy}(\tau)=0$，$\forall -\infty<\tau<\infty$，则称 $x(t)$与 $y(t)$互不相关。

2.1.2　相关函数和协方差函数的性质

1. 自相关函数和自协方差函数的性质

自相关函数和自协方差函数具有以下性质：

(1) $R_x(0)=E\{x(t)z(t+0)\}=\psi_x^2\geqslant 0$。　(2.6)

(2) 根据 $R_x(\tau)$的定义，显然有 $R_x(-\tau)=R_x(\tau)$，这说明 $R_x(\tau)$对称于纵轴。

(3) $|R_x(\tau)|\leqslant R_x(0)$。　(2.7)

(4) 为了系统辨识需求设计的伪随机信号，例如 M 序列具有周期性，称为“周期性”随机过程。它们的自相关函数也具有周期性，即若 $x(t+T)=x(t)$，则 $R_x(\tau+T)=R_x(\tau)$。

(5) 若 $x(t)$均值不为零，则可分解成 $x(t)=y(t)+\mu_x$，其中 $y(t)$是均值为零的随机过程，则

$$R_x(\tau) = E\{[y(t)+\mu_x][y(t+\tau)+\mu_x]\} = R_y(\tau) + \mu_x^2 \tag{2.8}$$

$x(t)$中的直流成分使其自相关函数向上平移 μ_x^2。

(6) 若随机信号 $x(t)$均值为零，且不含有周期性成分，则当 τ 很大时，$x(t+\tau)$与 $x(t)$必然是相互独立的，因而此时 $R_x(\tau)=0$。

(7) 若 $x(t)=x_1(t)+x_2(t)$，且 $x_1(t)$与 $x_2(t)$互不相关，则

$$R_x(\tau) = R_{x_1}(\tau) + R_{x_2}(\tau) \tag{2.9}$$

(8) 自协方差函数 $C_x(\tau)$与自相关函数 $R_x(\tau)$的基本关系是 $C_x(\tau)=R_x(\tau)-\mu_x^2$，因而 $C_x(\tau)$等于 $R_x(\tau)$在保持原形态不变情况下向下平移 μ_x^2。

2. 互相关函数与互协方差函数的性质

互相关函数与互协方差函数具有以下性质：

(1) $R_{xy}(\tau)$既不是 τ 的偶函数，也不是 τ 的奇函数，即互相关函数不具有对称性。

(2) $R_{yx}(\tau)\triangleq E\{y(t)x(t+\tau)\}\neq R_{xy}(\tau)$，但 $R_{yx}(-\tau)=E\{y(t)x(t-\tau)\}=R_{xy}(\tau)$。

(3) 若 $x(\tau)$、$y(\tau)$中至少有一个均值为零，则 $C_{xy}(\tau)=R_{xy}(\tau)$。

2.2 谱密度与相关函数

2.2.1 巴塞伐尔定理与功率容度谱表示式

常将巴塞伐尔(Parseval)定理视为确定性过程的总能量谱表示式。若将确定性过程 $x(\tau)$ 视为流经 1 Ω 电阻的电流，则 $\int_{-\infty}^{\infty} x^2(t)\mathrm{d}t$ 代表总能量。如果 $x(\tau)$ 的傅立叶变换 $X(\mathrm{j}\omega)$存在，则可以证明总能量为

$$\int_{-\infty}^{\infty} x^2(t)\mathrm{d}t = \frac{1}{2\pi}\int_{-\infty}^{\infty} \| X(\mathrm{j}\omega) \|^2 \mathrm{d}\omega \tag{2.10}$$

上式称为巴塞伐尔定理。它把总能量以频谱的形式表达出来。

证明 由于 $x(t)$和 $X(\mathrm{j}\omega)$构成一组傅立叶变换对，故

$$\begin{cases} X(\mathrm{j}\omega) = \int_{-\infty}^{\infty} x(t)\mathrm{e}^{-\mathrm{j}\omega t}\mathrm{d}t \\ x(t) = \int_{-\infty}^{\infty} X(\mathrm{j}\omega)\mathrm{e}^{\mathrm{j}\omega t}\mathrm{d}\omega \end{cases} \tag{2.11}$$

因此

$$\begin{aligned} \int_{-\infty}^{\infty} x^2(t)\mathrm{d}t &= \int_{-\infty}^{\infty} \left\{x(t)\ \frac{1}{2\pi}\int_{-\infty}^{\infty} X(\mathrm{j}\omega)\mathrm{e}^{\mathrm{j}\omega t}\mathrm{d}\omega\right\}\mathrm{d}t \\ &= \frac{1}{2\pi}\int_{-\infty}^{\infty} X(\mathrm{j}\omega)\left\{\int_{-\infty}^{\infty} x(t)\mathrm{e}^{\mathrm{j}\omega t}\mathrm{d}t\right\}\mathrm{d}\omega \\ &= \frac{1}{2\pi}\int_{-\infty}^{\infty} X(\mathrm{j}\omega)X(-\mathrm{j}\omega)\mathrm{d}\omega \\ &= \frac{1}{2\pi}\int_{-\infty}^{\infty} \|X(\mathrm{j}\omega)\|^2\mathrm{d}\omega \end{aligned} \tag{2.12}$$

2.2.2 维纳一辛钦关系式

随机过程 $x(t)$的谱密度 $S_x(\omega)$与自相关函数 $R_x(\tau)$之间存在极其简单的关系，它们构成一组傅立叶变换对，即

$$\begin{cases} S_x(\omega) = \int_{-\infty}^{\infty} R_x(\tau)\mathrm{e}^{-\mathrm{j}\omega\tau}\mathrm{d}\tau \\ R_x(\tau) = \frac{1}{2\pi}\int_{-\infty}^{\infty} S_x(\tau)\mathrm{e}^{\mathrm{j}\omega\tau}\mathrm{d}\omega \end{cases} \tag{2.13}$$

上式称为维纳一辛钦(Wiener - Khintchine)关系式，证明过程[45]从略。

考虑到 $S_x(\omega)$和 $R_x(\tau)$均为实偶函数，故式(2.13)可简化为

$$\begin{cases} S_x(\omega) = 2\int_{0}^{\infty} R_x(\tau)\cos\omega\tau\mathrm{d}\tau \\ R_x(\tau) = \frac{1}{\pi}\int_{0}^{\infty} S_x(\omega)\cos\omega\tau\mathrm{d}\omega \end{cases} \tag{2.14}$$

它是维纳一辛钦关系式的余弦变化形式。

如果在同一系统中出现两个随机过程 $x(t)$和 $y(t)$，则除它们各自的自相关函数和谱密

度以外，还用互相关函数 $R_{xy}(\tau)$来描述两个随机过程之间的联系。此时可以设想把维纳一辛钦关系式加以推广，从而引出“互谱密度”函数 $S_{xy}(\mathrm{j}\omega)$，则存在以下关系：

$$\begin{cases} S_{xy}(\mathrm{j}\omega) = \int_{-\infty}^{\infty} R_{xy}(\tau)\mathrm{e}^{-\mathrm{j}\omega\tau}\mathrm{d}\tau \\ R_{xy}(\tau) = \dfrac{1}{2\pi}\int_{-\infty}^{\infty} S_{xy}(\mathrm{j}\omega)\mathrm{e}^{\mathrm{j}\omega\tau}\mathrm{d}\omega \end{cases} \tag{2.15}$$

互谱密度函数 $S_{xy}(\mathrm{j}\omega)$为互相关函数 $R_{xy}(\tau)$的傅立叶变换。由于 $R_{xy}(\tau)$不是偶函数，故 $S_{xy}(\mathrm{j}\omega)$是复函数。

2.3　线性系统在随机输入下的响应

线性系统在平稳随机输入下，经过一段过渡过程后，其输出 $y(t)$也是一个稳定的随机信号。线性系统的特性可用单位脉冲响应 $g(t)$和频率响应时间 $G(\mathrm{j}\omega)$来描述。$g(t)$和 $G(\mathrm{j}\omega)$构成一组傅立叶变换对，考虑到 $g(t)=0$，$\forall t<0$，则有

$$\begin{cases} G(\mathrm{j}\omega) = \int_{0}^{\infty} g(t)\mathrm{e}^{-\mathrm{j}\omega\tau}\mathrm{d}\tau \\ g(t) = \dfrac{1}{2\pi}\int_{0}^{\infty} G(\mathrm{j}\omega)\mathrm{e}^{\mathrm{j}\omega\tau}\mathrm{d}\omega \end{cases} \tag{2.16}$$

线性系统在随机输入下输出 $y(t)$的谱密度 $S_y(\omega)$与输入 $x(t)$的谱密度 $S_x(\omega)$之间有以下关系：

$$S_y(\omega) = \|G(\mathrm{j}\omega)\|^2 S_x(\omega) \tag{2.17}$$

系统在随机输入下，系统输入输出互相关谱密度 $S_{xy}(\mathrm{j}\omega)$和输入谱密度 $S_x(\omega)$之间有以下关系：

$$S_{xy}(\mathrm{j}\omega) = G(\mathrm{j}\omega)S_x(\omega) \tag{2.18}$$

比较式(2.17)与式(2.18)，前者表明，对于系统的随机输入 $x(t)$，输出谱密度 $S_y(\omega)$只反映线性系统的幅值特性；后者表明，输入输出互相关谱密度 $S_{xy}(\mathrm{j}\omega)$反映线性系统的动态特性。在随机输入情况下，通过谱密度分析可以确定未知线性系统的频率响应。

2.4　白噪声的产生方法及其仿真

辨识所用的数据通常含有噪声。如果这种噪声相关性较弱或者强度很小，则可以近似将其视为白噪声。因此，白噪声是一类非常重要的随机过程，它的基本概念及其产生方法与系统辨识密切相关。

2.4.1　白噪声的概念

1. 白噪声的特点

白噪声过程是一种最简单的随机过程。严格地说，它是一种均值为零、谱密度为非零常数的平稳随机过程；或者说它是由一系列不相关的随机变量组成的一种理想化随机过程。白噪声过程没有“记忆性”，也就是说 t 时刻的数值与 t 时刻以前的过去值无关，也不影

响 t 时刻以后的将来值，如图 2.3 所示。

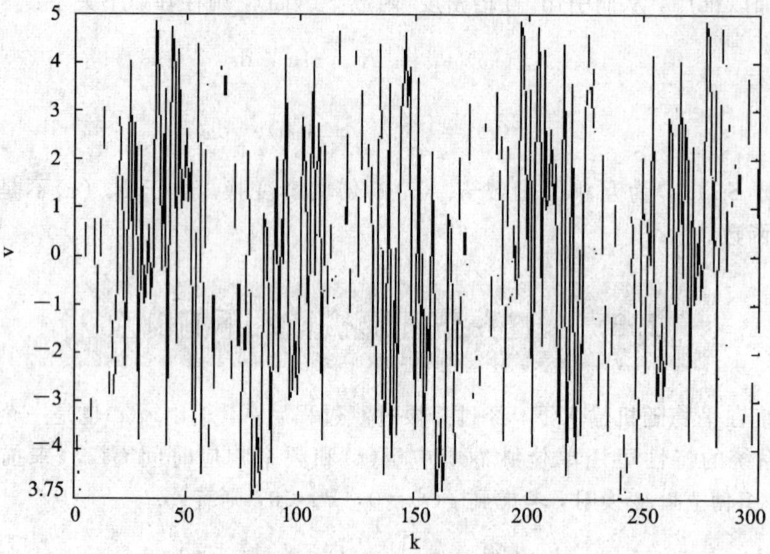

图 2.3　白噪声过程

白噪声过程在数学上可以进行如下描述。如果随机过程 $w(t)$ 的自相关函数为

$$R_w(\tau) = \sigma^2 \delta(\tau) \tag{2.19}$$

其中，$\delta(\tau)$ 为 Dirac 函数，即

$$\delta(\tau) = \begin{cases} \infty, & \tau = 0 \\ 0, & \tau \neq 0 \end{cases} \tag{2.20}$$

且

$$\int_{-\infty}^{\infty} \delta(\tau) \mathrm{d}\tau = 1 \tag{2.21}$$

则称该随机过程为白噪声过程。注意在上述定义中已经包含了均值为零的概念。

由于 $\delta(\tau)$ 的傅立叶变换为 1，根据维纳－辛钦关系式可知白噪声过程 $w(t)$ 的谱密度为常数 σ^2，即

$$S_w(\omega) = \sigma^2, \quad -\infty < \omega < \infty \tag{2.22}$$

另外，服从于正态分布的白噪声过程称为正态(高斯)白噪声。

以上有关标量白噪声的概念可以推广到向量中。如果一个 N 维向量随机过程 $w(t)$ 满足

$$\begin{cases} E\{w(t)\} = 0 \\ \mathrm{Cov}\{w(t),\ w(t+\tau)\} = E\{w(t) w^{\tau}(t+\tau)\} = \boldsymbol{Q}\delta(\tau) \end{cases} \tag{2.23}$$

式中，$\boldsymbol{Q}$ 是正定的常数矩阵，$\delta(\tau)$ 是 Dirac 函数，则 $w(t)$ 为向量白噪声过程。

2. 白噪声序列

白噪声序列是白噪声的一种离散形式。根据傅立叶变换，白噪声的谱密度为常数 σ^2，即

$$S_w(\omega) = \sum_{t=-\infty}^{\infty} R_w(l) \mathrm{e}^{-\mathrm{j}\omega t} = \sigma^2 \tag{2.24}$$

式中，$R_w(l)$为两两不相关的随机序列$\{w(k)\}$的自相关函数，即

$$R_w(l)=\sigma^2\delta_l,\quad l=0,\pm 1,\pm 2\cdots \tag{2.25}$$

同样，向量白噪声序列$\{w(k)\}$满足

$$\begin{cases}E\{w(k)\}=0\\ \mathrm{Cov}\{w(k),w(k+l)\}=E\{w(k)w^{\tau}(k+l)\}=\boldsymbol{R}\,\delta_l\end{cases} \tag{2.26}$$

式中，$\boldsymbol{R}$是正定的常数矩阵，δ_l是 Kronecker 符号，即

$$\delta_l=\begin{cases}1, & l=0\\ 0, & l\neq 0\end{cases} \tag{2.27}$$

3. 表示定理

工程实际中数据所含的噪声往往是有色噪声。所谓有色噪声(或相关噪声)，是指噪声序列中每一时刻的噪声和另一时刻的噪声是相关的。对含有有色噪声的数据需要采用新的辨识方法才能得到满意的辨识结果。在特定情况下，有色噪声可以用白噪声来描述，这就是表示定理所要阐述的问题。

表示定理　设平稳噪声序列$\{e(k)\}$的谱密度$S_e(\omega)$是ω的实函数或是$\cos\omega$的有理函数，那么必须存在一个渐近稳定的线性环节，如果该环节的输入是白噪声序列，则环节的输出是密度为$S_e(\omega)$的平稳噪声序列$\{e(k)\}$。

表示定理表明，有色噪声序列可以由白噪声序列驱动线性环节的输出。该线性环节叫做成型滤波器，如图 2.4 所示。

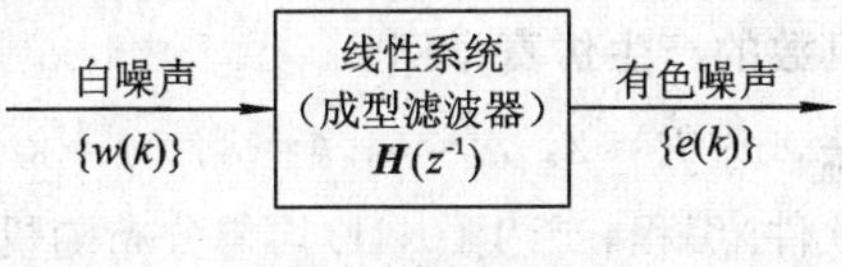

图 2.4　成型滤波器

图 2.4 中，$\{w(k)\}$是均值为零的白噪声序列，$\{e(k)\}$是有色噪声。成型滤波器的脉冲传递函数可以写成

$$H(z^{-1})=\frac{D(z^{-1})}{C(z^{-1})} \tag{2.28}$$

$$\begin{cases}C(z^{-1})=1+c_1z^{-1}+\cdots+c_{n_c}z^{-n_c}\\ D(z^{-1})=1+d_1z^{-1}+\cdots+d_{n_d}z^{-n_d}\end{cases} \tag{2.29}$$

且$C(z)$和$D(z)$的根都在z平面的单位圆内。

2.4.2　白噪声的产生及其 MATLAB 仿真

如果在计算机上比较经济地产生统计上理想的各种不同分布的白噪声序列，则将对系统辨识仿真研究提供极大的方便。为了简单起见，常把各种不同分布的白噪声序列称为随机数。从理论上讲，只要有了一种具有连续分布的随机数，就可以通过函数变换的方法产生其它任意分布的随机数。显然，在具有连续分布的随机数中，(0, 1)均匀分布的随机数是最简单、最基本的一种，有了(0, 1)均匀分布的随机数，便可以产生其它任意分布的随机数和白噪声。所以，下面着重讨论(0, 1)均匀分布随机数及(−1, 1)白噪声的产生及其

仿真方法。

1. (0, 1)均匀分布随机数的产生方法

在计算机上产生(0, 1)均匀分布随机数的方法着重有三类。一类是把已有的(0, 1)均匀分布随机数放在数据库中，使用时访问数据库，这类方法虽然简单但占用存储空间大；另一类是物理方法，用硬件实现；第三类是利用数学方法产生(0, 1)均匀分布随机数，该方法经济实用，主要包括乘同余法和混合同余法。下面讨论简单实用的乘同余法。

用如下递推同余式产生正整数序列$\{x_i\}$：

$$x_i = Ax_{i-1}(\mathrm{mod}\ M), \quad i = 1, 2, 3, \cdots \tag{2.30}$$

其中，mod 为取 M 的余数，如：M 为 2 的方幂，即 $M=2^k$，$k>2$ 的整数。若 $k\equiv 3$，则(mod 8)，若 $k\equiv 8$，则(mod 256)，且 A 应取适中的值，如 $3<A<10$。初值 x_0 取正奇数，如 $x_0=1$。

再令

$$\xi_i = \frac{x_i}{M}, \quad i = 1, 2, 3, \cdots \tag{2.31}$$

可以证明序列$\{\xi_i\}$是伪随机数序列；同时还可以证明伪随机序列$\{\xi_i\}$的循环周期达到最大值 2^{k-2}。

将式(2.30)和式(2.31)合并为

$$\xi_i = \{A\xi_{i-1}\} \tag{2.32}$$

其中，初值为 $\xi_0=\dfrac{x_0}{M}$。

2. (0, 1)均匀分布随机数的产生仿真举例

例 2.1 利用乘同余法，选 $R=2$，$A=6$，$k=8$，$M=2^k=256$，递推 100 次，采用 MATLAB 的仿真语言(m 软件)编程，产生(0, 1)均匀分布随机数。

解 (光盘中的该程序为 FLch2sjxleg1.m，可直接在 MATLAB 下运行)

(1) 编程如下：

```
A=6; N=100; x0=1; M=255; %初始化
for k=1:N                %乘同余法递推 100 次开始
x2=A * x0;               %x2 和 x0 分别表示 xi 和 xi-1
x1=mod (x2, M);          %将 x2 存储器的数除以 M，取余数放 x1 中
v1=x1/256;               %将 x1 存储器的数除以 256 得到小于 1 的随机数放 v1 中
v(:, k)=v1;              %将 v1 中的数(ξi)存放在矩阵存储器 v 的第 k 列中
                         % v(:, k)表示行不变、列随递推循环次数变化
x0=x1;                   %xi-1 = x1，x1 中存放第 i 时刻的余数
v0=v1;
end                      %递推 100 次结束
v2=v                     %该语句末无“;”，实现矩阵存储器 v 中随机数放在 v2 中
                         %且可直接显示在 MATLAB 的 window 中
k1=k;
%grapher                 %绘图
k=1:k1;
```

```
plot(k, v, k, v, 'r');
xlabel('k'), ylabel('v'); title('(0, 1)均匀分布的随机序列')
```

(2) 程序运行结果如图 2.5 所示。

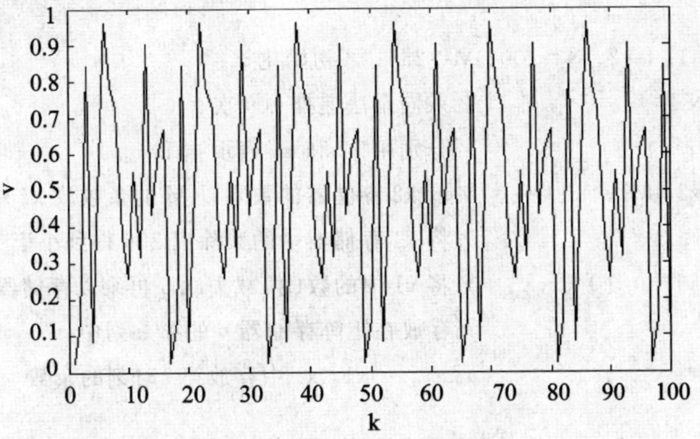

图 2.5　采用 MATLAB 产生的(0, 1)均匀分布的随机序列图

(3) 产生的(0, 1)均匀分布的随机序列。在程序运行结束后，将产生的(0, 1)均匀分布的随机序列直接从 MATLAB 的 window 界面中拷贝出来，如下(v2 中每行存 6 个随机数，v2(j, k)，j=1, 2, …, 13; k=1, 2, …, 6)：

```
v2=
    0.0234    0.1406    0.8438    0.0820    0.4922    0.9609
    0.7852    0.7266    0.3750    0.2578    0.5508    0.3164
    0.9023    0.4336    0.6094    0.6680    0.0234    0.1406
    0.8438    0.0820    0.4922    0.9609    0.7852    0.7266
    0.3750    0.2578    0.5508    0.3164    0.9023    0.4336
    0.6094    0.6680    0.0234    0.1406    0.8438    0.0820
    0.4922    0.9609    0.7852    0.7266    0.3750    0.2578
    0.5508    0.3164    0.9023    0.4336    0.6094    0.6680
    0.0234    0.1406    0.8438    0.0820    0.4922    0.9609
    0.7852    0.7266    0.3750    0.2578    0.5508    0.3164
    0.9023    0.4336    0.6094    0.6680    0.0234    0.1406
    0.8438    0.0820    0.4922    0.9609    0.7852    0.7266
    0.3750    0.2578    0.5508    0.3164    0.9023    0.4336
    0.6094    0.6680    0.0234    0.1406    0.8438    0.0820
    0.4922    0.9609    0.7852    0.7266    0.3750    0.2578
    0.5508    0.3164    0.9023    0.4336    0.6094    0.6680
    0.0234    0.1406    0.8438    0.0820
```

3. 白噪声产生举例

例 2.2　利用乘同余法，仍选 $R=2$，$A=6$，$k=8$，$M=2^k=256$，递推 100 次，采用 MATLAB 的仿真语言编程，产生(−1, 1)均匀分布的白噪声。

解　(1) 只要将产生的(0, 1)均匀分布的随机序列的程序稍加改动，将产生(0, 1)均匀分布的随机数统统减去0.5，相当于将原随机序列图的横坐标向上平移0.5，原随机序列变成了(－0.5，0.5)的白噪声，然后乘以存储器 f 中预置的系数，便可得到任意幅值的白噪声，这里取 $f=2$，得到了产生(－1，1)均匀分布的白噪声的程序如下(光盘上的程序为FLch2sjxleg2.m)：

```
A=6; x0=1; f=2; N=100; M=255; %初始化
for k=1: N                  %乘同余法递推100次
x2=A*x0;                    %分别用x2和x0表示x_i和x_{i-1}
x1=mod (x2, M);             %取x2存储器的数除以M的余数放x1中
v1=x1/256;                  %将x1存储器中的数除以256得到小于1的随机数放v1中
v(:, k)=(v1-0.5 )*f;        %将v1中的数(ξ_i)减去0.5再乘以存储器f中的系数,
                            %存放在矩阵存储器v的第k列中
x0=x1;                      %x_{i-1}= x1, x1中存放第i时刻的余数
v0=v1;
end                         %递推100次结束
v2=v                        %该语句末无";",实现矩阵存储器v中随机数放在v2中,
                            %且可直接显示在MATLAB的window中
k1=k;
%grapher                    %绘图
k=1:k1;
plot(k, v, k, v, 'r');
xlabel('k'), ylabel('v'); title(' (-1, +1)均匀分布的白噪声')
```

(2) 程序运行结果如图2.6所示。

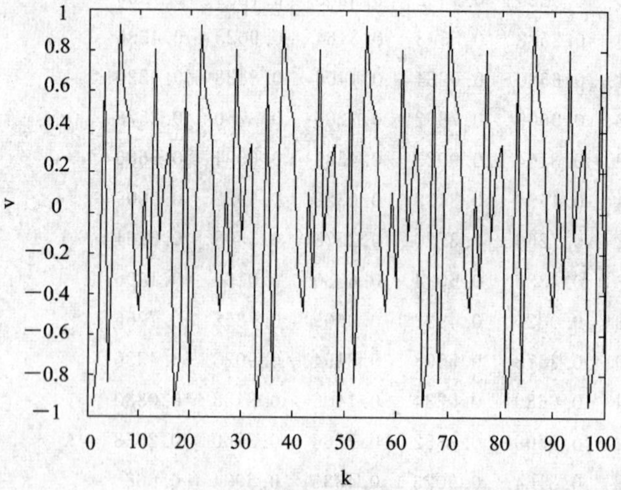

图2.6　采用MATLAB产生的(－1，＋1)均匀分布的白噪声序列

(3) 产生的(－1，1)均匀分布的白噪声序列。在程序运行结束后，将产生的(－1，1)均匀分布的白噪声序列直接从MATLAB的window界面中拷贝出来，如下(v2中每行存6个随机数v2(j，k)，j=1，2，…，13，k=1，2，…，6)：

```
v2=
  -0.9531  -0.7188   0.6875  -0.8359  -0.0156   0.9219
   0.5703   0.4531  -0.2500  -0.4844   0.1016  -0.3672
   0.8047  -0.1328   0.2188   0.3359  -0.9531  -0.7188
   0.6875  -0.8359  -0.0156   0.9219   0.5703   0.4531
  -0.2500  -0.4844   0.1016  -0.3672   0.8047  -0.1328
   0.2188   0.3359  -0.9531  -0.7188   0.6875  -0.8359
  -0.0156   0.9219   0.5703   0.4531  -0.2500  -0.4844
   0.1016  -0.3672   0.8047  -0.1328   0.2188   0.3359
  -0.9531  -0.7188   0.6875  -0.8359  -0.0156   0.9219
   0.5703   0.4531  -0.2500  -0.4844   0.1016  -0.3672
   0.8047  -0.1328   0.2188   0.3359  -0.9531  -0.7188
   0.6875  -0.8359  -0.0156   0.9219   0.5703   0.4531
  -0.2500  -0.4844   0.1016  -0.3672   0.8047  -0.1328
   0.2188   0.3359  -0.9531  -0.7188   0.6875  -0.8359
  -0.0156   0.9219   0.5703   0.4531  -0.2500  -0.4844
   0.1016  -0.3672   0.8047  -0.1328   0.2188   0.3359
  -0.9531  -0.7188   0.6875  -0.8359
```

显然，只要在例 2.2 程序的初始化部分中令 N＝300，f＝10，并将 x0＝x1 修改成 x0＝x1＋a(a 为小于 1 的随机小数)，运行程序就可以得到类似图 2.3 所示的(－3，3)的白噪声过程。

当然，正态分布的随机数是我们最关心的一种。在已产生的(0，1)均匀分布的随机序列的基础上，也可以通过数值计算得到正态分布的随机数[45]。

2.4.3　伪随机信号产生及 MATLAB 仿真举例

1. 基本概念

从辨识的概念可知，若系统的模型结构正确，系统模型的辨识精度直接通过 Fisher 信息函数矩阵依赖于输入来确定。因此，合理地选择系统辨识的输入信号是保证辨识精度的重要环节。前面已经讨论了白噪声的产生，但工业设备，如阀门、铲车、提升机等不可能按白噪声的变化动作。而线性移位寄存器序列(M 序列)是一种很好模拟工业设备动态运行中的辨识输入信号，M 序列具有接近白噪声的性质，因此称为伪随机信号。

2. 用移位寄存器产生 M 序列

例 2.3　四级移位寄存器产生 M 序列的结构如图 2.7 所示。图中，⊕表示模 2 和(异或)运算，C_1、C_2、C_3 和 C_4 表示四个移位寄存器，x_1、x_2、x_3 和 x_4 分别表示各移位寄存器的输出，x_4 的输出为产生的 M 序列。四级移位寄存器的连接方式可用下式表示：

$$\begin{cases} x_2(k+1) = x_1(k) \\ x_3(k+1) = x_2(k) \\ x_4(k+1) = x_3(k) \\ x_1(k+1) = x_3(k) \oplus x_4(k) \end{cases} \tag{2.33}$$

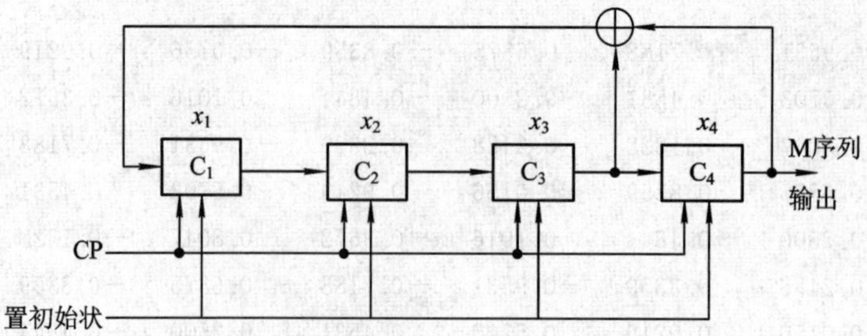

图 2.7　四级移位寄存器产生 M 序列的结构图

从而可见，x_1 第 $k+1$ 时刻的状态由 x_3 和 x_4 第 k 时刻状态的异或运算结果决定；x_2 第 $k+1$时刻的状态由 x_1 第 k 时刻状态决定；x_3 第 $k+1$ 时刻的状态由 x_2 第 k 时刻状态决定；x_4 第 $k+1$ 时刻的状态由 x_3 第 k 时刻状态决定。设置初始状态为 1010，在移位脉冲 CP 作用下，寄存器各级状态的变化如表 2.1 所示。

表 2.1　四级移位寄存器产生 M 序列的工作状态

CP	1	2	3	4	5	6	7	8	9	10	11	12	13	14	15	16	17	18	19	20	21
x_1	1	1	1	1	0	0	0	1	0	0	1	1	0	1	0	1	1	1	1	0	0
x_2	0	1	1	1	1	0	0	0	1	0	0	1	1	0	1	0	1	1	1	1	0
x_3	1	0	1	1	1	1	0	0	0	1	0	0	1	1	0	1	0	1	1	1	1
x_4	0	1	0	1	1	1	1	0	0	0	1	0	0	1	1	0	1	0	1	1	1
$x_3 \oplus x_4$	1	1	1	0	0	0	1	0	0	1	1	0	1	0	1	1	1	1	0	0	0

由表 2.1 可知 M 序列如下：

x_4	0	1	0	1	1	1	1	0	0	0	1	0	0	1	1	0	1	0	1	1	1

重复

该 M 序列可表示为

$$\{M(k)\} = s^2 \oplus s^4 \oplus s^5 \oplus s^6 \oplus s^7 \oplus s^{11} \oplus s^{14} \oplus s^{15} \oplus s^2 \oplus s^4 \oplus s^5 \oplus \cdots \quad (2.34)$$

式中，s^k表示状态在第 k 位为“1”，$\oplus$表示模 2 和(异或)。该 M 序列有以下特点：

(1) M 序列的循环长度为 $N_p = 2^N - 1 = 15$，其中 N 为寄存器的个数。

(2) 逻辑为 1 的次数为$\dfrac{2^N}{2} = 2^{N-1} = \dfrac{N_p+1}{2}$。

(3) 逻辑为 0 的次数为$\dfrac{2^N}{2} - 1 = 2^{N-1} - 1 = \dfrac{N_p-1}{2}$。

(4)“游程”的特点。对四级移位寄存器产生 M 序列而言，每周期有 15 位(bit)。状态连续出现的段称为“游程”，该 15 bit 分为 8 段。其中“0”游程和“1”游程各有 4 个；长度为 1 bit 的有 4 个，占总段数的 1/2；长度为 2 bit 的有 2 个，占总段数的 1/4；长度为 3 bit 的有 1 个(逻辑 0)，占总段数的 1/8；长度为 4 bit 的有 1 个(逻辑 1)，占总段数的 1/8。

3. 用 MATLAB 软件实现移位寄存器产生 M 序列

例 2.4　现仍以四级移位寄存器产生 M 序列为例，在实际中，常把 M 序列的逻辑“0”和逻辑“1”变换成“a”和“－a”的序列，这里取 a＝1，用软件实现。

解　(1) 编程如下(光盘中的程序为 FLch2sjxleg3. m)：

```
X1=1; X2=0; X3=1; X4=0;              %移位寄存器输入 Xi 初态(0101),
m=60;                                %置 M 序列总长度 m 值
for i=1:m                            %开始循环
Y4=X4; Y3=X3; Y2=X2; Y1=X1;          %Yi 为移位寄存器各级输出,
                                     %在移位之前先将各自的输入传给输出
X4=Y3; X3=Y2; X2=Y1;                 %实现移位寄存器的连接方式
X1=xor(Y3, Y4);                      %异或运算，实现 x1(k+1) = x3(k) ⊕ x4(k)
if Y4==0                             %将输出“0”态转换成“-1”态
U(i)=-1
else
U(i)=Y4
end                                  %转换结束
end                                  %60 次循环结束
M=U
                                     %绘图
i1=i
k=1:1:i1;
plot(k, U, k, U, 'rx')
xlabel('k')
ylabel('M 序列')
title('移位寄存器产生的 M 序列')
```

(2) 程序运行结果如图 2.8 所示。

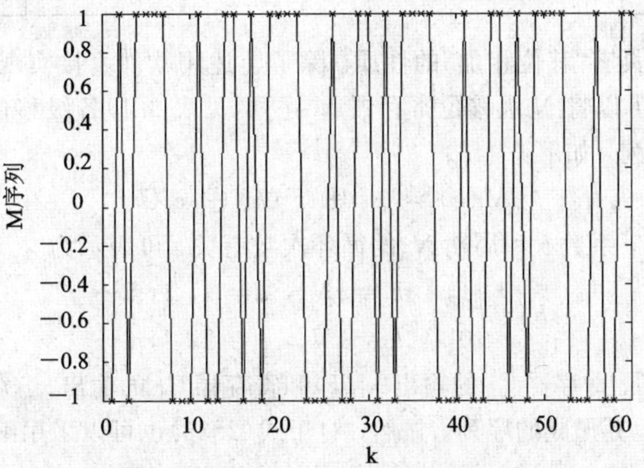

图 2.8　软件实现的移位寄存器产生的 M 序列图

(3) 用软件实现的移位寄存器产生的 M 序列，在程序运行结束后，将产生的(－1，1) M 序列直接从 MATLAB 的 window 界面中拷贝出来，如下(M 中每行存 10 个数(k＝1～10)，在程序中置 M 序列总长度值 m=60，所以共 60 个数，M(j, k)，j=1，2，…，6；k=1，2，…，10)：

M=

−1	1	−1	1	1	1	1	−1	−1	−1
1	−1	−1	1	1	−1	1	−1	1	1
1	1	−1	−1	−1	1	−1	−1	1	1
−1	1	−1	1	1	1	1	−1	−1	−1
1	−1	−1	1	1	−1	1	−1	1	1
1	1	−1	−1	−1	1	−1	−1	1	1

在实际中，可根据所需 M 序列周期长度的不同，选择移位寄存器的级数 N，只要适当地连接其结构，便可以得到满意的 N_p。在其结构中，决定 x_1 第$(k+1)$时刻状态的第 k 时刻状态异或运算结果是关键。下面将常用的 N 级产生 M 序列移位寄存器的连接方式列于表 2.2 中。

表 2.2　N 级产生 M 序列移位寄存器的连接方式

周期长度 $N_p=2^N-1$	状态异或运算	寄存器的级数 N
7	$x_1(k+1)=x_2(k)\oplus x_3(k)$	$N=3$
15	$x_1(k+1)=x_3(k)\oplus x_4(k)$	$N=4$
31	$x_1(k+1)=x_3(k)\oplus x_5(k)$	$N=5$
63	$x_1(k+1)=x_5(k)\oplus x_6(k)$	$N=6$
127	$x_1(k+1)=x_4(k)\oplus x_7(k)$	$N=7$
255	$x_1(k+1)=x_2(k)\oplus x_3(k)\oplus x_4(k)\oplus x_8(k)$	$N=8$
511	$x_1(k+1)=x_5(k)\oplus x_9(k)$	$N=9$
1023	$x_1(k+1)=x_7(k)\oplus x_{10}(k)$	$N=10$
2047	$x_1(k+1)=x_9(k)\oplus x_{11}(k)$	$N=11$

任何 M 序列均具有"移位相加"的性质。除了上述用软件直接实现实用的 N 级移位寄存器 M 序列外，还可以将 N 级移位寄存器 M 序列(见表 2.1)各级移位寄存器的状态任意组合成实用的 M 序列，如下：

$$IM(k) = bs^2 \oplus x_1(k) \oplus x_4(k) \tag{2.35}$$

式中，s^2 为"01"状态，系数 b 和周期 N_p 的循环次数有关，可表示为

$$b = \begin{cases} 1, & k = iN_p,\ i = 1,\ 3,\ 5\cdots \\ 0, & k = iN_p,\ i = 2,\ 4,\ 6\cdots \end{cases} \tag{2.36}$$

$IM(k)$为由状态"01"、寄存器 C_1 的输出 $x_1(k)$和寄存器 C_4 的输出 $x_4(k)$在每个采样点上的状态模 2 和(异或)运算形成的序列。显然，对于式(2.35)也可以采用编程用软件来实现。

2.5　古典辨识方法

古典(经典)辨识方法亦称为非参数辨识。在古典控制理论中，线性系统的动态特性通

常用传递函数 $G(s)$、频率响应 $G(j\omega)$、脉冲响应 $g(t)$ 或阶跃响应 $h(t)$ 来表示，后三种为非参数模型，其表现形式是时间或频率为自变量的实验曲线。对于系统施加不同的特定的实验信号，测定出相应的输出，可以求得这些非参数模型。经过适当的数学处理，它们又可以转变成参数模型，即传递函数。

获取非参数模型的主要方法有阶跃响应法、脉冲响应法、频率响应法及相关分析法等。下面先介绍系统辨识的持续激励信号自相关函数。

2.5.1　M 序列自相关函数

系统辨识中，常把移位寄存器产生的 M 序列的逻辑“0”和逻辑“1”变换成“a”和“$-a$”的序列作为系统的激励信号。在 M 序列表 2.1 中，若从 CP＝4(时钟的第 4 周期)算起(或者将 4 级移位寄存器的初始状态置成“1111”)，将 4 级移位寄存器输出的逻辑“0”和逻辑“1”变换成“a”和“$-a$”的序列如图 2.9 所示。

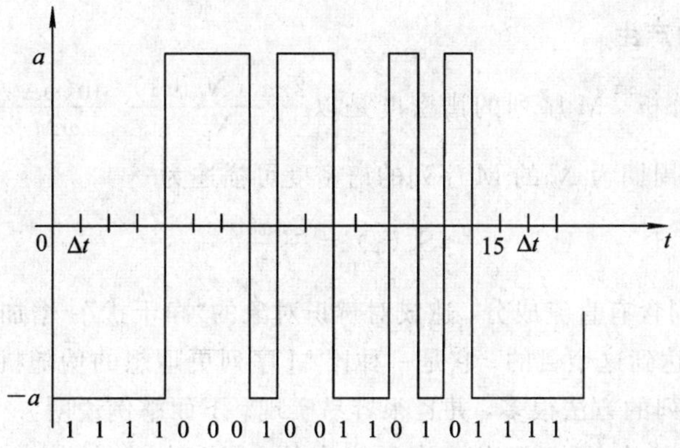

图 2.9　4 级 M 序列变换成幅值为“a”和“$-a$”的序列

上述变换关系可表达为

$$M(i) = a(1 - 2x_i) \tag{2.37}$$

或

$$M(i) = a \times \exp[j\pi x_i], \quad j = \sqrt{-1} \tag{2.38}$$

式中，x_i 是取“0”或“1”的 M 序列元素，$M(i)$ 是取“a”或“$-a$”的 M 序列元素。显然，在这种转换关系下，$\{M(i)\}$ 的乘法群 $(M(k)M(k+j))$ 和 $\{x_i\}$ 的加法群 $(x_k \oplus x_{k+j})$ 具有同构关系(即两者在相同初始状态下运算结果相同)。

根据自相关函数的定义，M 序列的自相关函数可以按下式计算：

$$R_M(\tau) = \frac{1}{N_p \Delta t}\int_0^{N_p \Delta t} M(t)M(t+\tau)\,dt \tag{2.39}$$

式中，$M(t)$ 是幅值为“a”或“$-a$”的 M 序列，Δt 是位移脉冲周期(时钟周期)。上式的离散形式为

$$R_M(\tau) = \frac{1}{N_p}\sum_{k=0}^{N_p-1} M(k)M(k+\tau) \tag{2.40}$$

根据上述同构关系即式(2.37)可知，当 $\tau=0$ 时，$R_M(\tau)=a^2$；当 $\tau=j\Delta t$，$1\leqslant j\leqslant N_p-1$，且

j 为整数时，则有

$$R_M(\tau) = \frac{1}{N_p}\sum_{k=0}^{N_p-1} M(k)M(k+j) = -\frac{a^2}{N_p} \tag{2.41}$$

当 $-\Delta t \leqslant \tau \leqslant \Delta t$ 时，

$$R_M(\tau) = a^2 - \frac{2|\tau|a^2}{N_p \Delta t}2^{p-1} = a^2\left(1 - \frac{N_p+1}{N_p}\frac{|\tau|}{\Delta t}\right), \quad |\tau| \leqslant \Delta t \tag{2.42}$$

因此，周期为 $N_p\Delta t$ 的 M 序列的自相关函数可归纳为

$$R_M(\tau) = \begin{cases} a^2\left(1 - \dfrac{N_p+1}{N_p}\dfrac{|\tau|}{\Delta t}\right), & -\Delta t \leqslant \tau \leqslant \Delta t \\ \dfrac{a^2}{-N_p}, & \Delta t < \tau < (N_p - 1)\Delta t \end{cases} \tag{2.43}$$

2.5.2 逆 M 序列

1. 逆 M 序列的产生

从谱密度角度分析，M 序列的谱密度是以 $\dfrac{2\pi a^2(N_p+1)}{N_p}\ \dfrac{\sin(\omega\Delta t/2)}{\omega\Delta t/2}$ 为包络线的线条谱[45]。在 $\omega=0$ 时，周期为 N_p 的 M 序列的谱密度可描述为

$$S_w(\omega) = \frac{2\pi a^2}{N_p^2} \tag{2.44}$$

谱分析表明，M 序列含有直流成分，造成对辨识对象的“净干扰”。增加 N_p 可减小该直流成分。逆 M 序列可以达到这个目的。它是一种比 M 序列更理想的伪随机码序列。在 M 序列基础上生成逆 M 序列的方法很多，并且很容易实现。下面举例说明。

例 2.5 在表 2.2 中，4 级移位寄存器产生的 M 序列，初始状态为“1111”，$N_p=15$，取 M 序列，即 $x_4(k)$ 的状态；$S(k)$ 是周期为 2 bit，元素取“0”或“1”的方波序列；可用式(2.45)生成逆 M 序列，并将产生过程列于表 2.3 中。

$$\{IM(k)\} = \{M(k) \oplus S(k)\} \tag{2.45}$$

可见，该逆 M 序列 $\{IM(k)\}$ 是 M 序列 $\{M(k)\}$ 序列和方波 $\{S(k)\}$ 在每个位上的模 2 和运算结果。但该逆 M 序列 $\{IM(k)\}$ 的周期为 $2N_p=30$。

表 2.3 M 序列与方波复合生成逆 M 序列 $\{IM(k)\}$ 的过程

$M(k)$	1	1	1	1	0	0	0	1	0	0	1	1	0	1	0	1	1	1	1	…
$S(k)$	1	0	1	0	1	0	1	0	1	0	1	0	1	0	1	0	1	0	1	…
$\oplus$																				
$IM(k)$	0	1	0	1	1	0	1	1	1	0	0	1	1	1	1	1	0	1	0	…

例 2.6 4 级移位寄存器产生的 M 序列于表 2.1 中，$N_p=15$，从时钟 CP=4 算起，分别取 M 序列的 $x_4(k)$ 和 $x_1(k)$ 序列，再利用式(2.35)即 $IM(k)=bs^2 \oplus x_1(k) \oplus x_4(k)$ 生成逆 M 序列。根据式(2.36)分析，$s^2=$“01”，$b=iN_p(i=1, 3, 5\cdots)$，即 bs^2 项只有在第奇数个循环周期上的第 2 位出现，即 $k=2, 32, \cdots$ 时为“1”，其余位全为“0”。将产生过程列于表 2.4 中。

表 2.4　$IM(k)=bs^2\oplus x_1(k)\oplus x_4(k)$生成逆 M 序列的过程

k	1	2	3	4	5	6	7	8	…	16	17	18	19	20	…	31	32	33	…
x_1	1	0	0	0	1	0	0	1	…	1	0	0	0	1	…	1	0	0	…
x_4	1	1	1	1	0	0	0	1	…	1	1	1	1	0	…	1	1	1	…
bs^2	0	1	0	0	0	0	0	0	…	0	0	0	0	0	…	0	1	0	…
$\oplus$																			
IM	0	0	1	1	1	0	0	0	…	0	1	1	1	1	…	0	0	1	…

上述两例生成的逆 M 序列均使 M 序列的周期增大到 $2N_p$，从而使其直流成分大大减小，若将逆 M 序列的逻辑“0”和逻辑“1”变换成“a”和“$-a$”的序列，则可以作为系统辨识中一种理想的激励信号。因此，逆 M 序列在辨识中应用广泛。

2. 逆 M 序列的性质

逆 M 序列具有如下性质：

(1) 逆 M 序列$\{IM(k)\}$的周期 N_p^I是原序列$\{M(k)\}$周期的两倍，即

$$N_p^I = 2N_p \tag{2.46}$$

(2) 如果将逆 M 序列$\{IM(k)\}$的逻辑状态“0”换成“$+a$”，逻辑状态“1”换成“$-a$”，则在该序列中，“$+a$” 和“$-a$”两个电平出现的频率相等，因此，该序列在 $N_p^I=2N_p$内的平均值为零，在这方面该 M 序列类似于白噪声。

(3) 逆 M 序列$\{IM(k)\}$和原序列是不相关的。

2.5.3　相关分析法频率响应辨识

1. 基本概念

在古典控制理论中，系统的频率响应 $G(\mathrm{j}\omega)$表示为

$$G(\mathrm{j}\omega) = \frac{Y(\mathrm{j}\omega)}{U(\mathrm{j}\omega)} = R_e(\omega) + I_m(\omega) \tag{2.47}$$

其中，$R_e(\omega)$、$I_m(\omega)$分别表示频率响应的实频特性和虚频特性；$U(\mathrm{j}\omega)$，$Y(\mathrm{j}\omega)$分别表示系统输入信号和输出信号的傅立叶变换，可写成

$$U(\mathrm{j}\omega) = \int_{-\infty}^{\infty} u(t)\mathrm{e}^{\mathrm{j}\omega t}\,\mathrm{d}t = \int_{-\infty}^{\infty} u(t)\cos\omega t\,\mathrm{d}t + \mathrm{j}\int_{-\infty}^{\infty} u(t)\sin\omega t\,\mathrm{d}t \tag{2.48}$$

$$Y(\mathrm{j}\omega) = \int_{-\infty}^{\infty} y(t)\mathrm{e}^{\mathrm{j}\omega t}\,\mathrm{d}t = \int_{-\infty}^{\infty} y(t)\cos\omega t\,\mathrm{d}t + \mathrm{j}\int_{-\infty}^{\infty} y(t)\sin\omega t\,\mathrm{d}t \tag{2.49}$$

确定(线性定常)系统的稳态时间响应 $c(t)$、频率响应 $G(\mathrm{j}\omega)$和输入信号 $U(\mathrm{j}\omega)$之间的关系可描述为

$$c(t) = \frac{1}{2\pi}\int_{-\infty}^{\infty} C(\mathrm{j}\omega)\mathrm{e}^{-\mathrm{j}\omega t}\,\mathrm{d}\omega = \frac{1}{2\pi}\int_{-\infty}^{\infty} G(\mathrm{j}\omega)U(\mathrm{j}\omega)\mathrm{e}^{-\mathrm{j}\omega t}\,\mathrm{d}\omega \tag{2.50}$$

在生产实际中，频率响应用解析方法直接求解太繁琐，不易找到解，于是用频率特性图示法。频率特性图示法主要有极坐标图(或奈奎斯特(Nyquist)图)和对数坐标(或伯德(Bode)图)；另外，闭环频率特性图示法有等 M 圆、等 N 圆和尼柯尔斯图。系统的频率响应利用古典控制理论频率特性图示法可以方便地得到。

最小相位系统的传递函数通常可以用一些基本环节描述为

$$G(s)=\frac{K\prod_{i=1}^{p}(T_{1is}+1)\prod_{i=1}^{q}(T_{2i}^{2}s^{2}+2T_{2i}\xi_{2i}s+1)}{s^{n}\prod_{i=1}^{r}(T_{3i}+1)\prod_{i=1}^{l}(T_{4i}^{2}s^{2}+2T_{4i}\xi_{4i}+1)} \tag{2.51}$$

从而可见，如果用实验法测得了系统的频率响应——系统的 Nyquist 曲线或 Bode 图，则可直接依据在不同频率下 Nyquist 曲线的实频特性 $R_e(\omega)$ 和虚频特性 $I_m(\omega)$ 直接写出系统的开环频率响应 $G(j\omega)$；或依据在不同频率下 Bode 图的幅频特性 $L(\omega)$ 和相频特性 $\phi(\omega)$ 直接写出系统的开环传递函数 $G(s)$。再将传递函数变成频率响应 $G(j\omega)$，即

$$G(j\omega)=G(s)\big|_{s=j\omega} \tag{2.52}$$

2. 相关分析法频率响应辨识

上述频率响应法只有在信噪比很高的情况下才有效。然而在工程实际中，系统输出中含有测量噪声(如图 2.10 所示)，获得的数据总是含有噪声，相关分析法可有效地解决频率响应辨识问题。图 2.10 中，系统的输入、输出分别为 $u(t)$ 和 $y(t)$，测量输出和测量噪声分别为 $z(t)$ 和 $w(t)$。

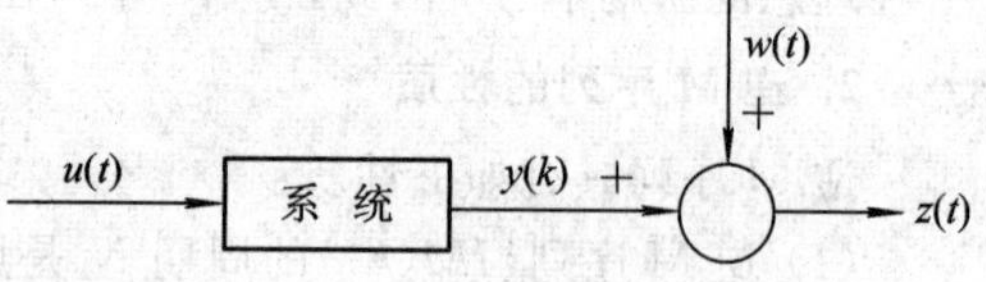

图 2.10 系统输出中含有测量噪声

相关函数的定义为

$$\begin{cases} R_{uz}(\tau)=\lim\limits_{T\to\infty}\dfrac{1}{T}\displaystyle\int_{0}^{T}z(t)\ u(t-\tau)\mathrm{d}t \\ R_{uu}(\tau)=\lim\limits_{T\to\infty}\dfrac{1}{T}\displaystyle\int_{0}^{T}u(t)\ u(t-\tau)\mathrm{d}t \end{cases} \tag{2.53}$$

其离散形式写成

$$\begin{cases} R_{uz}(\tau)=\dfrac{1}{T}\displaystyle\sum_{i=0}^{T}z(t)u(t-\tau) \\ R_{uu}=\dfrac{1}{T}\displaystyle\sum_{i=0}^{T}u(t)u(t-\tau) \end{cases} \tag{2.54}$$

式中，$R_{uu}(\tau)$ 指系统输入的自相关函数；$R_{uz}(\tau)$ 指系统输入和输出的互相关函数；互相关函数是时间为频率 ω 的函数，即 $T=2\pi/\omega$。

在图 2.10 中，设噪声 $w(t)$ 是均值为零的白噪声，其相关函数为 $R_w(\tau)=\sigma_w^2\delta(\tau)$。当输入信号为正弦波 $u(t)=A\sin\omega t$ 时，系统的输出稳态响应可表示成

$$z(t)=\sum_{k=1}^{\infty}B_k\sin(k\omega t+\theta_k)+w(t) \tag{2.55}$$

在时间 $T=2n\pi/\omega$ (n 为整数)区间上，计算 $z(t)$ 与 $\sin\omega t$ 在 $\tau=0$ 时的互相关函数：

$$\begin{aligned} z_s &\triangleq R_{z(t)\sin\omega t}(0)=\frac{1}{T}\int_{0}^{T}z(t)\sin\omega t\,\mathrm{d}t \\ &=\frac{B_1}{T}\int_{0}^{T}\sin(\omega t+\theta_1)\sin\omega t\,\mathrm{d}t+\sum_{k=2}^{\infty}\frac{B_k}{T}\int_{0}^{T}\sin(k\omega t+\theta_k)\sin\omega t\,\mathrm{d}t+\frac{1}{T}\int_{0}^{T}w(t)\sin\omega t\,\mathrm{d}t \\ &\triangleq I_{s1}+I_{s2}+I_{s3} \end{aligned} \tag{2.56}$$

由于 $T=2n\pi/\omega$，利用三角函数的性质，可以推导出

$$I_{s1}=\frac{1}{2}B_1\cos\theta_1 \tag{2.57}$$

及

$$I_{s2}=0 \tag{2.58}$$

当 T 充分大，即 T 不再是 $2\pi/\omega$ 的整倍数时，式(2.57)和式(2.58)仍近似成立。

在式(2.56)中，由于 I_{s3} 是白噪声 $w(t)$ 的函数，因此 I_{s3} 是随机量，显然由于 $w(t)$ 的均值 $E\{w(t)\}=0$，所以 $E\{I_{s3}\}=0$。考虑到随机过程的自相关函数 $R_w(t_1, t_2)$ 只与时间差 (t_2-t_1) 有关，而与 t_1 和 t_2 的值无关，因此 I_{s3} 的自相关函数可写成

$$\begin{aligned}
R_{I_{s3}}(\tau)=R_{I_{s3}}(t_2-t_1)&=E\left\{\left[\frac{1}{T}\int_0^T w(t_1)\sin\omega t_1\,\mathrm{d}t_1\right]\left[\frac{1}{T}\int_0^T w(t_2)\sin\omega t_2\,\mathrm{d}t_2\right]\right\}\\
&=\frac{1}{T^2}\int_0^T\sin\omega t_1\,\mathrm{d}t_1\int_0^T\sin\omega t_2 E\{w(t_1)w(t_2)\}\,\mathrm{d}t_2\\
&=\frac{1}{T^2}\int_0^T\sin\omega t_1\,\mathrm{d}t_1\int_0^T\sin\omega t_2\,\sigma_w^2\delta(t_2-t_1)\,\mathrm{d}t_2\\
&=\frac{\sigma_w^2}{T^2}\int_0^T\sin^2\omega t_1\,\mathrm{d}t_1=\frac{\sigma_w^2}{2T}\left(1-\frac{\sin2\omega T}{2\omega T}\right)
\end{aligned} \tag{2.59}$$

式中，σ_w^2 为噪声 $w(t)$ 的方差，可以表示成

$$\sigma_w^2(\tau)=\mathrm{Var}\{w(t)\}=R_w(0)-E\{w(t)\} \tag{2.60}$$

在式(2.59)中，当 $T=2n\pi/\omega$ 时，则

$$R_{I_{s3}}(t_2-t_1)=\frac{\sigma_w^2}{2T} \tag{2.61}$$

显然，只要积分周期 T 充分大时，I_{s3} 的自相关函数趋于零。可见，I_{s3} 相对于 I_{s1} 来说完全可以忽略，因此式(2.56)可简化为

$$z_s\triangleq R_{z(t)\sin\omega t}(0)=\frac{1}{2}B_1\cos\theta_1 \tag{2.62}$$

依此类推，在时间 $T=2n\pi/\omega$（n 为整数）区间上，计算 $z(t)$ 与 $\cos\omega t$ 在 $\tau=0$ 时的互相关函数

$$\begin{aligned}
z_c&\triangleq R_{z(t)\cos\omega t}(0)=\frac{1}{T}\int_0^T z(t)\cos\omega t\,\mathrm{d}t\\
&=\frac{B_1}{T}\int_0^T\sin(\omega t+\theta_1)\cos\omega t\,\mathrm{d}t+\sum_{k=2}^{\infty}\frac{B_k}{T}\int_0^T\sin(k\omega t+\theta_k)\cos\omega t\,\mathrm{d}t+\frac{1}{T}\int_0^T w(t)\cos\omega t\,\mathrm{d}t\\
&\triangleq I_{c1}+I_{c2}+I_{c3}
\end{aligned} \tag{2.63}$$

同理，当积分周期 T 充分大时，可推导出

$$\begin{cases}
I_{c1}=\dfrac{1}{2}B_1\sin\theta_1\\
I_{c2}=0\\
I_{c3}=0\quad\left(\text{因为 } E\{I_{c3}\}=0,\ R_{I_{c3}}(t_2-t_1)=\dfrac{\sigma_w^2}{T^2}\left(1-\dfrac{\sin2\omega T}{2\omega T}\right)\approx\dfrac{\sigma_w^2}{2T}\rightarrow 0\right)
\end{cases} \tag{2.64}$$

$$z_c\triangleq R_{z(t)\cos\omega t}(0)=\frac{1}{2}B_1\sin\theta_1 \tag{2.65}$$

因此，过程的频率响应估计可以写成

$$\begin{cases} \|\hat{G}(\mathrm{j}\omega)\| = \dfrac{B_1}{A} = \dfrac{2}{A}\sqrt{z_s^2 + z_c^2} \\ \angle \hat{G}(\mathrm{j}\omega) = \theta_1 = \arctan \dfrac{z_c}{z_s} \end{cases} \tag{2.66}$$

或

$$\begin{cases} \mathrm{Re}(\omega) = \dfrac{2z_c}{A} \\ \mathrm{Im}(\omega) = \dfrac{2z_s}{A} \end{cases} \tag{2.67}$$

式中，A 为系统输入信号的幅值。综合式(2.66)和式(2.67)，系统的频率响应估计也可以写成

$$\begin{aligned} G(\mathrm{j}\omega) &= \|\hat{G}(\mathrm{j}\omega)\| \angle \hat{G}(\mathrm{j}\omega) = \frac{2}{A}\sqrt{z_s^2 + z_c^2}\arctan\frac{z_c}{z_s} \\ &= \mathrm{Re}(\omega) + \mathrm{Im}(\omega) = \frac{2z_c}{A} + \frac{2z_s}{A} \end{aligned} \tag{2.68}$$

从而可见，在系统输入正弦信号，即 $u(t)=\sin\omega t$ 时，$w(t)$为白噪声，系统的频率响应估计求法是：先分别按式(2.62)和式(2.65)计算出互相关函数 z_s 和 z_c，然后按式(2.68)求出所需形式的频率响应。

2.5.4　相关分析法脉冲响应辨识

1. 脉冲响应辨识的概念

脉冲响应是在理想脉冲输入作用下过程的输出响应。考虑到工程上时间输入为理想脉冲是不可能的，因此通常采用矩形脉冲输入。当矩形脉冲的宽度比系统的过渡时间小得多且矩形脉冲的面积等于 1 时，过程的输出可近似为脉冲响应。

当系统存在噪声时，利用相关分析法辨识系统的脉冲响应可以得到较理想的效果。

利用相关分析法辨识系统脉冲响应的基本原理如图 2.11 所示。

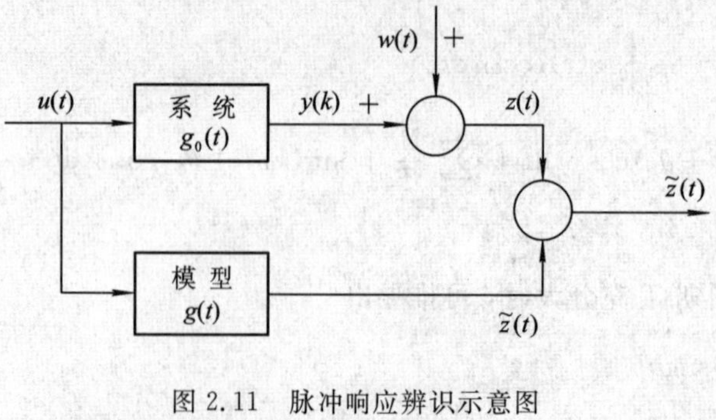

图 2.11　脉冲响应辨识示意图

图 2.11 中，$w(t)$是均值为零的噪声，其相关函数为 $R_w(\tau)=\sigma_w^2\delta(\tau)$；$\tilde{z}(t)$是过程与模型的输出误差，它与过程输出 $z(t)$和模型输出$\hat{z}(t)$的关系为

$$\tilde{z}(t) = z(t) - \hat{z}(t) \tag{2.69}$$

其中

$$\hat{z}(t)=\int_0^{\infty}g(\theta)u(t-\theta)\mathrm{d}\theta \tag{2.70}$$

考虑如下准则函数：

$$J=\lim_{T\to\infty}\frac{1}{T}\int_0^T\tilde{z}^2(t)\mathrm{d}t \tag{2.71}$$

式中，T 为积分周期。现在的任务是根据系统的输入输出数据，确定模型的脉冲响应 $g(t)$，使误差准则函数 $J=\min$，即需要解决准则函数的极小化问题。综合式(2.69)～式(2.71)，准则函数为

$$J=\lim_{T\to\infty}\frac{1}{T}\int_0^T\left[z(t)-\int_0^{\infty}g(\theta)u(t-\theta)\mathrm{d}\theta\right]^2\mathrm{d}t \tag{2.72}$$

这是一个典型的变分问题。

设 $g(\theta)=\hat{g}(\theta)$ 时，准则函数 J 达到极小值，必要条件是

$$\lim_{\alpha\to 0}\frac{\partial J[\hat{g}(\theta)+\alpha g_{\alpha}(\theta)]}{\partial\alpha}=0 \tag{2.73}$$

式中，$g_{\alpha}(\theta)$是不为零的任意小波动函数，α 是标量。

考虑到式(2.72)，式(2.73)展开为

$$\begin{aligned}&\lim_{\alpha\to 0}\frac{\partial J[\hat{g}(\theta)+\alpha g_{\alpha}(\theta)]}{\partial\alpha}\\&=\lim_{\alpha\to 0}\frac{\partial}{\partial\alpha}\left\{\lim_{T\to\infty}\frac{1}{T}\int_0^T\left[z(t)-\int_0^{\infty}\hat{g}(\theta)+\alpha g_{\alpha}(\theta)u(t-\theta)\mathrm{d}\theta\right]^2\mathrm{d}t\right\}\\&=\lim_{T\to\infty}\left(-\frac{2}{T}\right)\int_0^T\left\{\left[z(t)-\int_0^{\infty}\hat{g}(\theta)u(t-\theta)\mathrm{d}\theta\right]\int_0^{\infty}g_{\alpha}(\theta)u(t-\theta)\mathrm{d}\theta\right\}\mathrm{d}t\\&=0\end{aligned} \tag{2.74}$$

为了不引起混乱，先将上式的中括号外 $\int_0^{\infty}(g_{\alpha}(\theta)u(t-\theta)\mathrm{d}\theta$ 的积分变量 θ 换成 α，然后变换积分次序，则有

$$\int_0^{\infty}g_{\alpha}(\tau)\left\{\lim_{T\to\infty}\left(\frac{1}{T}\right)\int_0^T\left[z(t)-\int_0^{\infty}\hat{g}(\theta)u(t-\theta)\mathrm{d}\theta\right]u(t-\tau)\mathrm{d}t\right\}\mathrm{d}\tau=0 \tag{2.75}$$

由于 $g_{\alpha}(\tau)$是不为零的任意小波动函数，则有

$$\lim_{T\to\infty}\left(\frac{1}{T}\right)\int_0^T\left[z(t)-\int_0^{\infty}\hat{g}(\theta)u(t-\theta)\mathrm{d}\theta\right]u(t-\tau)\mathrm{d}t=0 \tag{2.76}$$

或

$$\lim_{T\to\infty}\left(\frac{1}{T}\right)\int_0^T z(t)u(t-\tau)\mathrm{d}t=\int_0^{\infty}\hat{g}(\theta)\left[\lim_{T\to\infty}\left(\frac{1}{T}\right)\int_0^T u(t-\tau)u(t-\theta)\mathrm{d}t\right]\mathrm{d}\theta \tag{2.77}$$

若设系统的输入输出数据是平稳的各态遍历的随机过程，则上式右侧中括号里的内容为输入的自相关函数，而上式左边为输入输出的互相关函数，即

$$R_{uz}=\lim_{T\to\infty}\left(\frac{1}{T}\right)\int_0^T z(t)u(t-\tau)\mathrm{d}t=\int_0^{\infty}\hat{g}(t)R_u(t-\tau)\mathrm{d}t \tag{2.78}$$

上式称为 Wiener - Hopf 方程。它是辨识过程脉冲响应的理论根据。如果输入信号是均值为零的白噪声，其自相关函数为

$$R_u(\tau)=\sigma_u^2\delta(\tau) \tag{2.79}$$

则式(2.78)变为

$$R_{uz}(\tau)=\int_0^{\infty}\hat{g}(t)\delta(\tau)\mathrm{d}t=\sigma_u^2\,\hat{g}(\tau) \tag{2.80}$$

从而可以得到

$$\hat{g}(\tau)=\frac{1}{\sigma_u^2}R_{uz}(\tau) \tag{2.81}$$

从而可见，只要计算出系统输入输出数据的互相关函数，就可以方便地求出脉冲响应的估计。

2. 用 M 序列作输入信号的响应估计一般算法

由于 M 序列的统计特性近似于白噪声，根据 Wiener - Hopf 方程，M 序列响应为

$$R_{Mz}(\tau)\approx\int_0^{N_\mathrm{p}\Delta t}\hat{g}(t)R_M(t-\tau)\mathrm{d}t \tag{2.82}$$

式中，N_p是 M 序列的循环长度；Δt 是 M 序列移位脉冲的周期。当 N_p充分大时，

$$R_{Mz}(\tau)\approx a^2\,\hat{g}(\tau) \tag{2.83}$$

式中，a 为 M 序列的幅值。可见输入信号用 M 序列和用白噪声结果是类似的，但此时脉冲响应只需计算一个周期的互相关函数 $R_{Mz}(\tau)$，大大地缩短了辨识的时间。可见，这种方法对脉冲响应估计值的计算相对简单得多。

当数据采集的时间和 Δt 相等时，则式(2.82)的离散形式为

$$R_{Mz}(k)\approx\sum_{j=0}^{N_\mathrm{p}-1}\hat{g}(j)R_M(k-j)\Delta t \tag{2.84}$$

M 序列的响应相关函数可写成

$$\begin{cases}R_{Mz}(k)=\dfrac{1}{N_\mathrm{p}}\displaystyle\sum_{i=0}^{N_\mathrm{p}-t}M(i-k)z(i)\\[2ex] R_M(k)=\dfrac{1}{N_p}\displaystyle\sum_{i=0}^{N_\mathrm{p}-t}M(i-k)M(i)\end{cases} \tag{2.85}$$

根据式(2.84)和式(2.85)，可推导出 M 序列的自相关函数为

$$R_M(k)=\begin{cases}a^2, & k=0,\,N_\mathrm{p},\,2N_\mathrm{p},\,\cdots\\ -\dfrac{a^2}{N_p}, & k\neq 0,\,N_\mathrm{p},\,2N_\mathrm{p},\,\cdots\end{cases} \tag{2.86}$$

系统输入输出的互相关函数为

$$R_{Mz}(k)=\frac{(N_\mathrm{p}+1)a^2\Delta t}{N_\mathrm{p}}\hat{g}(k)-\frac{a^2\Delta t}{N_\mathrm{p}}\sum_{i=0}^{N_\mathrm{p}-1}\hat{g}(i) \tag{2.87}$$

令

$$c=\frac{a^2\Delta t}{N_\mathrm{p}}\sum_{i=0}^{N_\mathrm{p}-1}\hat{g}(i) \tag{2.88}$$

对一个稳定的系统来说，c 是有界常数，而且很小(当 N_p充分大时)，则有

$$\hat{g}(k)=\frac{N_\mathrm{p}}{(N_\mathrm{p}+1)a^2\Delta t}[R_{Mz}(k)+c] \tag{2.89}$$

式(2.89)是利用相关分析法辨识脉冲响应的一个重要公式。它描述了脉冲响应估计值与互

相关函数之间的关系，如图 2.12 所示。

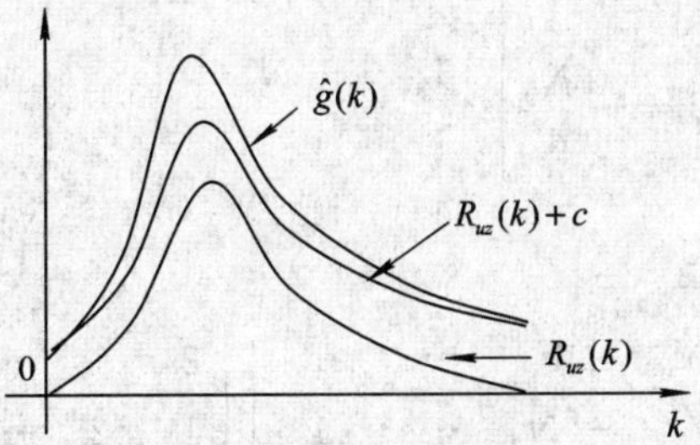

图 2.12　脉冲响应估值与互相关函数的关系

对于一个稳定的系统来说，当 $k\to\infty$时，$\hat{g}(k)\to 0$，所以根据式(2.89)，有 $c=-R_{Mz}(\infty)$。在工程上，一般取 $c=-R_{Mz}(N_p-1)$就已经足够满意了；有时甚至可以把 c 忽略不计。c 的取值并不影响脉冲响应的形态，而只决定脉冲响应在纵坐标上的位置。

3. 用 M 序列作输入信号的一次完成算法

根据式(2.88)，当 $k=0, 1, 2\cdots, N_p-1$ 时，得到 N_p个线性联立方程：

$$\begin{cases} R_M(0)\hat{g}(0)+R_M(-1)\hat{g}(1)+\cdots+R_M(-N_p+1)\hat{g}(N_p-1)=\dfrac{R_{Mz}(0)}{\Delta t} \\ R_M(1)\hat{g}(1)+R_M(0)\hat{g}(0)+\cdots+R_M(-N_p+2)\hat{g}(N_p-1)=\dfrac{R_{Mz}(1)}{\Delta t} \\ \qquad\vdots \\ R_M(N_p-1)\hat{g}(0)+R_M(N_p-2)\hat{g}(1)+\cdots+R_M(0)\hat{g}(N_p-1)=\dfrac{R_{Mz}(N_p-1)}{\Delta t} \end{cases} \tag{2.90}$$

将上式写成矩阵形式：

$$\boldsymbol{R}_M\hat{\boldsymbol{g}}=\frac{\boldsymbol{r}_{Mz}}{\Delta t} \tag{2.91}$$

其中

$$\begin{cases} \hat{\boldsymbol{g}}=[\hat{g}(0), \hat{g}(1), \cdots, \hat{g}(N_p-1)]^{\mathrm{T}} \\ \boldsymbol{R}_M=\begin{bmatrix} R_M(0) & R_M(-1) & \cdots & R_M(-N_p+1) \\ R_M(1) & R_M(0) & \cdots & R_M(-N_p+2) \\ \vdots & \vdots & & \vdots \\ R_M(N_p-1) & R_M(N_p-2) & \cdots & R_M(0) \end{bmatrix} \\ \quad =-\dfrac{a^2}{N_p}\begin{bmatrix} -N_p & 1 & \cdots & 1 \\ 1 & -N_p & \cdots & 1 \\ \vdots & \vdots & & \vdots \\ 1 & 1 & \cdots & -N_p \end{bmatrix} \\ \boldsymbol{r}_{Mz}=[R_{Mz}(0), R_{Mz}(1), \cdots, R_{Mz}(N_p-1)]^{\mathrm{T}} \end{cases} \tag{2.92}$$

式中，$\boldsymbol{r}_{Mz}$为在 M 序列作用下系统输入输出的相关函数矩阵。由式(2.91)得

$$\hat{\boldsymbol{g}}=\frac{\boldsymbol{R}_M^{-1}\boldsymbol{r}_{Mz}}{\Delta t} \tag{2.93}$$

其中

$$\boldsymbol{R}_M^{-1} = -\frac{N_p}{a^2}\begin{bmatrix} -N_p & 1 & \cdots & 1 \\ 1 & -N_p & \cdots & 1 \\ \vdots & \vdots & & \vdots \\ 1 & 1 & \cdots & -N_p \end{bmatrix}^{-1} \tag{2.94}$$

由于

$$\begin{aligned} &\begin{bmatrix} -N_p & 1 & \cdots & 1 \\ 1 & -N_p & \cdots & 1 \\ \vdots & \vdots & & \vdots \\ 1 & 1 & \cdots & -N_p \end{bmatrix}\begin{bmatrix} 2 & 1 & \cdots & 1 \\ 1 & 2 & \cdots & 1 \\ \vdots & \vdots & & \vdots \\ 1 & 1 & \cdots & 2 \end{bmatrix} \\ &= \begin{bmatrix} -(N_p+1) & 0 & 0 & 0 \\ 0 & -(N_p+1) & 0 & 0 \\ 0 & 0 & \cdots & 0 \\ 0 & 0 & 0 & -(N_p+1) \end{bmatrix} \\ &= -(N_p+1)\boldsymbol{I} \end{aligned} \tag{2.95}$$

因此

$$R_M^{-1} = \frac{N_p}{(N_p+1)a^2}\begin{bmatrix} 2 & 1 & \cdots & 1 \\ 1 & 2 & \cdots & 1 \\ \vdots & \vdots & & \vdots \\ 1 & 1 & \cdots & 2 \end{bmatrix} \tag{2.96}$$

根据式(2.89)，互相关函数阵又可以写成

$$\boldsymbol{r}_{Mz} = \frac{1}{N_p}\boldsymbol{Mz} \tag{2.97}$$

其中

$$\begin{cases} \boldsymbol{z} = [z(0),\ z(1),\ \cdots,\ z(N_p-1)] \\ \boldsymbol{M} = \begin{bmatrix} M(0) & M(1) & \cdots & M(N_p-1) \\ M(-1) & M(0) & \cdots & M(N_p-2) \\ \vdots & \vdots & & \vdots \\ M(-N_p+1) & M(-N_p+2) & \cdots & M(0) \end{bmatrix} \end{cases} \tag{2.98}$$

综合式(2.93)～式(2.97)，得

$$\hat{g} = \frac{1}{N_p\Delta t}\boldsymbol{R}_M^{-1}\boldsymbol{Mz} = \frac{1}{(N_p+1)a^2\Delta t}\begin{bmatrix} 2 & 1 & \cdots & 1 \\ 1 & 2 & \cdots & 1 \\ \vdots & \vdots & & \vdots \\ 1 & 1 & \cdots & 2 \end{bmatrix}\boldsymbol{Mz} \tag{2.99}$$

式中，常数矩阵为 N_p+1 维方阵。式(2.99)为 M 序列输入脉冲响应的一次完成算法。

4. 用 M 序列作输入信号的递推算法

为了在线辨识系统的脉冲响应，将第 i 时刻的互相关函数 $R_{Mz}^{(i)}(k)$ 写成递推的形式：

$$R_{Mz}^{(i)}(k) = \frac{i}{i+1}R_{Mz}^{(i-1)}(k) + \frac{1}{i+1}M(i-k)z(i) \tag{2.100}$$

其中，$R_{Mz}^{(i-1)}(k)$为第 $i-1$ 时刻的互相关函数。

根据式(2.93)和式(2.100)，第 i 时刻的脉冲响应估计值的递推形式为

$$\hat{g}^{(i)}=\frac{i}{i+1}\hat{g}^{(i-1)}+\frac{1}{(i+1)\Delta t}R_{M}^{-1}\boldsymbol{m}(i)z(i) \tag{2.101}$$

其中，$\hat{g}^{(i-1)}$表示采样至第 $i-1$ 时刻的脉冲响应估计值，且

$$\boldsymbol{m}(i)=[M(i),M(i-1),\cdots,M(i-N_{\mathrm{p}}+1)]^{\mathrm{T}} \tag{2.102}$$

5. 用 M 序列作输入信号辨识脉冲响应的步骤

(1) 预估被辨识系统的过渡过程时间 T_s和系统的最高工作频率 $f_{\max}$。T_s和 $f_{\max}$是选择 M 序列参数的依据。

(2) 在系统辨识中，数据必须尽可能多地包含系统动态特性的信息。这和输入信号的选择有很大的关系。因此，实验之前要精心地选择 M 序列的参数。当系统的频率特性接近低通滤波特性时，M 序列的参数 N_{p}和 Δt 应满足下述条件：

$$\begin{cases}\dfrac{1}{3\Delta t}\geqslant f_{\max}\\(N_{\mathrm{p}}-1)\Delta t>T_{\mathrm{s}}\end{cases} \tag{2.103}$$

式(2.103)表明，序列的频带必须覆盖系统的频带，这样才能充分激励系统的所有模态，M 序列的循环周期必须大于系统的过渡过程时间，以保证时间大于 $N_{\mathrm{p}}\Delta t$ 后，脉冲响应衰减接近于零。另外，M 序列的幅度不能选择过大，以免系统进入非线性区或影响系统生产；但也不能过小，以保证一定的信噪比。

(3) 采集数据时要注意，当 M 序列刚加上时，由于非零初始条件的作用，系统的输出在一段时间内时是非平稳的。为了保证辨识精度，要避开这段非平稳过程，一般可以从第二个循环周期开始采集数据。

(4) 数据要除去直流分量，有条件的还要进行滤波处理。

(5) 计算互相关函数 $R_{Mz}(k)$如果数据较多，要用快速傅立叶变换(FFT)方法计算相关函数，以减少计算量。

(6) 取补偿 $c=-R_{Mz}(N_{\mathrm{p}}-1)$。

(7) 利用式(2.93)计算脉冲响应估计量$\hat{g}(k)$。

(8) 若采用 M 序列作输入信号，则辨识步骤同上。

2.5.5　相关分析法脉冲响应辨识的应用

例 2.7　某炼油厂常压加热锅炉炉膛温度由汽动燃料调节阀膜头压力控制，如图 2.13 所示。利用相关分析法辨识汽动调节膜头压力到炉膛温度通道的脉冲响应。

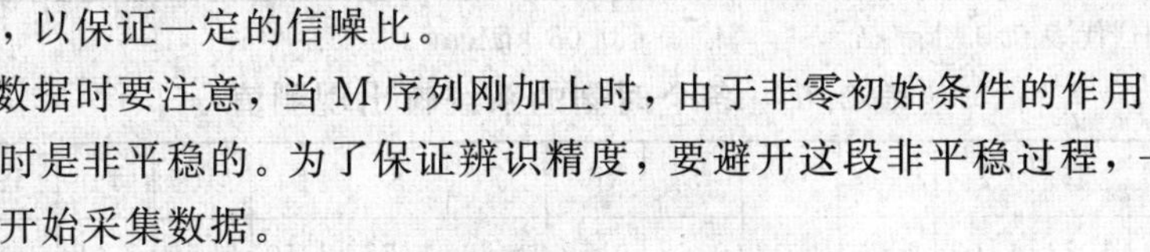

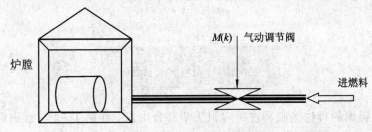

图 2.13　压力干扰加热炉

解　(1) 预估炉子的过渡过程时间 T_s不大于 50 min，最高工作频率 f_{max}低于 0.0012 Hz。

(2) 选择 M 序列参数。根据式(2.103)，取 $\Delta t = 4$ min，使 $1/3\Delta t = 0.00139$ Hz > 0.0012 Hz；确定 $N_p = 15$，保证$(N_p - 1)\Delta t = 56$ min，且 M 序列按表 2.5 取值；另外，根据运行经验，气动调节阀膜头压力扰动幅度取 0.03 kg/cm^2，可保证对象不进入非线性区，并有明显的输出响应。

(3) 为了获得温度响应的平稳过程，要在压力扰动加入一个循环周期开始记录数据。各个时刻的系统输出观测值如表 2.6 所示。

(4) 利用表 2.5 和表 2.6 的数据，计算互相关函数 $R_{Mz}(k)$。

(5) 根据式(2.93)和以上条件，可推出计算脉冲响应估计值的表达式为

$$\hat{g}(k) = \frac{15}{4 \times 0.03^2 \times 16}[R_{Mz}(k) + c] = 260.4[R_{Mz}(k) + c] \tag{2.104}$$

式中，互相关函数 $R_{Mz}(k) = \sum_{i=0}^{14} M(i-k)z(k)$。其中，取 $c = -R_{Mz}(14) = 0.0088$。对应的互相关函数 $R_{Mz}(k)$和脉冲响应估计值计算结果如表 2.7 所示。如果使用比较充足的数据(N_p再取大些)，辨识精度还可以进一步提高。

表 2.5　压力扰动记录

k	0	1	2	3	4	5	6	7	8	9	10	11	12	13	14
$M(k)$	+	−	−	−	−	+	+	+	−	+	+	−	−	+	−

注：表中“+”代表 0.03 kg/cm^2，“−”代表 −0.03 kg/cm^2。

表 2.6　各个时刻的系统输出观测值

k	0	1	2	3	4	5	6	7	8	9	10	11	12	13	14
$Z(k)$	1.82	1.82	2.03	2.03	1.03	0.68	0.52	0.86	1.78	2.50	2.50	2.32	3.28	2.82	2.04

表 2.7　互相关函数 $R_{Mz}(k)$和脉冲响应估计值

k	0	1	2	3	4	5	6
$R_{Mz}(k)$	-0.93×10^{-2}	-0.87×10^{-2}	0.64×10^{-2}	1.09×10^{-2}	0.76×10^{-2}	0.26×10^{-2}	-0.16×10^{-2}
$\hat{g}(k)$	−0.13	0.03	3.96	5.13	4.27	2.97	1.87

k	7	8	9	10	11	12	13	14
$R_{Mz}(k)$	-0.19×10^{-2}	-0.39×10^{-2}	-0.77×10^{-2}	-0.94×10^{-2}	-0.85×10^{-2}	-0.71×10^{-2}	-1.00×10^{-2}	-0.88×10^{-2}
$\hat{g}(k)$	1.80	1.28	0.29	−0.16	0.08	0.44	−0.31	0.0

2.6　小　结

本章包括辨识的理论基础和古典辨识法两部分内容，在第 1～4 节辨识的理论基础部分中，主要介绍了随机过程的基本概念及其数学描述、谱密度与相关函数、线性系统在随

机输入下的响应、随机序列和白噪声及其产生方法。系统辨识所用的数据通常含有噪声，如果这种噪声相关性较弱或者强度很小，则可以近似将其视为白噪声。因此，白噪声是一类非常重要的随机过程，它的基本概念及其产生方法与系统辨识密切相关。因此，这里不仅重点讨论了用乘同余法产生随机序列和产生白噪声的理论和方法，还讨论了用移位寄存器产生 M 序列的理论和方法，同时，分别开发了各种方法对应的产生随机序列、白噪声和 M 序列的三种程序。在第 5 节古典辨识法中，介绍了相关分析法辨识和相关函数的概念，讨论了相关分析频率响应和相关分析脉冲响应法辨识，并列举了相关分析脉冲响应法辨识的实例。

习　题

1. 简述互相关函数与互协方差函数的主要性质。

2. 系统辨识时，持续激励信号的特点是什么？

3. 随机噪声和白噪声的主要区别是什么？伪随机信号和随机信号的主要区别是什么？

4. 试利用乘同余法，选 $R=10$，$A=3$，$k=4$，$M=10^k=10\,000$，递推 80 次，采用 MATLAB 的仿真语言(m 软件)编程，产生(0，1)均匀分布随机数，打印出程序和运行结果。

5. 仍用乘同余法，选 $R=10$，$A=3$，$k=4$，$M=10^k=10\,000$，递推 80 次，采用 MATLAB 的仿真语言(m 软件)编程，产生(－1，1)均匀分布白噪声序列，并比较在同样条件下，产生(0，1)均匀分布随机数和产生(－1，1)均匀分布白噪声序列的程序主要区别有哪些？

6. 用移位寄存器产生 M 序列 $\{M(k)\}$ 时，M 序列有哪些特点？怎样确定 M 序列的循环长度为 N_p？

7. 自相关函数和互相关函数定义的主要区别是什么？

8. 在相关分析法辨识中，激励(输入)信号用 $\{M(k)\}$，利用互相关函数计算系统的脉冲响应方法，说明递推算法和一次完成算法有何区别。

9. 依据例 2.7 的条件，结合例 2.3，选用 10 级移位积存器产生 $N_p=1023$ 的 M 序列，用该 M 序列作输入信号的递推算法，采用 MATLAB 的仿真语言(m 软件)编程，求加热炉的脉冲响应，并打印出结果。

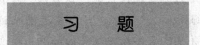

第 3 章 最小二乘参数辨识

从本章开始，将介绍常用的一些现代系统辨识方法。最小二乘法是系统辨识中应用最广泛的估计方法，它是高斯(Gauss)在早年进行行星运动轨迹预报研究工作中提出来的。由于最小二乘法原理简单，并且不需要数理统计的知识，所以最小二乘法就成了估计理论的奠基石，颇受人们重视，应用相当广泛。现在，最小二乘法被用来解决许多实际问题，针对不同用途，对最小二次法进行修正，就出现了各种相应的最小二乘法。

本章讨论以单输入单输出(SISO)系统的差分方程作为模型，其辨识问题包括系统阶数的确定和参数估计两个方面，本章主要研究参数估计问题。其中包括基本最小二乘法，递推的最小二乘法以及以最小二乘法为基础的增广最小二乘法、广义最小二乘法、适应算法等。

最小二乘法可用于动态系统，也可用于静态系统；可用于线性系统，也可用于非线性系统；可用于离线估计，也可用于在线估计。在随机的环境下，利用最小二乘法时，并不要求观测数据提供其概率统计方面的信息，而其估计结果却有相当好的统计特性。最小二乘法容易理解和掌握，利用最小二乘法原理所拟定的辨识算法在实施上比较简单。在其它参数辨识方法难以使用时，最小二乘法却能提供问题的解决方案。另外，许多用于系统辨识的估计算法可以演绎成最小二乘法，因此通过最小二乘法理论有可能将许多辨识技术统一起来。正因如此，最小二乘法被广泛应用于系统辨识领域，并使得它达到了相当完善的程度。

3.1 基本最小二乘法

3.1.1 问题的提出

在研究系统辨识问题时首先将待辨识的系统看成“黑箱”，只考虑系统的输入输出特性，不强调系统的内部机理。现在以 SISO 系统来研究辨识问题，对于 SISO 离散系统，其描述方程为

$$
\begin{aligned}
&y(k)+a_1y(k-1)+\cdots+a_{n_a}y(k-n_a)\\
&=b_1u(k-1)+b_2u(k-2)+\cdots+b_{n_b}u(k-n_b)
\end{aligned}
\tag{3.1}
$$

式中，$y(k)$为系统的输出序列，$u(k)$为系统的输入序列。对于上式所描述的系统，辨识包括两个方面的问题：一个是结构辨识问题，即系统阶数 n_a、n_b的确定；另一个是参数辨识问题，即求出描述系统方程的系数 a_i、b_i。

本章将假设系统阶次已知，仅讨论参数估计问题。

考虑到测量误差、模型误差和干扰的存在，将实际采集到的被控系统的输入和输出数据代入式(3.1)，同样存在一定的误差。用 $e(k)$ 表示这一误差(又称为模型残差)，则式(3.1)变为如下形式：

$$z(k)+a_1z(k-1)+\cdots+a_{n_a}z(k-n_a)$$
$$=b_1u(k-1)+b_2u(k-2)+\cdots+b_{n_b}u(k-n_b)+e(k) \tag{3.2}$$

式中，$z(k)$为系统输出量的第 k 次观测值。根据上式给出待辨识的系统结构如图 3.1 所示。

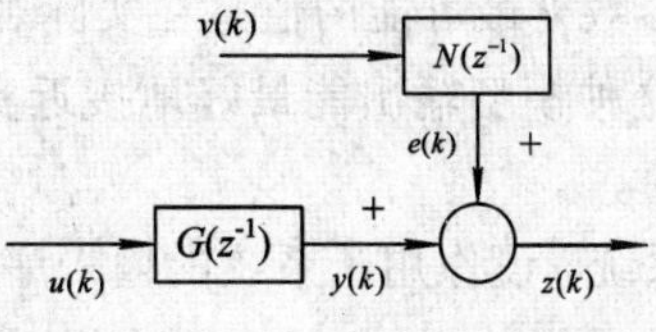

图 3.1 SISO 系统的"黑箱"结构

图 3.1 中，输入 $u(k)$和输出 $z(k)$是可以观测的；$G(z^{-1})$是系统模型，用来描述系统的输入输出特性；$N(z^{-1})$是噪声模型，$v(k)$是白噪声，$e(k)$是有色噪声，根据成型滤波器原理，即将有色噪声表示成白噪声经过一个滤波器的输出，可得：

$$e(k)=N(z^{-1})v(k) \tag{3.3}$$

通常

$$G(z^{-1})=\frac{B(z^{-1})}{A(z^{-1})},\quad N(z^{-1})=\frac{D(z^{-1})}{C(z^{-1})} \tag{3.4}$$

式中

$$\begin{cases}A(z^{-1})=1+a_1z^{-1}+a_2z^{-2}+\cdots+a_{n_a}z^{-n_a}\\B(z^{-1})=b_1z^{-1}+b_2z^{-2}+\cdots+b_{n_b}z^{-n_b}\end{cases} \tag{3.5}$$

$$\begin{cases}C(z^{-1})=1+c_1z^{-1}+c_2z^{-2}+\cdots+c_{n_c}z^{-n_c}\\D(z^{-1})=1+d_1z^{-1}+d_2z^{-2}+\cdots+d_{n_d}z^{-n_d}\end{cases} \tag{3.6}$$

本章所用的系统模型总是一样的，不同的辨识方法对应不同的噪声模型。对实际辨识问题来说，应该选用什么样的模型，这没有一般的原则可循。总的来说，可先选择简单的模型获得辨识的结果，检验模型的可信度，或者看实际的使用效果。如果不能满足要求，就需要换用其它模型，这时所用的辨识方法自然也就不同。也就是说，解决一个实际问题，到底应该采用哪种辨识方法，这取决于模型类的选择，而模型类的确定往往需要通过多次的实验比较，最后才能确认。

3.1.2 最小二乘法的原理

将式(3.1)改写成

$$z(k)=-a_1z(k-1)-\cdots-a_{n_a}z(k-n_a)+b_1u(k-1)$$
$$+b_2u(k-2)+\cdots+b_{n_b}u(k-n_b)+e(k) \tag{3.7}$$

可得系统输入输出的最小二乘格式为

$$z(k)=\boldsymbol{h}^{\mathrm{T}}(k)\boldsymbol{\theta}+e(k) \tag{3.8}$$

式中，$\boldsymbol{h}$ 为样本集合，$\boldsymbol{\theta}$ 为待识别的参数集合。

$$\begin{cases}\boldsymbol{h}(k)=[-z(k-1),\ \cdots,\ -z(k-n_a),\ u(k-1),\ \cdots,\ u(k-n_b)]^{\mathrm{T}}\\ \boldsymbol{\theta}=[a_1,\ a_2,\ \cdots,\ a_{n_a},\ b_1,\ b_2,\ \cdots,\ b_{n_b}]^{\mathrm{T}}\end{cases}\tag{3.9}$$

取准则函数

$$J(\boldsymbol{\theta})=\sum_{k=1}^{\infty}[\tilde{z}(k)]^2=\sum_{k=1}^{\infty}[z(k)-\boldsymbol{h}^{\mathrm{T}}(k)\boldsymbol{\theta}]^2\tag{3.10}$$

使 $J(\boldsymbol{\theta})=\min$ 的 $\boldsymbol{\theta}$ 的估计值记作 $\hat{\boldsymbol{\theta}}_{LS}$，称做参数 $\boldsymbol{\theta}$ 的最小二乘估计值。

上述叙述表明，未知模型参数 $\boldsymbol{\theta}$ 最可能的值是在实际观测值与计算值之累次误差的平方和达到最小值处，所得到的这种模型输出能最好地接近实际系统的输出，这就是最小二乘原理。

考虑一个离散时间 SISO 系统，设作用于系统的输入序列为$\{u(1),\ u(2),\ \cdots,\ u(L)\}$，相应观测到的输出序列为$\{z(1),\ z(2),\ \cdots,\ z(L)\}$。选择下列模型：

$$z(k)+az(k-1)=bu(k-1)+e(k)\tag{3.11}$$

式中，a、b 为待辨识参数。将上式写成最小二乘格式：

$$z(k)=[-z(k-1),\ u(k-1)]\begin{bmatrix}a\\ b\end{bmatrix}+e(k)=\boldsymbol{h}^{\mathrm{T}}(k)\boldsymbol{\theta}+e(k)\tag{3.12}$$

采用准则函数

$$J(\boldsymbol{\theta})=\sum_{k=1}^{\infty}[\tilde{z}(k)]^2=\sum_{k=1}^{\infty}[z(k)+az(k-1)-bu(k-1)]^2\tag{3.13}$$

根据输入输出数据，极小化 $J(\boldsymbol{\theta})$，求参数 a 和 b 使得 $J(\boldsymbol{\theta})=\min$。这就是最小二乘辨识问题。

3.2 最小二乘法问题的描述

设时不变 SISO 系统的数学模型为

$$A(z^{-1})z(k)=B(z^{-1})u(k)+e(k)\tag{3.14}$$

其中多项式 $A(z^{-1})$ 和 $B(z^{-1})$ 如式(3.5)所示。现在的问题是如何利用系统的输入输出数据，确定多项式 $A(z^{-1})$ 和 $B(z^{-1})$ 的系数。

在解决这类系统辨识问题之前，先明确一些基本假设和基本关系。首先假定系统模型(3.14)的阶次 n_a 和 n_b 已经设定，且一般有 $n_a>n_b$。当取相同阶次时，记作 $n=n_a=n_b$。其次，将模型(3.14)写成最小二乘格式如下：

$$z(k)=\boldsymbol{h}^{\mathrm{T}}(k)\boldsymbol{\theta}+e(k)\tag{3.15}$$

式中

$$\begin{cases}\boldsymbol{h}(k)=[-z(k-1),\ \cdots,\ -z(k-n_a),\ u(k-1),\ \cdots,\ u(k-n_b)]^{\mathrm{T}}\\ \boldsymbol{\theta}=[a_1,\ a_2,\ \cdots,\ a_{n_a},\ b_1,\ b_2\cdots,\ b_{n_b}]^{\mathrm{T}}\end{cases}\tag{3.16}$$

对于 $k=1,\ 2,\ \cdots,\ L$，方程(3.15)构成一个线性方程组，可以把它写成

$$\boldsymbol{z}_L(k)=\boldsymbol{H}_L(k)\boldsymbol{\theta}+\boldsymbol{e}_L(k)\tag{3.17}$$

式中

$$\boldsymbol{z}_L=\begin{bmatrix}z(1)\\z(2)\\\vdots\\z(L)\end{bmatrix},\quad \boldsymbol{e}_L=\begin{bmatrix}e(1)\\e(2)\\\vdots\\e(L)\end{bmatrix}$$

$$\boldsymbol{H}_L=\begin{bmatrix}-z(0) & \cdots & -z(1-n_a) & u(0) & \cdots & u(1-n_b)\\-z(1) & \cdots & -z(2-n_a) & u(1) & \cdots & u(2-n_b)\\\vdots & & \vdots & \vdots & & \vdots\\-z(L-1) & \cdots & -z(L-n_a) & u(L-1) & \cdots & u(L-n_b)\end{bmatrix}\tag{3.18}$$

另外，设模型(3.15)的噪声 $e(k)$完全可以用一阶和二阶统计矩阵描述，即设它的均值矩阵和协方差矩阵分别为

$$\boldsymbol{E}\{\boldsymbol{e}_L\}=[E\{e(1)\},E\{e(2)\},\cdots,E\{e(L)\}]^{\mathrm{T}}=\boldsymbol{0}\tag{3.19}$$

$$\operatorname{cov}\{\boldsymbol{e}_L\}=E\{\boldsymbol{e}_L\boldsymbol{e}_L^{\mathrm{T}}\}=\begin{bmatrix}E\{e^2(1)\} & E\{e(1)e(2)\} & \cdots & E\{e(1)e(L)\}\\E\{e(2)e(1)\} & E\{e^2(2)\} & \cdots & E\{e(2)e(L)\}\\\vdots & \vdots & & \vdots\\E\{e(L)e(1)\} & E\{e(L)e(2)\} & \cdots & E\{e^2(L)\}\end{bmatrix}=\sum\nolimits_n\tag{3.20}$$

为了评价最小二乘估计的性质，还必须进一步假设噪声 $e(k)$是不相关的，而且是同分布的随机变量。简单地说，必须假设$\{e(k)\}$是白噪声序列，即

$$\begin{cases}E\{\boldsymbol{e}_L\}=\boldsymbol{0}\\\operatorname{cov}\{\boldsymbol{e}_L\}=\sigma_n^2\boldsymbol{I}\end{cases}\tag{3.21}$$

式中，σ_n^2为噪声 $e(k)$的方差，$\boldsymbol{I}$ 为单位矩阵。有时还要假设噪声 $e(k)$服从正态分布。此外，还认为噪声 $e(k)$和输入 $u(k)$是不相关的，即

$$E\{e(k)u(k-l)\}=0,\quad \forall k,l\tag{3.22}$$

如何选择数据长度也是要考虑的问题。显然，联立方程组(3.17)具有 L 个方程，包含 n_a+n_b个未知数。如果 $L<n_a+n_b$，方程的个数少于未知数个数，模型参数 $\boldsymbol{\theta}$ 不能唯一确定，这种情况一般可以不去考虑它。如果 $L=n_a+n_b$，则只有当 $e_L=0$ 时，$\boldsymbol{\theta}$ 才有唯一的确定解。当 $e_L\neq0$ 时，只有取 $L>n_a+n_b$，才有可能确定一组“最优”的模型参数 $\boldsymbol{\theta}$，而且为了保证辨识的精度，L 必须充分大，根据系统辨识的仿真经验，最好满足

$$L>3(n_a+n_b)\tag{3.23}$$

3.3　最小二乘问题的基本算法

3.3.1　基本最小二乘问题的解

考虑模型

$$z(k)=\boldsymbol{h}^{\mathrm{T}}(k)\boldsymbol{\theta}+e(k)\tag{3.24}$$

的辨识问题，式中 $z(k)$和 $\boldsymbol{h}(k)$都是可观测数据，$\boldsymbol{\theta}$ 是待估计参数，取准则函数

$$J(\boldsymbol{\theta})=\sum_{k=1}^{L}[\tilde{z}(k)]^2=\sum_{k=1}^{L}[z(k)-\boldsymbol{h}^{\mathrm{T}}(k)\boldsymbol{\theta}]^2$$
$$=(\boldsymbol{z}_L-\boldsymbol{H}_L\boldsymbol{\theta})^{\mathrm{T}}(\boldsymbol{z}_L-\boldsymbol{H}_L\boldsymbol{\theta}) \tag{3.25}$$

极小化 $J(\boldsymbol{\theta})$，求得参数 $\boldsymbol{\theta}$ 的估计值，将使模型的输出最好地预报系统的输出。

设 $\hat{\boldsymbol{\theta}}_{LS}$ 使得 $J(\boldsymbol{\theta})|_{\hat{\boldsymbol{\theta}}_{LS}}=\min$，则有

$$\left.\frac{\partial J(\boldsymbol{\theta})}{\partial \boldsymbol{\theta}}\right|_{\hat{\boldsymbol{\theta}}_{LS}}=\frac{\partial}{\partial \boldsymbol{\theta}}(\boldsymbol{z}_L-\boldsymbol{H}_L\boldsymbol{\theta})^{\mathrm{T}}(\boldsymbol{z}_L-\boldsymbol{H}_L\boldsymbol{\theta})=0 \tag{3.26}$$

展开上式，并运用如下两个向量微分公式：

$$\frac{\partial}{\partial \boldsymbol{x}}(\boldsymbol{a}^{\mathrm{T}}\boldsymbol{x})=\boldsymbol{a}^{\mathrm{T}} \tag{3.27}$$

$$\frac{\partial}{\partial \boldsymbol{x}}(\boldsymbol{x}^{\mathrm{T}}\boldsymbol{A}\boldsymbol{x})=2\boldsymbol{x}^{\mathrm{T}}\boldsymbol{A},\quad \boldsymbol{A}\text{ 为对称阵} \tag{3.28}$$

得正则方程

$$(\boldsymbol{H}_L^{\mathrm{T}}\boldsymbol{H}_L)\hat{\boldsymbol{\theta}}_{LS}=\boldsymbol{H}_L^{\mathrm{T}}\boldsymbol{z}_L \tag{3.29}$$

当 $\boldsymbol{H}_L^{\mathrm{T}}\boldsymbol{H}_L$ 是正则矩阵(即矩阵为非奇异，其行列式的值不为 0)时，则

$$\hat{\boldsymbol{\theta}}_{LS}=(\boldsymbol{H}_L^{\mathrm{T}}\boldsymbol{H}_L)^{-1}\boldsymbol{H}_L^{\mathrm{T}}\boldsymbol{z}_L \tag{3.30}$$

且

$$\left.\frac{\partial^2 J(\boldsymbol{\theta})}{\partial \boldsymbol{\theta}^2}\right|_{\hat{\boldsymbol{\theta}}_{LS}}=2\boldsymbol{H}_L^{\mathrm{T}}\boldsymbol{H}_L>0 \tag{3.31}$$

所以满足式(3.30)的 $\hat{\boldsymbol{\theta}}_{LS}$ 使 $J(\boldsymbol{\theta})|_{\hat{\boldsymbol{\theta}}_{LS}}=\min$，并且是唯一的。

通过极小化式(3.26)计算 $\hat{\boldsymbol{\theta}}_{LS}$ 的方法称做最小二乘法，对应的 $\hat{\boldsymbol{\theta}}_{LS}$ 称为最小二乘估计值。

3.3.2 加权最小二乘问题的解

引入加权因子的目的是为了便于考虑观测数据的可信度。如果有理由认为现在时刻的数据比过去时刻的数据可靠，那么现在时刻的加权值就要大于过去时刻的加权值。比如可选加权因子 $\boldsymbol{\Lambda}(k)$ 为 $\boldsymbol{\Lambda}(k)=\mu^{L-k}$ $(0<\mu<1)$。当 $k=1$ 时，$\boldsymbol{\Lambda}(1)=\mu^{L-k}\ll 1$；当 $k=L$ 时，$\boldsymbol{\Lambda}(k)=1$。这就体现了对不同时刻的数据给予了不同程度的信任。

研究加权最小二乘(Weighted Least Squares，WLS)问题时，考虑模型

$$z(k)=\boldsymbol{h}^{\mathrm{T}}(k)\boldsymbol{\theta}+e(k) \tag{3.32}$$

取准则函数

$$J(\boldsymbol{\theta})=\sum_{k=1}^{L}\boldsymbol{\Lambda}(k)[\tilde{z}_L]^2$$
$$=\sum_{k=1}^{L}\boldsymbol{\Lambda}(k)[z(k)-\boldsymbol{h}^{\mathrm{T}}(k)\boldsymbol{\theta}]^2$$
$$=(\boldsymbol{z}_L-\boldsymbol{H}_L\boldsymbol{\theta})^{\mathrm{T}}\boldsymbol{\Lambda}_L(\boldsymbol{z}_L-\boldsymbol{H}_L\boldsymbol{\theta}) \tag{3.33}$$

式中，$\boldsymbol{\Lambda}(k)$ 称为加权因子，对所有的 k，$\boldsymbol{\Lambda}(k)$ 都必须是正数。$\boldsymbol{\Lambda}(k)$ 的选择，取决于人的主观因素，并无一般规律可循。在实际应用中，如果对象是线性时不变系统，或者根据噪声的方差对 $\boldsymbol{\Lambda}(k)$ 进行最佳选择，则得到的估计值称做马尔可夫(Markov)估计。

根据式(3.18)的定义，准则函数 $J(\boldsymbol{\theta})$ 的二次型形式为

$$J(\boldsymbol{\theta}) = (\boldsymbol{z}_L - \boldsymbol{H}_L\boldsymbol{\theta})^{\mathrm{T}}\boldsymbol{\Lambda}_L(\boldsymbol{z}_L - \boldsymbol{H}_L\boldsymbol{\theta}) \tag{3.34}$$

式中，加权阵 $\boldsymbol{\Lambda}_L$ 一般是正定矩阵，它与加权因子的关系是

$$\boldsymbol{\Lambda}_L = \mathrm{diag}[\boldsymbol{\Lambda}(1), \boldsymbol{\Lambda}(2), \cdots, \boldsymbol{\Lambda}(L)] \tag{3.35}$$

式(3.34)中 $\boldsymbol{H}_L\boldsymbol{\theta}$ 表示模型的输出，或者说是系统输出的预报值。$J(\boldsymbol{\theta})$ 可以被看成用来衡量模型输出与实际系统输出的接近情况。极小化 $J(\boldsymbol{\theta})$，求得参数 $\boldsymbol{\theta}$ 的估计值 $\hat{\boldsymbol{\theta}}$，将使模型的输出最好地预报系统的输出。

设 $\hat{\boldsymbol{\theta}}_{\mathrm{WLS}}$ 使得 $J(\boldsymbol{\theta})|_{\hat{\boldsymbol{\theta}}_{\mathrm{WLS}}} = \min$，则有

$$\left.\frac{\partial J(\boldsymbol{\theta})}{\partial \boldsymbol{\theta}}\right|_{\hat{\boldsymbol{\theta}}_{\mathrm{WLS}}} = \frac{\partial}{\partial \boldsymbol{\theta}}(\boldsymbol{z}_L - \boldsymbol{H}_L\boldsymbol{\theta})^{\mathrm{T}}\boldsymbol{\Lambda}_L(\boldsymbol{z}_L - \boldsymbol{H}_L\boldsymbol{\theta}) = 0 \tag{3.36}$$

展开上式得正则方程

$$(\boldsymbol{H}_L^{\mathrm{T}}\boldsymbol{\Lambda}_L\boldsymbol{H}_L)\hat{\boldsymbol{\theta}}_{\mathrm{WLS}} = \boldsymbol{H}_L^{\mathrm{T}}\boldsymbol{\Lambda}_L\boldsymbol{z}_L \tag{3.37}$$

当 $\boldsymbol{H}_L^{\mathrm{T}}\boldsymbol{\Lambda}_L\boldsymbol{H}_L$ 是正则矩阵时，有

$$\hat{\boldsymbol{\theta}}_{\mathrm{WLS}} = (\boldsymbol{H}_L^{\mathrm{T}}\boldsymbol{\Lambda}_L\boldsymbol{H}_L)^{-1}\boldsymbol{H}_L^{\mathrm{T}}\boldsymbol{\Lambda}_L\boldsymbol{z}_L \tag{3.38}$$

且

$$\left.\frac{\partial^2 J(\boldsymbol{\theta})}{\partial \boldsymbol{\theta}^2}\right|_{\hat{\boldsymbol{\theta}}_{\mathrm{WLS}}} = 2\boldsymbol{H}_L^{\mathrm{T}}\boldsymbol{\Lambda}_L\boldsymbol{H}_L > 0 \tag{3.39}$$

所以满足式(3.38)的 $\hat{\boldsymbol{\theta}}_{\mathrm{WLS}}$ 使 $J(\boldsymbol{\theta})|_{\hat{\boldsymbol{\theta}}_{\mathrm{WLS}}} = \min$，并且是唯一的。

通过极小化式(3.34)，计算 $\hat{\boldsymbol{\theta}}_{\mathrm{WLS}}$ 的方法称做加权最小二乘法，对应的 $\hat{\boldsymbol{\theta}}_{\mathrm{WLS}}$ 称为加权最小二乘估计值。如果加权阵取单位阵 $\boldsymbol{\Lambda}_L = \boldsymbol{I}$，式(3.38)退化为式(3.30)。可以看出最小二乘法是加权最小二乘法的特例。

当获得一批数据后，利用式(3.30)或式(3.38)可一次求得相应的参数估计值，这样处理问题的方法就称做一次完成算法或"整批"算法。它在理论研究方面有许多方便之处，但当矩阵的维数增加时，矩阵求逆运算的计算量会急剧增加，这会给计算机的计算速度和存储量带来负担，因此有时也可用高斯消元法直接解正则方程(3.29)和(3.37)，以便更快地求得参数的估计值。另外，一次完成算法要求 $\boldsymbol{H}_L^{\mathrm{T}}\boldsymbol{\Lambda}_L\boldsymbol{H}_L$ 必须是正则矩阵(可逆矩阵)，其充要条件是系统的输入信号必须是 $2n$ 阶持续激励的信号。这就意味着辨识所用的输入信号不能随意选择，否则可能造成不能辨识。目前常用的信号有：

(1) 随机序列(如白噪声)；

(2) 伪随机序列(如 M 序列或逆 M 序列)；

(3) 离散序列，通常指对含有 n 种频率(各频率不能满足整数倍关系)的正弦组合信号进行采样处理获得的离散序列。

例 3.1　给出下面系统脉冲响应的最小二乘一次完成算法的估计值。

由系统理论可知线性系统的输出 $z(k)$ 可用输入序列 $\{u(k)\}$ 与脉冲响应序列 $\{g(i), i=0, 1, \cdots, N\}$ 的卷积和形式表示，即

$$z(k) = \sum_{i=0}^{N} g(i)u(k-i) + w(k) \tag{3.40}$$

式中，$w(k)$ 是系统输出测量噪声，设它是均值为零的白噪声。

当取 $k=0, 1, \cdots, L$ 时，式(3.40)可写成式(3.17)的形式：

$$z_L(k) = \boldsymbol{H}_L(k)\boldsymbol{g} + \boldsymbol{w}_L(k) \tag{3.41}$$

式中

$$\boldsymbol{z}_L = \begin{bmatrix} z(1) \\ z(2) \\ \vdots \\ z(L) \end{bmatrix}, \quad \boldsymbol{g} = \begin{bmatrix} g(0) \\ g(1) \\ \vdots \\ g(N) \end{bmatrix}, \quad \boldsymbol{w}_L = \begin{bmatrix} w(1) \\ w(2) \\ \vdots \\ w(N) \end{bmatrix}$$

$$\boldsymbol{H}_L = \begin{bmatrix} u(1) & u(0) & \cdots & u(1-N) \\ u(2) & u(1) & \cdots & u(2-N) \\ \vdots & \vdots & & \vdots \\ u(L) & u(L-1) & \cdots & u(L-N) \end{bmatrix} \tag{3.42}$$

$\boldsymbol{g}$ 为待辨识参数，$\boldsymbol{z}_L$ 和 $\boldsymbol{H}_L$ 都是可观测的数据，根据式(3.40)，系统脉冲响应的最小二乘一次完成算法的估计值为

$$\hat{\boldsymbol{g}}_{LS} = (\boldsymbol{H}_L^{\mathrm{T}}\boldsymbol{H}_L)\boldsymbol{H}_L^{\mathrm{T}}\boldsymbol{z}_L \tag{3.43}$$

值得注意的是，如果噪声序列是零均值的，并且输入输出数据向量和噪声是相互独立的，则最小二乘估计或加权最小二乘估计是无偏估计；否则最小二乘估计不再是无偏估计。

3.3.3 最小二乘一次完成算法的 MATLAB 仿真

例 3.2 考虑仿真对象

$$z(k) - 1.5z(k-1) + 0.7z(k-2) = u(k-1) + 0.5u(k-2) + v(k) \tag{3.44}$$

式中，$v(k)$是服从 $N(0, 1)$正态分布的白噪声。输入信号采用 4 阶 M 序列，幅度为 1。选择如下形式的辨识模型：

$$z(k) + a_1 z(k-1) + a_2 z(k-2) = b_1 u(k-1) + b_2 u(k-2) + v(k) \tag{3.45}$$

按式(3.17)构造 $\boldsymbol{z}_L$ 和 $\boldsymbol{H}_L$；数据长度取 $L=14$；加权阵取 $\boldsymbol{\Lambda}_L=\boldsymbol{I}$；利用式(3.30)或式(3.38)计算参数估计值$\hat{\boldsymbol{\theta}}_{LS}$。

设输入信号的取值是从 $k=1$ 到 $k=16$ 的 M 序列，则待辨识参数

$$\hat{\boldsymbol{\theta}}_{LS} \text{ 为} \hat{\boldsymbol{\theta}}_{LS} = (\boldsymbol{H}_L^{\mathrm{T}}\boldsymbol{H}_L)^{-1}\boldsymbol{H}_L^{\mathrm{T}}\boldsymbol{z}_L$$

式中，待辨识参数$\hat{\boldsymbol{\theta}}_{LS}$、观测矩阵 $\boldsymbol{z}_L$、$\boldsymbol{H}_L$ 的表达式为

$$\hat{\boldsymbol{\theta}}_{LS} = \begin{bmatrix} a_1 \\ a_2 \\ b_1 \\ b_2 \end{bmatrix}, \quad \boldsymbol{z}_L = \begin{bmatrix} z(3) \\ z(4) \\ \vdots \\ z(16) \end{bmatrix},$$

$$\boldsymbol{H}_L = \begin{bmatrix} -z(2) & -z(1) & u(2) & u(1) \\ -z(3) & -z(2) & u(3) & u(2) \\ \vdots & \vdots & \vdots & \vdots \\ -z(15) & -z(14) & u(15) & u(14) \end{bmatrix} \tag{3.46}$$

程序框图如图 3.2 所示。

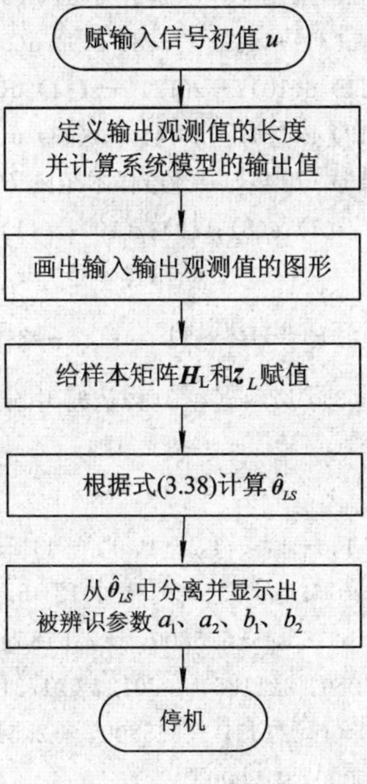

图 3.2　最小二乘一次完成算法程序框图

MATLAB 仿真程序如下：

```
%二阶系统的最小二乘一次完成算法辨识程序，在光盘中的文件名为 FLch3LSeg1.m
u=[-1, 1, -1, 1, 1, 1, 1, -1, -1, -1, 1, -1, -1, 1, 1];
                                        %系统辨识的输入信号为一个周期的 M 序列
z=zeros(1, 16);                         %定义输出观测值的长度
for k=3:16
    z(k)=1.5*z(k-1)-0.7*z(k-2)+u(k-1)+0.5*u(k-2);
                                        %用理想输出值作为观测值
end
subplot(3, 1, 1)                        %画三行一列图形窗口中的第一个图形
stem(u)                                 %画输入信号 u 的径线图形
ylabel('u');
subplot(3, 1, 2)                        %画三行一列图形窗口中的第二个图形
i=1:1:16;                               %横坐标范围是 1～16，步长为 1
plot(i, z)                              %图形的横坐标是采样时刻 i，纵坐标是输出观测值 z，
                                        %图形格式为连续曲线
ylabel('z');
subplot(3, 1, 3)                        %画三行一列图形窗口中的第三个图形
stem(z), grid on                        %画出输出观测值 z 的径线图形，并显示坐标网格
xlabel('k'), ylabel('z');
u, z                                    %显示输入信号和输出观测信号
%L=14                                   %数据长度
```

```
HL=[-z(2) -z(1) u(2) u(1);-z(3) -z(2) u(3) u(2);-z(4) -z(3) u(4) u(3);
    -z(5) -z(4) u(5) u(4);-z(6) -z(5) u(6) u(5); -z(7) -z(6) u(7) u(6);
    -z(8) -z(7) u(8) u(7);-z(9) -z(8) u(9) u(8); -z(10) -z(9) u(10) u(9);
    -z(11) -z(10) u(11) u(10);-z(12) -z(11) u(12) u(11);
    -z(13) -z(12) u(13) u(12);-z(14) -z(13) u(14) u(13);
    -z(15) -z(14) u(15) u(14)]    %给样本矩阵H_L赋值
ZL=[z(3);z(4);z(5);z(6);z(7);z(8);z(9);z(10);z(11); z(12);z(13);z(14);z(15);z(16)]
                                 % 给样本矩阵z_L赋值
c1=HL' * HL; c2=inv(c1); c3=HL' * ZL; c=c2 * c3    %计算并显示θ̂_LS
a1=c(1), a2=c(2), b1=c(3), b2=c(4)    %从θ̂_LS中分离并显示a1、a2、b1、b2
```

程序运行结果：

```
>>
u=[-1, 1, -1, 1, 1, 1, 1, -1, -1, -1, 1, -1, -1, 1, 1]
z=[0, 0, 0.5000, 0.2500, 0.5250, 2.1125, 4.3012, 6.4731, 6.1988, 3.2670, -0.9386,
   -3.1949, -4.6352, 6.2165, -5.5800, -2.5185]
ZL=[0.5000, 0.2500, 0.5250, 2.1125, 4.3012, 6.4731, 6.1988, 3.2670, -0.9386,
    -3.1949, -4.6352, -6.2165, -5.5800, -2.5185]^T
c=[-1.5000, 0.7000, 1.0000, 0.5000]^T
a1=-1.5000
a2=0.7000
b1=1.0000
b2=0.5000
HL=
```

$$
\begin{pmatrix}
0 & 0 & 1.0000 & -1.0000 \\
-0.5000 & 0 & -1.0000 & 1.0000 \\
-0.2500 & -0.5000 & 1.0000 & -1.0000 \\
-0.5250 & -0.2500 & 1.0000 & 1.0000 \\
-2.1125 & -0.5250 & 1.0000 & 1.0000 \\
-4.3012 & -2.1125 & 1.0000 & 1.0000 \\
-6.4731 & -4.3012 & -1.0000 & 1.0000 \\
-6.1988 & -6.4731 & -1.0000 & -1.0000 \\
-3.2670 & -6.1988 & -1.0000 & -1.0000 \\
0.9386 & -3.2670 & 1.0000 & -1.0000 \\
3.1949 & 0.9386 & -1.0000 & 1.0000 \\
4.6352 & 3.1949 & -1.0000 & -1.0000 \\
6.2165 & 4.6352 & 1.0000 & -1.0000 \\
5.5800 & 6.2165 & 1.0000 & 1.0000
\end{pmatrix}
$$

最小二乘一次完成算法仿真实例的输入信号和输出观测值如图 3.3 所示。

从仿真结果表 3.1 可以看出，由于所用的输出观测值没有任何噪声成分，所以辨识结果也无任何误差。

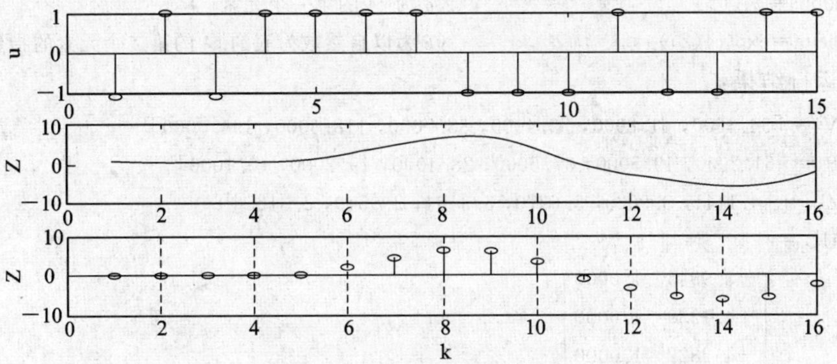

图 3.3　最小二乘一次完成算法仿真实例的输入信号和输出观测值

表 3.1　最小二乘一次完成算法的辨识结果

参　数	a_1	a_2	b_1	b_2
真　值	−1.5	0.7	1.0	0.5
估计值	−1.5	0.7	1.0	0.5

例 3.3　根据热力学原理，对给定质量的气体，体积 V 与压力 P 之间的关系为 $PV^{\alpha}=\beta$，其中 α 和 β 为待定参数。经实验获得如下一批数据，V 的单位为立方英寸，P 的单位为帕每平方英寸。

V	54.3	61.8	72.4	88.7	118.6	194.0
P	61.2	49.5	37.6	28.4	19.2	10.1

试用最小二乘一次完成算法确定参数 α 和 β。

首先要写出系统的最小二乘表达式。为此，把体积 V 与压力 P 之间的关系 $PV^{\alpha}=\beta$ 改为对数关系，即 $\log P=-\alpha\log V+\log\beta$。此式与式(3.8)对比可得：$z(k)=\log P$，$\boldsymbol{h}^{\mathrm{T}}(k)=[-\log V\quad 1]$，$\boldsymbol{\theta}=[\alpha\quad \log\beta]^{\mathrm{T}}$。

在 MATLAB 下开发的程序如下：

```
%实际压力系统的最小二乘辨识程序，在光盘中的文件名为 FLch3LSeg2.m
clear                                   %工作间清零
V=[54.3, 61.8, 72.4, 88.7, 118.6, 194.0]', P=[61.2, 49.5, 37.6, 28.4, 19.2, 10.1]'
                                        %赋初值并显示 V、P
%logP=-alpha*logV+logbeita=[-logV, 1][alpha, log(beita)]'=HL*sita
                                        %注释 P、V 之间的关系
for i=1:6; Z(i)=log(P(i));             %循环变量的取值为 1~6，系统的采样输出赋值
End                                     %循环结束
ZL=Z'                                   %z_L 赋值
HL=[-log(V(1)), 1;-log(V(2)), 1;-log(V(3)), 1;-log(V(4)), 1;-log(V(5)), 1;
    -log(V(6)), 1]                      %H_L 赋值
%Calculating Parameters
c1=HL'*HL; c2=inv(c1); c3=HL'*ZL; c4=c2*c3        %计算被辨识参数的值
%Separation of Parameters
```

```
alpha=c4(1)                    %α为c4的第一个元素
beita=exp(c4(2))               %β为以自然数为底的c4的第二个元素的指数
```

程序运行结果：

```
V = [54.3000, 61.8000, 72.4000, 88.7000, 118.6000, 194.0000]^T
P = [61.2000, 49.5000, 37.6000, 28.4000, 19.2000, 10.1000]^T
ZL = [4.1141, 3.9020, 3.6270, 3.3464, 2.9549, 2.3125]^T
HL =
```

$$\begin{bmatrix} -3.9945 & 1.0000 \\ -4.1239 & 1.0000 \\ -4.2822 & 1.0000 \\ -4.4853 & 1.0000 \\ -4.7758 & 1.0000 \\ -5.2679 & 1.0000 \end{bmatrix}$$

```
c4=
```

$$\begin{bmatrix} 1.4042 \\ 9.6786 \end{bmatrix}$$

```
alpha = 1.4042
beita = 1.5972e+004
>>
```

仿真结果表明，用最小二乘一次完成算法可以迅速辨识出系统参数，即 $\alpha=1.4042$，$\beta=1.5972\text{e}+004$。

3.4 最小二乘参数估计的递推算法

前面给出的最小二乘一次完成算法适用于理论分析。在具体使用时，占用内存量大，不适合在线辨识。另外，一次完成算法还具有如下缺陷：

(1) 数据量越多，系统参数估计的精度就越高。为了获得满意的辨识结果，矩阵 $\boldsymbol{H}_L^{\mathrm{T}}\boldsymbol{H}_L$ 的阶数常常取得很大，这样就会导致矩阵求逆的计算量相当大，需要的存储量也很大。

(2) 每增加一次观测量，都必须重新计算 $\boldsymbol{H}_L$ 和 $(\boldsymbol{H}_L^{\mathrm{T}}\boldsymbol{H}_L)^{-1}$。

(3) 如果出现 $\boldsymbol{H}_L$ 列相关即不满秩的情况，$\boldsymbol{H}_L^{\mathrm{T}}\boldsymbol{H}_L$ 为病态矩阵，则不能得到最小二乘估计值。

解决以上问题的办法是采用递推算法，又叫做序贯估计。

3.4.1 递推算法的概念

所谓参数递推估计，就是当被辨识系统在运行时，每取得一次新的观测数据后，就在前次估计结果的基础上，利用新引入的观测数据对前次估计的结果进行修正，从而递推地得出新的参数估计值。这样，随着新的观测数据的逐次引入，一次接着一次地进行参数估计，直到参数估计值达到满意的精确为止。最小二乘递推法(Recursive Least Squares, RLS)的基本思想可以概括如下：

$$\text{新的估计值}\hat{\boldsymbol{\theta}}(k) = \text{老的估计值}\hat{\boldsymbol{\theta}}(k-1) + \text{修正项} \tag{3.47}$$

3.4.2　递推算法的推导

首先将式(3.38)的最小二乘一次完成算法写成

$$\hat{\boldsymbol{\theta}}_{\mathrm{WLS}}=(\boldsymbol{H}_L^{\mathrm{T}}\boldsymbol{\Lambda}_L\boldsymbol{H}_L)^{-1}\boldsymbol{H}_L^{\mathrm{T}}\boldsymbol{\Lambda}_L\boldsymbol{z}_L=\boldsymbol{P}(L)\boldsymbol{H}_L^{\mathrm{T}}\boldsymbol{\Lambda}_L\boldsymbol{z}_L$$
$$=\left[\sum_{i=1}^{L}\boldsymbol{\Lambda}(i)\boldsymbol{h}(i)\boldsymbol{h}^{\mathrm{T}}(i)\right]^{-1}\left[\sum_{i=1}^{L}\boldsymbol{\Lambda}(i)\boldsymbol{h}(i)\boldsymbol{z}(i)\right] \tag{3.48}$$

定义

$$\begin{cases}\boldsymbol{P}^{-1}(k)=\boldsymbol{H}_k^{\mathrm{T}}\boldsymbol{\Lambda}_k\boldsymbol{H}_k=\sum\limits_{i=1}^{k}\boldsymbol{\Lambda}(i)\boldsymbol{h}(i)\boldsymbol{h}^{\mathrm{T}}(i)\\ \boldsymbol{P}^{-1}(k-1)=\boldsymbol{H}_{k-1}^{\mathrm{T}}\boldsymbol{\Lambda}_{k-1}\boldsymbol{H}_{k-1}=\sum\limits_{i=1}^{k-1}\boldsymbol{\Lambda}(i)\boldsymbol{h}(i)\boldsymbol{h}^{\mathrm{T}}(i)\end{cases} \tag{3.49}$$

式中

$$\boldsymbol{H}_k=\begin{bmatrix}\boldsymbol{h}^{\mathrm{T}}(1)\\ \boldsymbol{h}^{\mathrm{T}}(2)\\ \vdots\\ \boldsymbol{h}^{\mathrm{T}}(k)\end{bmatrix},\quad \boldsymbol{\Lambda}_k=\begin{bmatrix}\boldsymbol{\Lambda}(1) & & & \boldsymbol{0}\\ & \boldsymbol{\Lambda}(2) & & \\ & & \ddots & \\ \boldsymbol{0} & & & \boldsymbol{\Lambda}(k)\end{bmatrix} \tag{3.50}$$

$$\boldsymbol{H}_{k-1}=\begin{bmatrix}\boldsymbol{h}^{\mathrm{T}}(1)\\ \boldsymbol{h}^{\mathrm{T}}(2)\\ \vdots\\ \boldsymbol{h}^{\mathrm{T}}(k-1)\end{bmatrix},\quad \boldsymbol{\Lambda}_{k-1}=\begin{bmatrix}\boldsymbol{\Lambda}(1) & & & \boldsymbol{0}\\ & \boldsymbol{\Lambda}(2) & & \\ & & \ddots & \\ \boldsymbol{0} & & & \boldsymbol{\Lambda}(k-1)\end{bmatrix} \tag{3.51}$$

$\boldsymbol{h}(i)$是一个列向量，也就是$\boldsymbol{H}_L$第i行向量的转置；$\boldsymbol{\Lambda}(k)$为加权因子；$\boldsymbol{P}(k)$是一个方阵，它的维数取决于未知参数的个数，而与观测次数无关，如果未知参数的个数是n，则$\boldsymbol{P}(k)$的维数为$n\times n$。

由式(3.49)可得

$$\boldsymbol{P}^{-1}(k)=\sum_{i=1}^{k-1}\boldsymbol{\Lambda}(i)\boldsymbol{h}(i)\boldsymbol{h}^{\mathrm{T}}(i)+\boldsymbol{\Lambda}(k)\boldsymbol{h}(k)\boldsymbol{h}^{\mathrm{T}}(k)$$
$$=\boldsymbol{P}^{-1}(k-1)+\boldsymbol{\Lambda}(k)\boldsymbol{h}(k)\boldsymbol{h}^{\mathrm{T}}(k) \tag{3.52}$$

设

$$\boldsymbol{z}_{k-1}=[z(1),\ z(2),\ \cdots,\ z(k-1)]^{\mathrm{T}} \tag{3.53}$$

则

$$\hat{\boldsymbol{\theta}}(k-1)=(\boldsymbol{H}_{k-1}^{\mathrm{T}}\boldsymbol{\Lambda}_{k-1}\boldsymbol{H}_L)^{-1}\boldsymbol{H}_{k-1}^{\mathrm{T}}\boldsymbol{\Lambda}_{k-1}\boldsymbol{z}_{k-1}$$
$$=\boldsymbol{P}(k-1)\left[\sum_{i=1}^{k-1}\boldsymbol{\Lambda}(i)\boldsymbol{h}(i)\boldsymbol{z}(i)\right] \tag{3.54}$$

于是有

$$\boldsymbol{P}^{-1}(k-1)\,\hat{\theta}(k-1)=\left[\sum_{i=1}^{k-1}\boldsymbol{\Lambda}(i)\boldsymbol{h}(i)\boldsymbol{z}(i)\right] \tag{3.55}$$

令

$$\boldsymbol{z}_k=[z(1),\ z(2),\ \cdots,\ z(k)]^{\mathrm{T}} \tag{3.56}$$

根据式(3.52)和式(3.55)，可得

$$\begin{aligned}\hat{\boldsymbol{\theta}}(k) &= (\boldsymbol{H}_k^{\mathrm{T}}\boldsymbol{\Lambda}_k\boldsymbol{H}_k)^{-1}\boldsymbol{H}_k^{\mathrm{T}}\boldsymbol{\Lambda}_k\boldsymbol{z}_k \\ &= \boldsymbol{P}(k)\Big[\sum_{i=1}^{k}\boldsymbol{\Lambda}(i)\boldsymbol{h}(i)\boldsymbol{z}(i)\Big] \\ &= \boldsymbol{P}(k)[\boldsymbol{P}^{-1}(k-1)\,\hat{\boldsymbol{\theta}}(k-1)+\boldsymbol{\Lambda}(k)\boldsymbol{h}(k)\boldsymbol{z}(k)] \\ &= \boldsymbol{P}(k)\{[\boldsymbol{P}^{-1}(k)-\boldsymbol{\Lambda}(k)\boldsymbol{h}(k)\boldsymbol{h}^{\mathrm{T}}(k)]\,\hat{\boldsymbol{\theta}}(k-1)+\boldsymbol{\Lambda}(k)\boldsymbol{h}(k)\boldsymbol{z}(k)\} \\ &= \hat{\boldsymbol{\theta}}(k-1)+\boldsymbol{P}(k)\boldsymbol{h}(k)\boldsymbol{\Lambda}(k)[\boldsymbol{z}(k)-\boldsymbol{h}^{\mathrm{T}}(k)\,\hat{\boldsymbol{\theta}}(k-1)]\end{aligned} \tag{3.57}$$

引进增益矩阵 $\boldsymbol{K}(k)$ 定义为

$$\boldsymbol{K}(k)=\boldsymbol{P}(k)\boldsymbol{h}(k)\boldsymbol{\Lambda}(k) \tag{3.58}$$

则式(3.57)写成

$$\hat{\boldsymbol{\theta}}(k)=\hat{\boldsymbol{\theta}}(k-1)+\boldsymbol{K}(k)[\boldsymbol{z}(k)-\boldsymbol{h}^{\mathrm{T}}(k)\,\hat{\boldsymbol{\theta}}(k-1)] \tag{3.59}$$

进一步把式(3.52)写成

$$\boldsymbol{P}(k)=[\boldsymbol{P}^{-1}(k-1)+\boldsymbol{\Lambda}(k)\boldsymbol{h}(k)\boldsymbol{h}^{\mathrm{T}}(k)]^{-1} \tag{3.60}$$

利用矩阵反演公式

$$(\boldsymbol{A}+\boldsymbol{C}\boldsymbol{C}^{\mathrm{T}})^{-1}=\boldsymbol{A}^{-1}-\boldsymbol{A}^{-1}\boldsymbol{C}(\boldsymbol{I}+\boldsymbol{C}^{\mathrm{T}}\boldsymbol{A}^{-1}\boldsymbol{C})^{-1}\boldsymbol{C}^{\mathrm{T}}\boldsymbol{A}^{-1} \tag{3.61}$$

将式(3.60)演变成

$$\begin{aligned}\boldsymbol{P}(k) &= \boldsymbol{P}(k-1)-\boldsymbol{P}(k-1)\boldsymbol{h}(k)\boldsymbol{h}^{\mathrm{T}}(k)\boldsymbol{P}(k-1)\left[\boldsymbol{h}^{\mathrm{T}}(k)\boldsymbol{P}(k-1)\boldsymbol{h}(k)+\frac{1}{\boldsymbol{\Lambda}(k)}\right]^{-1} \\ &= \left[\boldsymbol{I}-\frac{\boldsymbol{P}(k-1)\boldsymbol{h}(k)\boldsymbol{h}^{\mathrm{T}}(k)}{\boldsymbol{h}^{\mathrm{T}}(k)\boldsymbol{P}(k-1)\boldsymbol{h}(k)+\boldsymbol{\Lambda}^{-1}(k)}\right]\boldsymbol{P}(k-1)\end{aligned} \tag{3.62}$$

将上式代入式(3.58)，整理后得

$$\boldsymbol{K}(k)=\boldsymbol{P}(k-1)\boldsymbol{h}(k)\left[\boldsymbol{h}^{\mathrm{T}}(k)\boldsymbol{P}(k-1)\boldsymbol{h}(k)+\frac{1}{\boldsymbol{\Lambda}(k)}\right]^{-1} \tag{3.63}$$

综合式(3.59)、式(3.62)和式(3.63)得到加权最小二乘参数估计递推算法(Recursive Weighted Least Suares，RWLS)

$$\begin{cases}\hat{\boldsymbol{\theta}}(k)=\hat{\boldsymbol{\theta}}(k-1)+\boldsymbol{K}(k)[\boldsymbol{z}(k)-\boldsymbol{h}^{\mathrm{T}}(k)\,\hat{\boldsymbol{\theta}}(k-1)] \\ \boldsymbol{K}(k)=\boldsymbol{P}(k-1)\boldsymbol{h}(k)[\boldsymbol{h}^{\mathrm{T}}(k)\boldsymbol{P}(k-1)\boldsymbol{h}(k)+\dfrac{1}{\boldsymbol{\Lambda}(k)}]^{-1} \\ \boldsymbol{P}(k)=[\boldsymbol{I}-\boldsymbol{K}(k)\boldsymbol{h}^{\mathrm{T}}(k)]\boldsymbol{P}(k-1)\end{cases} \tag{3.64}$$

式中，当 $\boldsymbol{\Lambda}(k)=1$，$\forall k$ 时，加权最小二乘参数估计递推算法就简化成基本的最小二乘参数估计递推算法 RLS。加权最小二乘参数 $\frac{1}{\Lambda}$ 可以在[0，1]范围内选择。如果 $\frac{1}{\Lambda}\ll 1$，则表示对新获得的数据给予较大的加权因子，从而使 k 时刻的数据大于 $(k-1)$ 时刻的观测数据。

式(3.64)表明，k 时刻的参数估计值 $\hat{\boldsymbol{\theta}}(k)$ 等于 $(k-1)$ 时刻的参数估计值 $\hat{\boldsymbol{\theta}}(k-1)$ 加上修正项，修正项正比于 k 时刻的新息 $\tilde{z}(k)=\boldsymbol{z}(k)-\boldsymbol{h}^{\mathrm{T}}(k)\hat{\boldsymbol{\theta}}(k-1)$。增益矩阵 $\boldsymbol{K}(k)$ 是时变矩阵，$\boldsymbol{P}(k)$ 是对称矩阵，为了保证 $\boldsymbol{P}(k)$ 的对称性，有时将其写成

$$\boldsymbol{P}(k)=\boldsymbol{P}(k-1)-\frac{[\boldsymbol{P}(k-1)\boldsymbol{h}(k)][\boldsymbol{P}(k-1)\boldsymbol{h}(k)]^{\mathrm{T}}}{\boldsymbol{h}^{\mathrm{T}}(k)\boldsymbol{P}(k-1)\boldsymbol{h}(k)+\dfrac{1}{\boldsymbol{\Lambda}(k)}}$$

$$=\boldsymbol{P}(k-1)-\boldsymbol{K}(k)\boldsymbol{K}^{\mathrm{T}}(k)\left[\boldsymbol{h}^{\mathrm{T}}(k)\boldsymbol{P}(k-1)\boldsymbol{h}(k)+\frac{1}{\boldsymbol{\Lambda}(k)}\right] \tag{3.65}$$

这样，在计算过程中即使有舍入误差，也能保持 $\boldsymbol{P}(k)$ 矩阵始终是对称的。

在最小二乘参数估计递推算法式(3.64)或式(3.65)中，根据前次观测数据得到的 $\boldsymbol{P}(k-1)$ 及新的观测数据，可以计算出 $\boldsymbol{K}(k)$，从而由 $\hat{\boldsymbol{\theta}}(k-1)$ 递推算出 $\hat{\boldsymbol{\theta}}(k)$，下一次的递推计算过程中，信息的变换情况如图 3.4 所示。

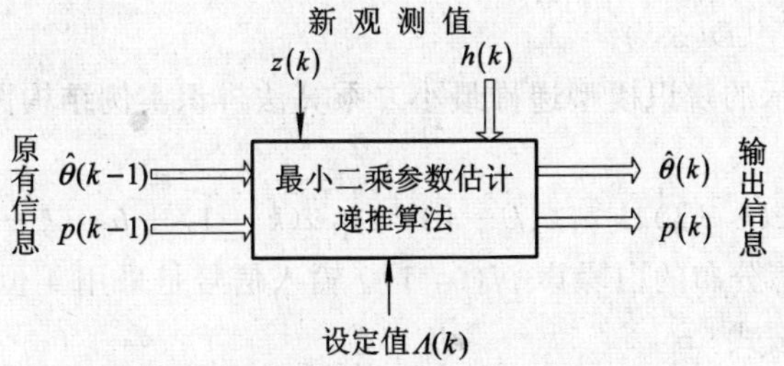

图 3.4　参数递推估计过程中信息的变换

图 3.4 表明，递推计算需要事先选择初始参数 $\hat{\boldsymbol{\theta}}(0)$ 和 $\boldsymbol{P}(0)$，根据工程经验直接取

$$\begin{cases}\boldsymbol{P}(0)=\alpha^2\boldsymbol{I}\\ \hat{\boldsymbol{\theta}}(0)=\boldsymbol{\varepsilon}\end{cases} \tag{3.66}$$

式中，α 为充分大的实数，$\boldsymbol{\varepsilon}$ 为充分小的向量。

因为

$$\begin{cases}\boldsymbol{P}^{-1}(k)=\displaystyle\sum_{i=1}^{k}\boldsymbol{\Lambda}(i)\boldsymbol{h}(i)\boldsymbol{h}^{\mathrm{T}}(i)\\ \boldsymbol{P}^{-1}(k)\,\hat{\boldsymbol{\theta}}(k)=\displaystyle\sum_{i=1}^{k}\boldsymbol{\Lambda}(i)\boldsymbol{h}(i)\boldsymbol{z}(i)\end{cases} \tag{3.67}$$

根据式(3.48)，则有

$$\hat{\boldsymbol{\theta}}(k)=\left[\sum_{i=1}^{k}\boldsymbol{\Lambda}(i)\boldsymbol{h}(i)\boldsymbol{h}^{\mathrm{T}}(i)\right]^{-1}\left[\sum_{i=1}^{k}\boldsymbol{\Lambda}(i)\boldsymbol{h}(i)\boldsymbol{z}(i)\right]$$

$$=\left[\boldsymbol{P}^{-1}(0)+\sum_{i=1}^{k}\boldsymbol{\Lambda}(i)\boldsymbol{h}(i)\boldsymbol{h}^{\mathrm{T}}(i)\right]^{-1}\times\left[\boldsymbol{P}^{-1}(0)\,\hat{\boldsymbol{\theta}}(0)+\sum_{i=1}^{k}\boldsymbol{\Lambda}(i)\boldsymbol{h}(i)\boldsymbol{z}(i)\right] \tag{3.68}$$

综合上述推导过程，得到最小二乘估计递推算法如下：

(1) 获取 $\hat{\boldsymbol{\theta}}(k-1)$，$\boldsymbol{P}(k-1)$，$u(k)$，$z(k)$；

(2) 计算 $\boldsymbol{h}(k)\to\hat{\boldsymbol{\theta}}(k)\to\boldsymbol{P}(k)\to$ 下一步递推；

(3) 选择初始参数 $\hat{\boldsymbol{\theta}}(0)$ 和 $\boldsymbol{P}(0)$；

(4) 用下式作为递推算法的停机标准：

$$\max_{\forall i}\left|\frac{\hat{\theta}_i(k)-\hat{\theta}_i(k-1)}{\hat{\theta}_i(k-1)}\right|<\varepsilon \tag{3.69}$$

式中，$\hat{\theta}_i(k)$为参数向量$\boldsymbol{\theta}$的第i个元素在第k次递推计算的结果，ε为给定的表示精度要求的某一正数。它意味着当所有的参数估计值变化不大时，即可停机。

3.4.3 最小二乘递推算法的MATLAB仿真

例3.4 如图3.1所示，其仿真对象$v(k)$是服从$N(0, 1)$分布的不相关随机噪声，且

$$G(z^{-1}) = \frac{B(z^{-1})}{A(z^{-1})}, \quad N(z^{-1}) = \frac{D(z^{-1})}{C(z^{-1})}$$

$$\begin{cases} A(z^{-1}) = 1 - 1.5a_1 z^{-1} + 0.7z^{-2} = C(z^{-1}) \\ B(z^{-1}) = 1.0z^{-1} + 0.5z^{0.2} \\ D(z^{-1}) = 1 \end{cases}$$

仍采用图3.1所示的辨识模型递推最小二乘算法辨识实例结构图。仿真对象选择如下的模型结构：

$$z(k) + a_1 z(k-1) + a_2 z(k-2) = b_1 u(k-1) + b_2 u(k-2) + v(k)$$

式中，$v(k)$是服从正态分布的白噪声$N(0, 1)$。输入信号是采用4位移位寄存器产生的M序列，幅度为0.03。按式

$$z(k) - 1.5z(k-1) + 0.7z(k-2) = u(k-1) + 0.5u(k-2) + v(k)$$

构造$\boldsymbol{h}(k)$；加权阵取单位阵$\boldsymbol{\Lambda}_L = \boldsymbol{I}$；利用式(3.64)计算$\boldsymbol{K}(k)$、$\hat{\boldsymbol{\theta}}(k)$和$\boldsymbol{P}(k)$，计算各次参数辨识的相对误差，精度满足式(3.69)后停机。其最小二乘递推算法辨识的MATALB 7.x程序流程如图3.5所示。

下面给出具体程序(在光盘中的文件名为FLch3RLSeg3.m)：

```
clear                              %清理工作间变量
L=15;                              %M序列的周期
y1=1;y2=1;y3=1;y4=0;               %四个移位寄存器的输出初始值
for i=1:L;                         %开始循环，长度为L
  x1=xor(y3, y4);                  %第一个移位寄存器的输入是第三个与第四个移位寄存器的
                                   %输出的“或”
  x2=y1;                           %第二个移位寄存器的输入是第一个移位寄存器的输出
  x3=y2;                           %第三个移位寄存器的输入是第二个移位寄存器的输出
  x4=y3;                           %第四个移位寄存器的输入是第三个移位寄存器的输出
  y(i)=y4;
  %取出第四个移位寄存器的幅值为“0”和“1”的输出信号，即M序列
  if y(i)>0.5, u(i)=-0.03;         %如果M序列的值为“1”，辨识的输入信号取“-0.03”
  else u(i)=0.03;                  %如果M序列的值为“0”，辨识的输入信号取“0.03”
  end                              %小循环结束
  y1=x1;y2=x2;y3=x3;y4=x4;         %为下一次的输入信号做准备
end                                %大循环结束，产生输入信号u
figure(1);                         %第一个图形
stem(u), grid on                   %显示出输入信号径线图并给图形加上网格
xlabel('k'), ylabel('u')
z(2)=0;z(1)=0;                     %设z的前两个初始值为零
```

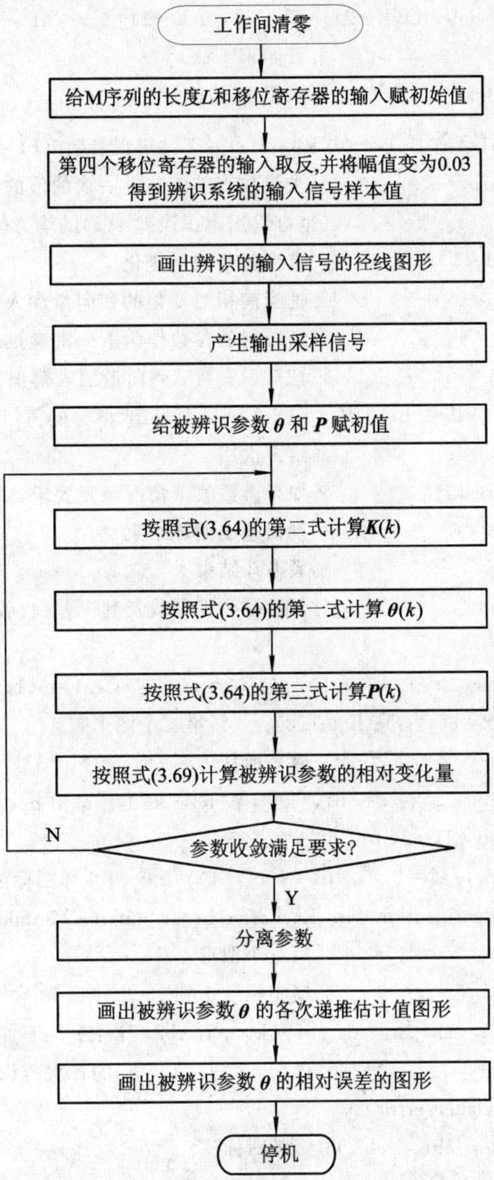

图 3.5　最小二乘递推算法辨识的 MATLAB 程序流程图

```
for k=3:15;                          %循环变量从 3 到 15
    z(k)=1.5*z(k-1)-0.7*z(k-2)+u(k-1)+0.5*u(k-2);    %输出采样信号
end
%RLS 递推最小二乘辨识
c0=[-0.1 0.1 0.2 0.1]'               %直接给出被辨识参数的初始值，即一个充分小的实向量
p0=10^6*eye(4,4);                    %直接给出初始状态 P0，即一个充分大的实数单位矩阵
E=0.000000005;                       %取相对误差 E=0.000000005
c=[c0,zeros(4,14)];                  %被辨识参数矩阵的初始值及大小
e=zeros(4,15);                       %相对误差的初始值及大小
for k=3:15;                          %开始求 K
```

```
    h1=[-z(k-1), -z(k-2), u(k-1), u(k-2)]'; x=h1'*p0*h1+1; x1=inv(x);
                                %开始求 K(k)
    k1=p0*h1*x1;                %求出 K 的值
    d1=z(k)-h1'*c0; c1=c0+k1*d1; %求被辨识参数θ̂(k)=c1
      e1=c1-c0;                 %求参数当前值与上一次的值的差值
                                (也可以用辨识误差 z̃(k)的均方值判断)
      e2=e1./c1;                %求参数的相对变化
e(:, k)=e2;                     %把当前相对变化的列向量加入误差矩阵的最后一列
  c0=c1;                        %新获得的参数作为下一次递推的旧参数
    c(:, k)=c1;                 %把辨识参数 c 列向量加入辨识参数矩阵的最后一列
    p1=p0-k1*k1'*[h1'*p0*h1+1];   %求出 p(k)的值
    p0=p1;                      %给下次用
    if e2<=E break;             %如果参数收敛情况满足要求，则终止计算
    end                         %判误差小循环结束
end                             %大循环结束
c, e                            %显示被辨识参数及其误差(收敛)情况
%分离参数
a1=c(1, :); a2=c(2, :); b1=c(3, :); b2=c(4, :); ea1=e(1, :); ea2=e(2, :);
eb1=e(3, :); eb2=e(4, :); figure(2);   %第二个图形
i=1:15;                         %横坐标从 1 到 15
plot(i, a1, 'k-', i, a2, 'k:', i, b1, 'k--', i, b2, 'k-') %画出 a1、a2、b1、b2 的各次辨识结果
xlabel('k'), ylabel('a1, a2, b1, b2')
legend('a1=-1.5', 'a2=0.7', 'b1=1.0', 'b2=0.5');   %图标注
title('Parameter Identification with Recursive Least Squares Method')   %图形标题
figure(3);                      %第三个图形
i=1:15;                         %横坐标从 1 到 15
plot(i, ea1, 'k-', i, ea2, 'k:', i, eb1, 'k--', i, eb2, 'k-:')
                                %画出 a1、a2、b1、b2 的各次辨识结果的收敛情况
  xlabel('k'), ylabel('error')
legend('ea1', 'ea2', 'eb1', 'eb2');   %图标注
title('Identification Precision')     %图形标题
```

程序运行结果：

c=Columns 1 through 8

−0.3000	0	−0.3000	−0.6998	−1.2756	−1.4959	−1.4968	−1.4993
0.1000	0	0.1000	0.1000	−0.0851	0.6927	0.6951	0.6991
0.2000	0	0.3999	1.1995	1.0558	1.0014	1.0016	1.0002
0.1000	0	−0.0999	0.6997	0.5560	0.5016	0.5014	0.5007

Columns 9 through 15

−1.4998	−1.4999	−1.5000	−1.5000	−1.5000	−1.5000	−1.5000
0.6999	0.6999	0.7000	0.7000	0.7000	0.7000	0.7000
0.9999	0.9998	0.9999	0.9999	0.9999	0.9999	0.9999
0.5002	0.5002	0.5000	0.5000	0.5000	0.5000	0.5000

```
e=Columns 1 through 8
  0   0   0        0.5713    0.4514    0.1472    0.0006    0.0016
  0   0   0        0         2.1758    1.1228    0.0034    0.0058
  0   0   0.4999   0.6666   -0.1361   -0.0543    0.0002   -0.0015
  0   0   2.0011   1.1428   -0.2584   -0.1084   -0.0006   -0.0013
Columns 9 through 15
   0.0004    0.0000    0.0000    0.0000   -0.0000   -0.0000    0.0000
   0.0010    0.0001    0.0001   -0.0000    0.0000    0.0000    0.0000
  -0.0003   -0.0001    0.0001    0.0000    0.0000    0.0000   -0.0000
  -0.0010   -0.0001   -0.0003    0.0000   -0.0000    0.0000   -0.0000
```

最小二乘递推算法的辨识结果如表 3.2 所示，程序运行曲线如图 3.6 所示。

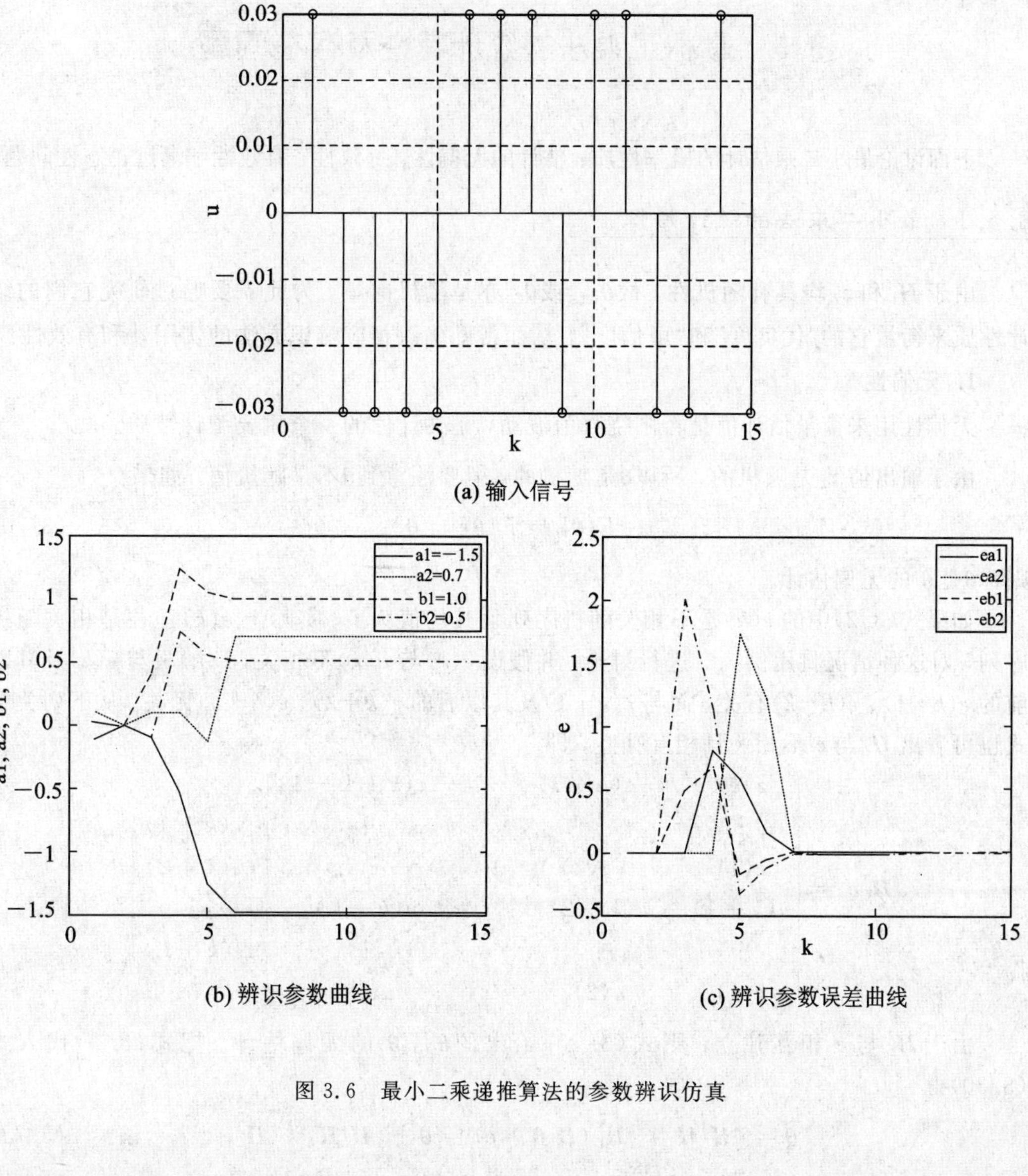

(a) 输入信号

(b) 辨识参数曲线

(c) 辨识参数误差曲线

图 3.6　最小二乘递推算法的参数辨识仿真

仿真结果表明，递推到第 10 步时参数辨识的结果基本达到稳定状态，即 $a_1=-1.4999$，$a_2=0.7000$，$b_1=0.9999$，$b_2=0.5000$。此时，参数的相对变化量 $E\leqslant 0.000000005$。从整个辨识过程来看，精度的要求直接影响辨识的速度。虽然最终的精度可以达到很小，但开始阶段的相对误差会很大，从图 3.6(c)所示图形中可以看出，参数的最大相对误差会达到 3 位数。

表 3.2 最小二乘递推算法的辨识结果

参 数	a_1	a_2	b_1	b_2
真 值	−1.5	0.7	1.0	0.5
估计值	−1.4999	0.7	0.9999	0.5000

3.5 最小二乘法的统计特性及存在问题

下面讨论最小二乘估计的概率性质：估计的无偏性、一致性、有效性和渐近正态性问题。

3.5.1 最小二乘法的统计特性

由于 $\boldsymbol{H}_L$ 和 $\boldsymbol{z}_L$ 均具有随机性，故 $\hat{\boldsymbol{\theta}}_{\mathrm{WLS}}$ 或 $\hat{\boldsymbol{\theta}}_{\mathrm{LS}}$ 亦是随机向量，为此需要通过研究它们的统计性质来衡量它的“优良度”和“可信度”，从而帮助确认相应辨识方法的实用性和有效性。

1. 无偏性

无偏性用来衡量估计值是否围绕真值波动，是估计值的一个重要统计性质。

由于输出值 $\boldsymbol{z}_L$ 是随机的，所以 $\hat{\boldsymbol{\theta}}$ 是随机的，但要注意到 $\hat{\boldsymbol{\theta}}$ 不是随机值。如果

$$E\{\boldsymbol{\theta}\}=E\{\hat{\boldsymbol{\theta}}\}=\boldsymbol{\theta} \tag{3.70}$$

则称 $\hat{\boldsymbol{\theta}}$ 是 $\boldsymbol{\theta}$ 的无偏估计。

如果式(3.2)中的 $e(k)$ 是不相关随机序列且其均值为 0，实际上 $e(k)$ 往往是相关随机序列，对这种情况将用例 3.5 进行讨论，并假设 $e(k)$ 与 $u(k)$ 不相关，$z(k)$ 只与 $e(k)$ 及其以前的 $e(k-1)$、$e(k-2)$ 有关，而与 $e(k+1)$ 及其以后的 $e(k+2)$、$e(k+3)$ 无关。从下列关系式也可看出 $\boldsymbol{H}_L$ 与 $\boldsymbol{e}$ 不相关且相互独立，即

$$\boldsymbol{H}_L^{\mathrm{T}}\boldsymbol{e}=\begin{bmatrix} z(k) & -z(k+1) & \cdots & -z(k+L-1) \\ \vdots & \vdots & & \vdots \\ z(1) & -z(2) & \cdots & -z(L) \\ u(k+1) & u(k+2) & \cdots & u(k+L) \\ \vdots & \vdots & \cdots & \vdots \\ u(1) & u(2) & \cdots & u(L) \end{bmatrix}\begin{bmatrix} e(k+1) \\ e(k+2) \\ \vdots \\ e(k+L) \end{bmatrix} \tag{3.71}$$

由于 $\boldsymbol{H}_L$ 与 $\boldsymbol{e}$ 相互独立，则式(3.30)给出的 $\hat{\boldsymbol{\theta}}$ 是 $\boldsymbol{\theta}$ 的无偏估计。把式(3.2)代入式(3.30)得

$$\hat{\boldsymbol{\theta}}=(\boldsymbol{H}_L^{\mathrm{T}}\boldsymbol{H}_L)^{-1}\boldsymbol{H}_L^{\mathrm{T}}(\boldsymbol{H}_L\boldsymbol{\theta}+\boldsymbol{e})=\boldsymbol{\theta}+(\boldsymbol{H}_L^{\mathrm{T}}\boldsymbol{H}_L)^{-1}\boldsymbol{H}_L^{\mathrm{T}}\boldsymbol{e} \tag{3.72}$$

对上式两边取数学期望得

$$E\{\hat{\boldsymbol{\theta}}\} = E\{\boldsymbol{\theta}\} + E\{(\boldsymbol{H}_L^{\mathrm{T}}\boldsymbol{H}_L)^{-1}\boldsymbol{H}_L^{\mathrm{T}}\boldsymbol{e}\}$$
$$= \boldsymbol{\theta} + E\{(\boldsymbol{H}_L^{\mathrm{T}}\boldsymbol{H}_L)^{-1}\boldsymbol{H}_L^{\mathrm{T}}\}E\{\boldsymbol{e}\}$$
$$= \boldsymbol{\theta} \tag{3.73}$$

上式表明，$\hat{\boldsymbol{\theta}}$是 $\boldsymbol{\theta}$ 的无偏估计。

2. 一致性

如果估计值具有一致性，则表明估计值将以概率 1 收敛于真值，它是人们最关心的一种概率性质。

由式(3.72)得估计误差为

$$\tilde{\boldsymbol{\theta}} = \boldsymbol{\theta} - \hat{\boldsymbol{\theta}} = -(\boldsymbol{H}_L^{\mathrm{T}}\boldsymbol{H}_L)^{-1}\boldsymbol{H}_L^{\mathrm{T}}\boldsymbol{e} \tag{3.74}$$

前面已假定 $e(k)$是不相关随机序列，设

$$E\{\boldsymbol{e}\boldsymbol{e}^{\mathrm{T}}\} = \sigma^2\boldsymbol{I}_N \tag{3.75}$$

式中 $\boldsymbol{I}_N$为 $N\times N$ 单位矩阵，则估计误差 $\tilde{\boldsymbol{\theta}}$ 的方差矩阵为

$$\mathrm{Var}\tilde{\boldsymbol{\theta}} = E\{\tilde{\boldsymbol{\theta}}\tilde{\boldsymbol{\theta}}^{\mathrm{T}}\} = E\{(\boldsymbol{H}_L^{\mathrm{T}}\boldsymbol{H}_L)^{-1}\boldsymbol{H}_L^{\mathrm{T}}(\boldsymbol{e}\boldsymbol{e}^{\mathrm{T}})\boldsymbol{H}_L^{\mathrm{T}}(\boldsymbol{H}_L^{\mathrm{T}}\boldsymbol{H}_L)^{-1}\} \tag{3.76}$$

由于当 $e(k)$为不相关随机序列时，$\boldsymbol{H}_L$与 $\boldsymbol{e}$ 相互独立，因而有

$$\mathrm{Var}\tilde{\boldsymbol{\theta}} = E\{(\boldsymbol{H}_L^{\mathrm{T}}\boldsymbol{H}_L)^{-1}\boldsymbol{H}_L^{\mathrm{T}}\sigma^2 I_N\boldsymbol{H}_L(\boldsymbol{H}_L^{\mathrm{T}}\boldsymbol{H}_L)^{-1}\} = \sigma^2 E\{(\boldsymbol{H}_L^{\mathrm{T}}\boldsymbol{H}_L)^{-1}\} \tag{3.77}$$

上式可以写为

$$\mathrm{Var}\tilde{\boldsymbol{\theta}} = \frac{\sigma^2}{L}E\left\{\left(\frac{1}{L}\boldsymbol{H}_L^{\mathrm{T}}\boldsymbol{H}_L\right)^{-1}\right\} \tag{3.78}$$

$$\lim_{L\to\infty}\mathrm{Var}\tilde{\boldsymbol{\theta}} = \frac{\sigma^2}{L}E\left\{\left(\frac{1}{L}\boldsymbol{H}_L^{\mathrm{T}}\boldsymbol{H}_L\right)^{-1}\right\} = \boldsymbol{0}$$

所以

$$\lim_{L\to\infty}\hat{\boldsymbol{\theta}} = \boldsymbol{\theta} \tag{3.79}$$

式(3.79)表明，当 $L\to\infty$时，$\hat{\boldsymbol{\theta}}$以概率 1 趋近于 $\boldsymbol{\theta}$。因为当 $e(k)$为不相关随机序列时，最小二乘估计具有无偏性和一致性。如果系统的参数估计具有这种特性，就称系统具有可辨识性。

现举例说明最小二乘法的估计精度。

例 3.5　设单输入单输出系统的差分方程为

$$z(k) = a_1 z(k-1) - a_2 z(k-2) + b_1 u(k-1) + b_2 u(k-2) + e(k) \tag{3.80}$$

设 $u(k)$是幅值为 1 的伪随机二位式序列，噪声 $e(k)$是一个方差 σ^2可调的正态分布 $N(0,\sigma)$随机序列。

从方程中可看到 $b_0=0$，因此

$$\boldsymbol{\theta} = [a_1\quad a_2\quad b_1\quad b_2]^{\mathrm{T}}$$

真实的 $\boldsymbol{\theta}$ 为

$$\boldsymbol{\theta} = [-1.5\quad 0.7\quad 1.0\quad 0.5]^{\mathrm{T}}$$

取观测数据长度 $L=100$，当噪声均方差取不同值时，系统参数的最小二乘估计值如表 3.3 所列。

表 3.3 参数估计$\hat{\theta}$表

σ	$\hat{a}_1$	$\hat{a}_2$	$\hat{b}_1$	$\hat{b}_2$
0.0	-1.50 ± 0.00	0.70 ± 0.00	1.00 ± 0.00	0.50 ± 0.00
0.1	-1.50 ± 0.01	0.69 ± 0.01	0.99 ± 0.01	0.49 ± 0.02
0.5	-1.48 ± 0.04	0.67 ± 0.08	0.96 ± 0.06	0.48 ± 0.07
1.0	-1.47 ± 0.06	0.66 ± 0.06	0.95 ± 0.12	0.46 ± 0.14
5.0	-1.48 ± 0.07	0.74 ± 0.08	0.98 ± 0.61	0.41 ± 0.61
参数真值	-1.5	0.07	1.00	0.50

计算结果表明，当不存在噪声时，可以获得精确的估计值$\hat{\boldsymbol{\theta}}$。估计值$\hat{\boldsymbol{\theta}}$的均方差随着噪声均方差$\sigma$的增大而增大。

在上面我们要求$e(k)$是均值为0的不相关随机序列，并要求$\{e(k)\}$与$\{u(k)\}$无关，则$\boldsymbol{e}$与$\boldsymbol{H}_L$相互独立，这是最小二乘估计为无偏估计的充分条件，但不是必要条件，必要条件为

$$E\{(\boldsymbol{H}_L^{\mathrm{T}}\boldsymbol{H}_L)^{-1}\boldsymbol{H}_L^{\mathrm{T}}\boldsymbol{e}\} = \boldsymbol{0} \tag{3.81}$$

在实际问题中，$e(k)$往往是相关随机序列，下面用一个简单的例子来说明这一问题。

例 3.6 设系统的差分方程为

$$y(k) = -ay(k) + bu(k-1)$$
$$z(k) = y(k) + n(k)$$

式中$n(k)$为白噪声序列，设其均值为0，且

$$E[n^2(k)] = \sigma^2(k)$$

由系统差分方程可写出

$$y(k-1) = z(k-1) - n(k-1)$$
$$y(k) = z(k) - n(k)$$
$$y(k+1) = z(k+1) - n(k+1)$$

则有

$$\begin{aligned} y(k) = z(k) - n(k) &= -ay(k-1) + bu(k-1) - n(k) \\ &= -a[z(k-1) - n(k-1)] + bu(k-1) - n(k) \\ &= -az(k-1) + bu(k-1) - n(k) - an(k-1) \\ &= -az(k-1) + bu(k-1) - e(k) \end{aligned} \tag{3.82}$$

式中

$$e(k) = n(k) + an(k-1)$$
$$e(k+1) = n(k+1) + an(k)$$

虽然$n(k+1)$与$n(k)$不相关，但$e(k+1)$与$e(k)$是相关的，其相关函数为

$$\begin{aligned} E\{e(k+1)e(k)\} = R_e(1) &= E\{[n(k+1) + an(k)] \times [n(k) + an(k-1)]\} \\ &= aE\{n^2(k)\} = a\sigma^2(k) \end{aligned}$$

本例中，$z(k)$与$e(k+1)$相关，由式(3.71)可看出，$\boldsymbol{H}_L$与$\boldsymbol{e}$相关。在这种情况下，最小二乘估计不是无偏估计，而是有偏估计。下面来求a和b的最小二乘估计，看估计是否

有偏。

$$\begin{bmatrix} z(k+1) \\ z(k+2) \\ \vdots \\ z(k+L) \end{bmatrix} = \begin{bmatrix} -z(k) & u(k) \\ -z(k+1) & u(k+1) \\ \vdots & \vdots \\ -z(k+L-1) & u(k+L-1) \end{bmatrix} \begin{bmatrix} a \\ b \end{bmatrix} + \begin{bmatrix} e(k+1) \\ e(k+2) \\ \vdots \\ e(k+L) \end{bmatrix} \tag{3.83}$$

$$\begin{bmatrix} \hat{a} \\ \hat{b} \end{bmatrix} = \left\{ \begin{bmatrix} -z(k) & -z(k+1) & \cdots & -z(k+L-1) \\ u(k) & u(k+1) & \cdots & u(k+L-1) \end{bmatrix} \begin{bmatrix} -z(k) & u(k) \\ -z(k+1) & u(k+1) \\ \vdots & \vdots \\ -z(k+L-1) & u(k+L-1) \end{bmatrix} \right\}^{-1}$$

$$\times \begin{bmatrix} -z(k) & -z(k+1) & \cdots & -z(k+L-1) \\ u(k) & u(k+1) & \cdots & u(k+L-1) \end{bmatrix}^{-1} \begin{bmatrix} z(k+1) \\ z(k+2) \\ \vdots \\ z(k+L) \end{bmatrix}$$

$$= \begin{bmatrix} \sum_{i=0}^{L-1} z^2(k+i) & -\sum_{i=0}^{L-1} z(k+i)u(k+i) \\ -\sum_{i=0}^{L-1} z(k+i)u(k+i) & \sum_{i=0}^{L-1} u^2(k+i) \end{bmatrix}^{-1}$$

$$\times \begin{bmatrix} -\sum_{i=0}^{L-1} z(k+i)u(k+i+1) \\ \sum_{i=0}^{L-1} z(k+i+1)u(k+i) \end{bmatrix}$$

$$= \begin{bmatrix} \frac{1}{L}\sum_{i=0}^{L-1} z^2(k+i) & -\frac{1}{L}\sum_{i=0}^{L-1} z(k+i)u(k+i) \\ -\frac{1}{L}\sum_{i=0}^{L-1} z(k+i)u(k+i) & \frac{1}{L}\sum_{i=0}^{L-1} u^2(k+i) \end{bmatrix}^{-1}$$

$$\times \begin{bmatrix} -\frac{1}{L}\sum_{i=0}^{L-1} z(k+i)u(k+i+1) \\ \frac{1}{L}\sum_{i=0}^{L-1} z(k+i+1)u(k+i) \end{bmatrix}$$

$$\rightarrow \begin{bmatrix} R_z(0) & -R_{uz}(0) \\ -R_{uz}(0) & R_u(0) \end{bmatrix}^{-1} \begin{bmatrix} -R_z(1) \\ R_{uz}(1) \end{bmatrix} \tag{3.84}$$

因此

$$\begin{bmatrix} \hat{a} \\ \hat{b} \end{bmatrix} \rightarrow \frac{1}{\Delta} \begin{bmatrix} R_u(0) & R_{uz}(0) \\ R_{uz}(0) & R_u(0) \end{bmatrix} \begin{bmatrix} -R_z(1) \\ R_{uz}(1) \end{bmatrix} \tag{3.85}$$

式中

$$\Delta = R_z(0)R_u(0) - R_{uz}^2(0) \tag{3.86}$$

下面来求 $R_z(1)$和 $R_{uz}(1)$。由式(3.82)得

$$z(k+1) = -az(k) + bu(k) + e(k+1) \tag{3.87}$$

用 $z(k)$乘以式(3.87)等号两边得

$$z(k)z(k+1) = -az^2(k) + bz(k)u(k) + z(k)e(k+1)$$

对上式等号两边取数学期望，并考虑到

$$\begin{aligned} E\{z(k)e(k+1)\} &= E\{[-az(k-1) + bu(k-1) + e(k)]e(k+1)\} - E\{e(k)e(k+1)\} \\ &= R_e(1) = a\sigma^2(k) \end{aligned} \tag{3.88}$$

可得

$$R_z(1) = -aR_z(0) + bR_{uz}(0) + R_e(1) \tag{3.89}$$

再用 $u(k)$乘以式(3.88)等号两边得

$$z(k+1)u(k) = -az(k)u(k) + bu^2(k) + e(k+1)u(k)$$

对上式等号两边取数学期望，并考虑到 $E\{e(k+1)u(k)\}=0$，可得

$$R_{uz}(1) = -aR_{uz}(0) + bR_u(0) \tag{3.90}$$

将式(3.89)和式(3.90)代入式(3.85)得

$$\begin{aligned} \begin{bmatrix} \hat{a} \\ \hat{b} \end{bmatrix} &\to \frac{1}{\Delta}\begin{bmatrix} R_u(0) & R_{uz}(0) \\ R_{uz}(0) & R_u(0) \end{bmatrix}\begin{bmatrix} aR_z(0) + bR_{uz}(0) + R_e(1) \\ -aR_{uz}(0) + bR_u(0) \end{bmatrix} \\ &= \frac{1}{R_z(0)R_u(0) - R_{uz}^2(0)}\begin{bmatrix} a[R_z(0)R_u(0) - R_{uz}^2(0)] - R_u(0)R_e(1) \\ b[R_z(0)R_u(0) - R_{uz}^2(0)] - R_{uz}(0)R_e(1) \end{bmatrix} \end{aligned} \tag{3.91}$$

因此

$$\hat{\theta} = \begin{bmatrix} \hat{a} \\ \hat{b} \end{bmatrix} \to \begin{bmatrix} a \\ b \end{bmatrix} - \frac{1}{\Delta}\begin{bmatrix} R_u(0)R_e(1) \\ R_{uz}(0)R_e(1) \end{bmatrix} \tag{3.92}$$

从上面的分析可以看出，当 $e(k)$为相关随机序列时，$\hat{\boldsymbol{\theta}}$是有偏估计。下面给出一个具体例子。

例 3.7 设某系统的差分方程为

$$z(k+1) = -0.5z(k) + 1.0u(k) + n(k+1) + 0.5n(k)$$

式中 $n(k)$是服从 $N(0, 1)$分布的独立高斯随机变量。从 500 对输入和输出数据可得到估值

$$\hat{a} = -0.643 \pm 0.029, \quad \hat{b} = 1.018 \pm 0.062$$

而 a、b 的真值为

$$a = -0.5, \quad b = 1.0$$

由上可知 $a-\hat{a}=0.143$，几乎等于 $\sigma_a=0.029$ 的 5 倍，这样的估计具有相当大的偏差。

在实际应用中，$e(k)$往往是相关随机序列，最小二乘法不是无偏估计。为了克服这一缺点，人们又提出了广义最小二乘法和辅助变量法等方法，这些方法都是对基本最小二乘法进行的修正，以便得到无偏估计。

3. 有效性

有效性是估计值的另一个重要概率性质，它意味着估计值偏差的方阵将达到最小值。

定理 3.1　如果式(3.8)中的 $\boldsymbol{e}$ 是均值为 0 且服从正态分布的白噪声向量，则最小二乘参数估计值$\hat{\boldsymbol{\theta}}$为有效估计值，参数估计偏差的方差达到 Cramer-Rao 不等式的下界，即

$$\mathrm{Var}\,\hat{\boldsymbol{\theta}} = \sigma^2 E\{(\boldsymbol{H}_L^{\mathrm{T}}\boldsymbol{H}_L)^{-1}\} = \boldsymbol{M}^{-1}$$

式中 $\boldsymbol{M}$ 为 Fisher 矩阵，且

$$\boldsymbol{M} = E\left\{\left[\frac{\partial \ln p(y \mid \hat{\theta})}{\partial \hat{\theta}}\right]^{\mathrm{T}}\left[\frac{\partial \ln p(y \mid \hat{\theta})}{\partial \hat{\theta}}\right]\right\}$$

证明从略。

4. 渐近正态性

定理 3.2　如果式(3.8)中的 $\boldsymbol{e}$ 是均值为 0 且服从正态分布的白噪声向量，则最小二乘参数估计值$\hat{\theta}$服从正态分布，即

$$\hat{\theta} \sim N(\theta, \sigma^2 E\{(H_L^{\mathrm{T}}\theta)^{-1}\}) \tag{3.93}$$

证明见相关参考文献。

3.5.2　最小二乘法存在的问题及解决办法

1. 数据饱和现象

所谓数据饱和现象，就是随着时间的推移，采集的数据越来越多，新数据提供的信息被旧数据所淹没。如果辨识算法对新、旧数据给予相同的信度，那么随着从新数据中获得的信息量相对下降，算法就会慢慢失去修正能力。这时参数估计值可能还偏离真值较远就无法更新了；对时变过程来说，它又将导致参数估计值不能跟踪时变参数的变化。这是因为由式(3.49)可知 $\boldsymbol{P}(k)$是正定的，可推得

$$\boldsymbol{P}(k-1) - \boldsymbol{P}(k) > 0 \tag{3.94}$$

由此可知，$\boldsymbol{P}(k)>0$ 是递减的正定阵。随着递推次数的增加，这会导致 $\boldsymbol{P}(k)\xrightarrow{k\to\infty}0$。所以增益阵 $\boldsymbol{K}(k)$也将随着 L 的增加而逐渐趋于零向量，从而使 RLS 算法失去修正能力。

另外，由于递推在有限字长的计算机上实现时，每步都存在舍入误差，因此数据饱和后，由于这些原因致使新的采样值不仅对参数估计不起改进作用，反而可能使所计算的 $\boldsymbol{P}(k)$失去正定性，甚至失去对称性，造成参数的估计量与真实参数之间的偏差越来越大。

为了克服数据饱和现象，可以采用降低老数据信度的办法来修改算法，这就是 3.6 节将要讨论的适应算法。

2. 有色噪声系统的无偏估计

当模型噪声是有色噪声时，最小二乘参数估计不是无偏、一致估计。在我们讨论最小二乘法的统计性质时，如果发现系统的噪声满足白噪声，则系统的估计就是无偏一致的估计。但是，大多数情况下，系统的噪声都不是白色噪声，这时，基本最小二乘参数估计将不再是无偏、一致的。为了获得较好的辨识效果，可以采用改进的最小二乘法，即增广最小二乘法、广义最小二乘法等，这些方法将在后续章节中讨论。

3.6 最小二乘适应算法

上一节曾提到随着数据的增加，最小二乘法将出现所谓的“数据饱和”现象。这是由于随着 k 的增加增益矩阵 $\boldsymbol{K}(k)$ 将逐渐趋于零，以至于递推算法慢慢失去修正能力的缘故。适应算法包含遗忘因子法和限定记忆法。

3.6.1 遗忘因子法

遗忘因子递推最小二乘算法(Forgetting Factor Recursive Least Squares，FFRLS)也适用于时变过程的参数辨识。因为时变过程的参数随时间变化，在辨识算法中必须充分利用新数据所含的信息，尽可能降低老数据的影响，以便获得跟踪参数变化的参数估计值。

1. 遗忘因子法的概念

遗忘因子法的思想是对旧数据加上遗忘因子，按指数加权来使得旧数据的作用衰减。

最小二乘估计值为

$$\hat{\boldsymbol{\theta}}(k-1) = [\boldsymbol{H}_{k-1}^{\mathrm{T}}\boldsymbol{H}_{k-1}]^{-1}\boldsymbol{H}_{k-1}^{\mathrm{T}}\boldsymbol{Z}(k-1) \tag{3.95}$$

新增观测 $z(k)$之后的数据阵

$$\boldsymbol{H}_k = \begin{bmatrix}\boldsymbol{H}_{k-1}\\ \boldsymbol{h}^{\mathrm{T}}(k)\end{bmatrix},\quad \boldsymbol{Z}_{(k)} = \begin{bmatrix}\boldsymbol{Z}_{(k-1)}\\ z_{(k)}\end{bmatrix}$$

则加衰减因子 $\lambda(0<\lambda\leqslant 1)$后的数据阵为

$$\boldsymbol{H}_k = \begin{bmatrix}\lambda\boldsymbol{H}_{k-1}\\ \boldsymbol{h}^{\mathrm{T}}(k)\end{bmatrix},\quad \boldsymbol{Z}_{(k)} = \begin{bmatrix}\lambda\boldsymbol{Z}_{(k-1)}\\ z_{(k)}\end{bmatrix}$$

得到如下递推公式：

$$\boldsymbol{P}(k) = [\boldsymbol{H}_k^{\mathrm{T}}\boldsymbol{H}_k]^{-1} = [\lambda^2\boldsymbol{P}^{-1}(k-1)+\boldsymbol{h}(k)\boldsymbol{h}^{\mathrm{T}}(k)]^{-1} \tag{3.96}$$

$$\begin{aligned}\hat{\boldsymbol{\theta}}(k) &= \boldsymbol{P}(k)\cdot[\lambda^2\boldsymbol{P}^{-1}(k-1)\hat{\boldsymbol{\theta}}(k-1)-\boldsymbol{h}(k)z(k)]\\ &= \hat{\boldsymbol{\theta}}(k-1)+\boldsymbol{K}(k)[z(k)-\boldsymbol{h}^{\mathrm{T}}(k)\hat{\boldsymbol{\theta}}(k-1)]\end{aligned} \tag{3.97}$$

$$\boldsymbol{K}(k) = \frac{\boldsymbol{P}(k-1)\boldsymbol{h}(k)}{\lambda^2+\boldsymbol{h}^{\mathrm{T}}(k)\boldsymbol{P}(k-1)\boldsymbol{h}(k)} \tag{3.98}$$

$$\boldsymbol{P}(k) = \frac{1}{\lambda^2}\left[\boldsymbol{I}-\frac{\boldsymbol{P}(k-1)\boldsymbol{h}(k)+\boldsymbol{h}^{\mathrm{T}}(k)}{\lambda^2+\boldsymbol{h}^{\mathrm{T}}(k)\boldsymbol{P}(k-1)\boldsymbol{h}(k)}\right]\boldsymbol{P}(k-1) \tag{3.99}$$

令 $\rho=\lambda^2(0<\rho\leqslant 1)$，$\rho$ 称为遗忘因子。综合以上分析遗忘因子递推算法(RFF)可归纳为

$$\hat{\boldsymbol{\theta}}(k) = \hat{\boldsymbol{\theta}}(k-1)+\boldsymbol{K}(k)[z(k)-\boldsymbol{h}^{\mathrm{T}}(k)\hat{\boldsymbol{\theta}}(k-1)] \tag{3.100}$$

$$\boldsymbol{K}(k) = \frac{\boldsymbol{P}(k-1)\boldsymbol{h}(k)}{\rho+\boldsymbol{h}^{\mathrm{T}}(k)\boldsymbol{P}(k-1)\boldsymbol{h}(k)} \tag{3.101}$$

$$\boldsymbol{P}(k) = \frac{1}{\rho}[\boldsymbol{I}-\boldsymbol{K}(k)\boldsymbol{h}^{\mathrm{T}}(k)]\boldsymbol{P}(k-1) \tag{3.102}$$

FFRLS算法的结构和计算流程与RLS算法基本是一致的。遗忘因子必须选择接近于1的正数，通常不小于0.9。如果系统是线性的，应选择$0.95\leqslant\rho\leqslant1$。当$\rho=1$时，即为基本最小二乘法，称为无限增长记忆。$\rho$越小，则遗忘速度越快。

2. 遗忘因子法MATLAB仿真实例

例3.8 考虑一个时变系统

$$z(k)+a_1(k)z(k-1)+a_2(k)z(k-2)=b_1(k)u(k-1)+b_2(k)u(k-2)+e(k)$$

$a(k)$、$b(k)$有下列各值：

$$\begin{cases}a_1(k)=-1.5, & a_2(k)=0.7\\ b_1(k)=1, & b_2(k)=0.5\end{cases}\qquad 0\leqslant k\leqslant 500$$

$$\begin{cases}a_1(k)=-1, & a_2(k)=0.4\\ b_1(k)=1.5, & b_2(k)=0.2\end{cases}\qquad 501\leqslant k\leqslant 1000$$

采用上述遗忘因子递推最小二乘法，分别取遗忘因子$\rho=0.98$、$\rho=0.9$和$\rho=1$，仿真程序及仿真结果如下：

仿真程序：

```
%遗忘因子递推最小二乘参数估计
（光盘中的源程序名为FLch3FFRLSeg4.m、FLch3FFRLSeg4b.m和FLch3FFRLSeg4c.m）
clear all; close all;
  a=[1 -1.5 0.7]'; b=[1 0.5]'; d=3;       %对象参数
na=length(a)-1; nb=length(b)-1;           % na、nb为A、B阶次
  L=1000;                                 %仿真长度
uk=zeros(d+nb, 1);                        %输入初值
yk=zeros(na, 1);                          %输出初值
u=randn(L, 1);                            %输入采用白噪声序列
xi=sqrt(0.1)*randn(L, 1);                 %白噪声序列
  thetae_1=zeros(na+nb+1, 1);
P=10^6*eye(na+nb+1);
lambda=0.98;                              %遗忘因子范围[0.9 1]
for k=1:L
  if k==501
    a=[1 -1 0.4]'; b=[1.5 0.2]';          %对象参数突变
  end
  theta(:, k)=[a(2:na+1);b];              %对象参数真值
  phi=[-yk;uk(d:d+nb)];
  y(k)=phi'*theta(:, k)+xi(k);            %采集输出数据

  %遗忘因子递推最小二乘法
  K=P*phi/(lambda+phi'*P*phi);
  thetae(:, k)=thetae_1+K*(y(k)-phi'*thetae_1);
  P=(eye(na+nb+1)-K*phi')*P/lambda;
```

```
        %更新数据
        thetae_1=thetae(:, k);

        for i=d+nb:-1:2
            uk(i)=uk(i-1);
        end
        uk(1)=u(k);

        for i=na:-1:2
            yk(i)=yk(i-1);
        end
        yk(1)=y(k);
    end
    subplot(1,2,1)
    test1 = thetae(1,:);
    test2 = thetae(na,:);
    plot([1:L],test1,'k-','LineWidth',1);
    hold on;plot([1:L],test2,'k:','LineWidth',1);
    hold on;plot([1:L],theta(1:na,:),'k:');
    text(700,-1.2,'a_1');text(600,0.6,'a_2');
    xlabel('k'); ylabel('参数估计 a');
    legend('a_1','a_2'); axis([0 L -2 2]);
    subplot(1,2,2)
    test3 = thetae(na+1,:);
    test4 = thetae(na+nb+1,:);
    plot([1:L],test3,'k-','LineWidth',1);
    hold on;plot([1:L],test4,'k:','LineWidth',1);
    hold on;plot([1:L],theta(na+1:na+nb+1,:),'k:');
    text(600,1,'b_1');text(600,0.4,'b_2');
    xlabel('k'); ylabel('参数估计 b');
    legend('b_1','b_2'); axis([0 L -0.5 2]);
```

仿真结果如图 3.7 所示。

由图 3.7(c)可以看出，当 $\rho=1$ 时，即为基本最小二乘法，其对应的参数估计在 $0\leqslant k\leqslant 500$ 段，即参数没有突变段；当 $200\leqslant k\leqslant 500$ 时，参数估计值变化就很小了，说明算法已经失去了修正的能力，出现了所谓的数据饱和现象；当 $k\geqslant 500$ 时，实际参数改变时，辨识结果不能马上跟随其变化。而在图 3.7(a)和图 3.7(b)中，对遗忘因子法来说，参数始终在波动，说明新数据所提供的信息一直在起作用，尤其是在 $k\geqslant 500$ 后，实际参数发生改变时，遗忘因子法明显优于基本最小二乘法。图 3.7(a)和图 3.7(b)比较还可以看出，ρ 越小估计值的适应性越好，但对噪声干扰也越灵敏。

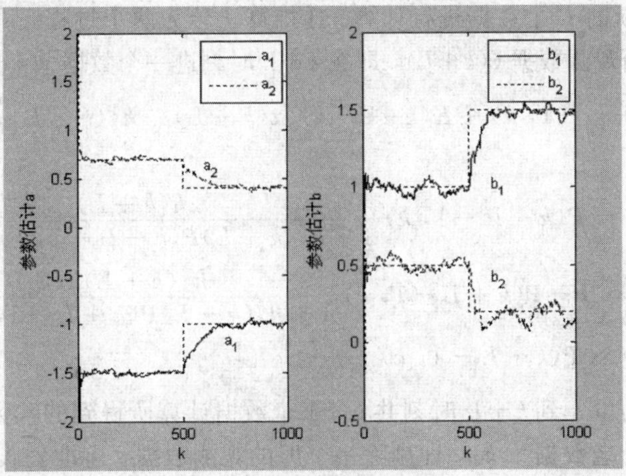

(a) 遗忘因子 $\rho = 0.98$

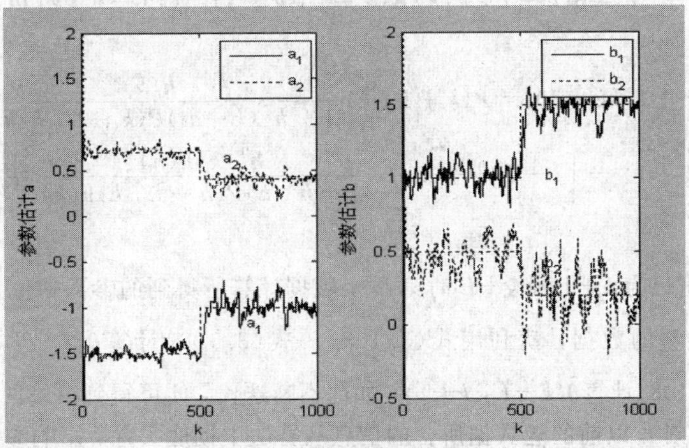

(b) 遗忘因子 $\rho = 0.9$

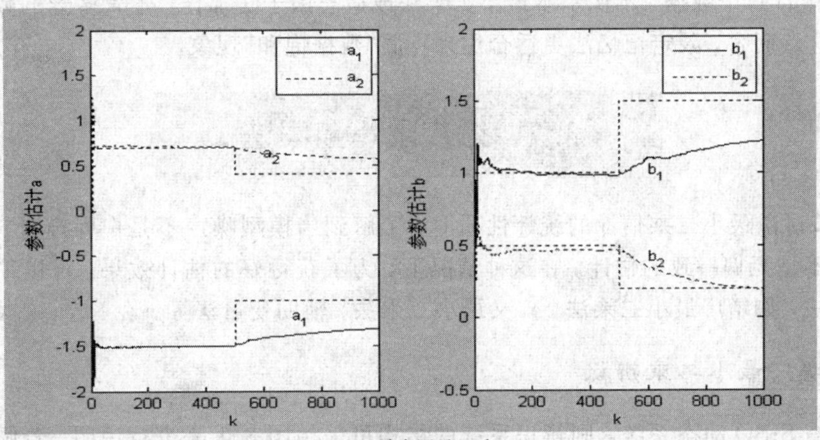

(c) 遗忘因子 $\rho = 1$

图 3.7　适应算法仿真

3.6.2　限定记忆法

限定记忆法每次估值只依据最新的 L 个数据，在此以前的数据则全部剔除。如考虑一个固定长度的矩形窗，每一时刻一个新数据点增加进来，一个旧数据点剔除出去，这样保持了每次都只取最新的 L 个数据进行计算。递推算法分为两个过程。

(1) 增加一个新观测数据 $z(k+L)$，即在 $k+L$ 时刻进一个数据 $z(k+L)$。递推公式为

$$\hat{\boldsymbol{\theta}}(k+L)=\hat{\boldsymbol{\theta}}(k+L-1,k)+\boldsymbol{K}(k+L,k)[\boldsymbol{z}(k+L)-\boldsymbol{h}^{\mathrm{T}}(k+L)\hat{\boldsymbol{\theta}}(k+L-1,k)] \tag{3.103}$$

$$\boldsymbol{K}(k+L)=\boldsymbol{P}(k+L-1,k)\frac{\boldsymbol{h}(k+L)}{1+\boldsymbol{h}^{\mathrm{T}}(k+L)\boldsymbol{P}(k+L-1,k)\boldsymbol{h}(k+L)} \tag{3.104}$$

$$\begin{aligned}\boldsymbol{P}(k+L,k)=&\left[\boldsymbol{I}-\boldsymbol{P}(k+L-1,k)\frac{\boldsymbol{h}^{\mathrm{T}}(k+L)\boldsymbol{h}(k+L)}{1+\boldsymbol{h}^{\mathrm{T}}(k+L)\boldsymbol{P}(k+L-1,k)\boldsymbol{h}(k+L)}\right]\\&\times\boldsymbol{P}(k+L-1,k)\end{aligned} \tag{3.105}$$

式中，$\hat{\boldsymbol{\theta}}(k+L,k)$为由 k 到 $k+L$ 时刻共 $L+1$ 个数据计算所得到的参数估值。

(2) 再去掉一个老数据 $z(k)$，即剔除一个旧的观测数据。递推公式为

$$\hat{\boldsymbol{\theta}}(k+L,k+1)=\hat{\boldsymbol{\theta}}(k+L,k)-\boldsymbol{K}(k+L,k+1)[\boldsymbol{z}(k)-\boldsymbol{h}^{\mathrm{T}}(k)\hat{\boldsymbol{\theta}}(k+L,k)] \tag{3.106}$$

$$\boldsymbol{K}(k+L,k+1)=\boldsymbol{P}(k+L,k)\frac{\boldsymbol{h}(k)}{1-\boldsymbol{h}^{\mathrm{T}}(k+L)\boldsymbol{P}(k+L,k)\boldsymbol{h}(k)} \tag{3.107}$$

$$\boldsymbol{P}(k+L,k+1)=\left[\boldsymbol{I}+\boldsymbol{P}(k+L,k)\frac{\boldsymbol{h}^{\mathrm{T}}(k)\boldsymbol{h}(k)}{1-\boldsymbol{h}^{\mathrm{T}}(k)\boldsymbol{P}(k+L,k)\boldsymbol{h}(k)}\right]\boldsymbol{P}(k+L,k) \tag{3.108}$$

式中$\hat{\boldsymbol{\theta}}(k+L,k+1)$为 $k+1$ 到 $k+L$ 时刻 L 个数据计算所得到的参数估值。

每获得一组新的数据，就利用式(3.103)～式(3.106)计算$\hat{\boldsymbol{\theta}}(k+L,k)$；再利用式(3.106)～式(3.108)计算$\hat{\boldsymbol{\theta}}(k+L,k+1)$；如此不断迭代，便可得到最终的辨识结果。它的特点是将离散时刻 L 以前的老数据所含的信息从算法中彻底去除，影响参数估计值的数据始终是最新的 L 个数据，不像基本最小二乘法或遗忘因子法那样，不管多老的数据都在起作用。就这点而言，限定记忆法更适合用来克服“数据饱和”现象。

3.7 增广最小二乘法

3.5 节讨论最小二乘估计的统计性质时，了解到当模型噪声不是白噪声时，最小二乘参数估计不是无偏一致的估计。在这种情况下，为了获得好的估计效果，可以采用改进的最小二乘法，如增广最小二乘法、广义最小二乘法、辅助变量法等。

3.7.1 增广最小二乘辨识

若考虑 SISO 动态系统，则辨识系统的结构可采用图 3.1 来进行说明。若假定模型阶次 n_a、n_b和 n_d已经确定，则这类问题的辨识可用增广最小二乘法，便可获得满意的结果。令

$$\begin{cases}\boldsymbol{\theta}=[a_1,a_2,\cdots,a_{n_a},b_1,b_2,\cdots,b_{n_b},d_1,d_2,\cdots,d_{n_d}]\\ \boldsymbol{h}(k)=[-z(k-1),\cdots,-z(k-n_a),u(k-1),\cdots,\\ \qquad u(k-n_b),v(k-1),\cdots,v(k-n_d)]^{\mathrm{T}}\end{cases} \tag{3.109}$$

将模型(3.109)化为最小二乘格式：

$$z(k) = \boldsymbol{h}^{\mathrm{T}}(k)\boldsymbol{\theta} + v(k) \tag{3.110}$$

由于 $v(k)$ 是白噪声，所以利用最小二乘法即可获得参数 $\boldsymbol{\theta}$ 的无偏估计。但是数据向量 $\boldsymbol{h}(k)$ 中包含着不可测的噪声量 $v(k-1)$，…，$v(k-n_d)$，它可用相应的估计值代替。令

$$\boldsymbol{h}(k) = [-z(k-1),\cdots,-z(k-n_a),\ u(k-1),\cdots,u(k-n_b),\ \hat{v}(k-1),\cdots,\hat{v}(k-n_d)]^{\mathrm{T}} \tag{3.111}$$

式中，$\hat{v}(k)=0$，$k\leqslant 0$；当 $k>0$ 时，

$$\hat{v}(k) = z(k) - \boldsymbol{h}^{\mathrm{T}}(k)\,\hat{\boldsymbol{\theta}}(k-1) \tag{3.112}$$

或

$$\hat{v}(k) = z(k) - \boldsymbol{h}^{\mathrm{T}}(k)\,\hat{\boldsymbol{\theta}}(k) \tag{3.113}$$

根据式(3.64)立即就可以写出增广最小二乘递推算法(Recursive Extended Least Squares，RELS)：

$$\begin{cases}\hat{\boldsymbol{\theta}}(k) = \hat{\boldsymbol{\theta}}(k-1) + \boldsymbol{K}(k)[z(k) - \boldsymbol{h}^{\mathrm{T}}(k)\,\hat{\boldsymbol{\theta}}(k-1)] \\ \boldsymbol{K}(k) = \boldsymbol{P}(k-1)\boldsymbol{h}(k)\left[\boldsymbol{h}^{\mathrm{T}}(k)\boldsymbol{P}(k-1)\boldsymbol{h}(k) + \dfrac{1}{\boldsymbol{\Lambda}(k)}\right]^{-1} \\ \boldsymbol{P}(k) = [\boldsymbol{I} - \boldsymbol{K}(k)\boldsymbol{h}^{\mathrm{T}}(k)]\boldsymbol{P}(k-1)\end{cases} \tag{3.114}$$

如果 $1/\Lambda=1$，即所有采样数据都是等同加权，则增广最小二乘递推算法 RELS 可以写为

$$\begin{cases}\hat{\boldsymbol{\theta}}(k) = \hat{\boldsymbol{\theta}}(k-1) + \boldsymbol{K}(k)[z(k) - \boldsymbol{h}^{\mathrm{T}}(k)\,\hat{\boldsymbol{\theta}}(k-1)] \\ \boldsymbol{K}(k) = \boldsymbol{P}(k-1)\boldsymbol{h}(k)[\boldsymbol{h}^{\mathrm{T}}(k)\boldsymbol{P}(k-1)\boldsymbol{h}(k) + 1]^{-1} \\ \boldsymbol{P}(k) = [\boldsymbol{I} - \boldsymbol{K}(k)\boldsymbol{h}^{\mathrm{T}}(k)]\boldsymbol{P}(k-1)\end{cases} \tag{3.115}$$

增广最小二乘递推算法式(3.114)扩充了最小二乘法的参数向量 $\boldsymbol{\theta}$ 和数据向量 $\boldsymbol{h}(k)$ 的维数，把噪声模型的辨识同时考虑进去，因此被称为增广最小二乘法。如果噪声模型必须用 $D(z^{-1})v(k)$ 表示，则只能用 RELS 算法方可获得无偏估计，这是 RLS 算法所不能代替的。以后的章节还将进一步表明增广最小二乘法又是一种近似的极大似然法。

3.7.2　增广最小二乘辨识的 MATLAB 仿真

例 3.9　考虑图 3.1 所示的仿真对象，图中，$v(k)$ 是服从 $N(0,1)$ 分布的不相关随机噪声。且

$$G(z^{-1}) = \frac{B(z^{-1})}{A(z^{-1})},\ N(z^{-1}) = \frac{D(z^{-1})}{C(z^{-1})}$$

$$\begin{cases}A(z^{-1}) = 1 - 1.5a_1 z^{-1} + 0.7z^{-2} = C(z^{-1}) \\ B(z^{-1}) = 1.0z^{-1} + 0.5z^{-2} \\ D(z^{-1}) = 1 - z^{-1} + 0.2z^{-2}\end{cases}$$

模型结构选用如下形式：

$$z(k) + a_1 z(k-1) + a_2 z(k-2) = b_1 u(k-1) + b_2 u(k-2) + v(k) + d_1 v(k-1) + d_2 v(k-2)$$

增广最小二乘法辨识流程如图 3.8 所示，递推算法的辨识结果如表 3.4 所示，程序运行曲线如图 3.9 所示。

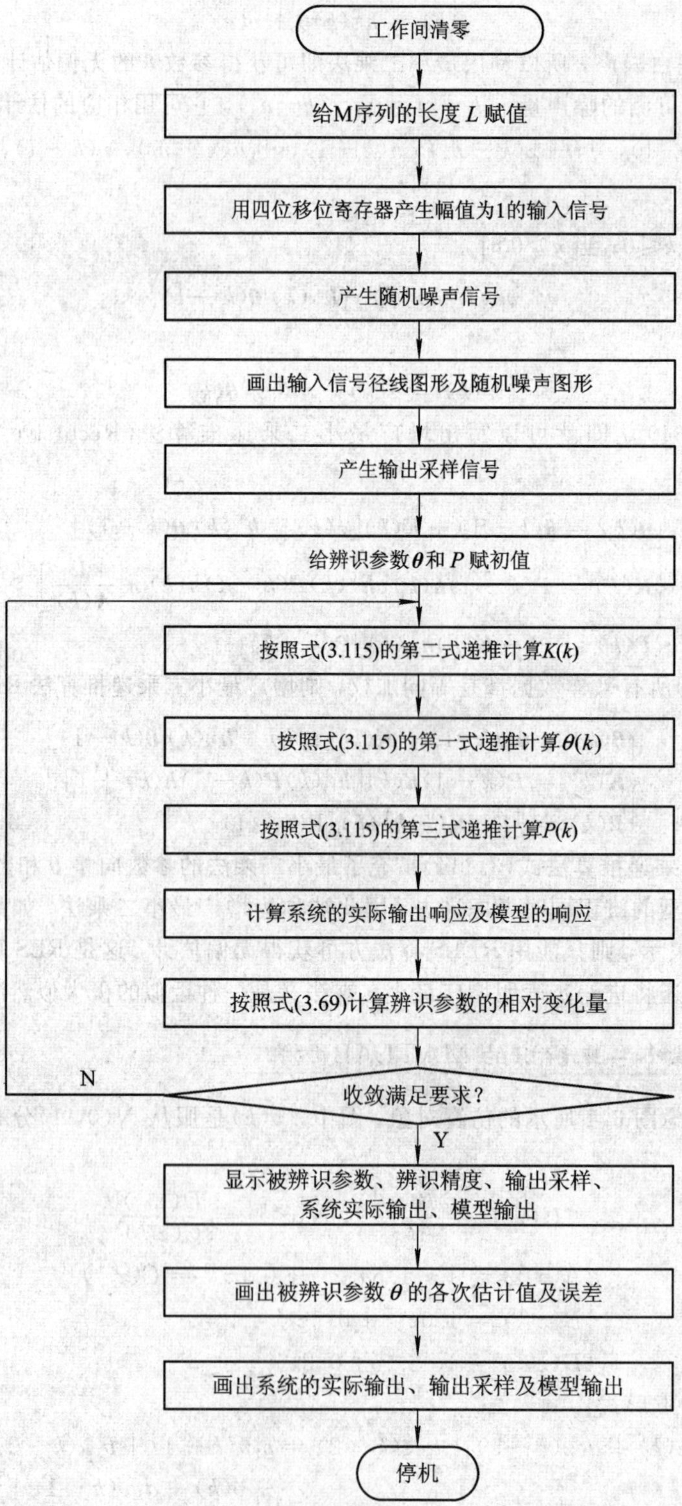

图 3.8　增广最小二乘递推算法辨识的 MATLAB 程序流程图

表 3.4 增广最小二乘递推算法的辨识结果

参 数	a_1	a_2	b_1	b_2	d_1	d_2	d_3
真 值	−1.5	0.7	1.0	0.5	1.0	−1.0	0.2
估计值	−1.5	0.7	1.0	0.5	1.0	−1.0	0.2

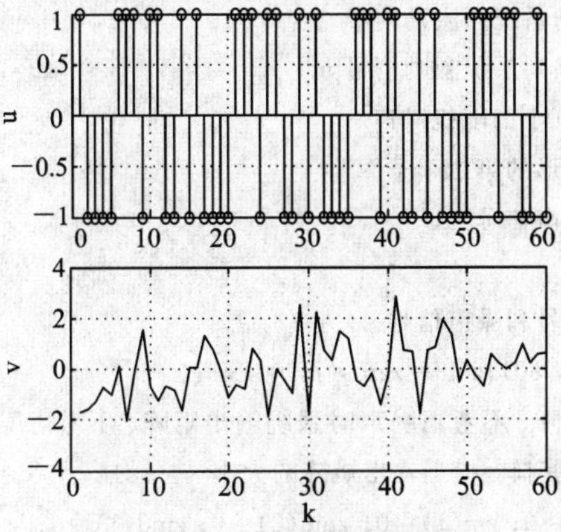

(a) 输入信号及随机噪声曲线

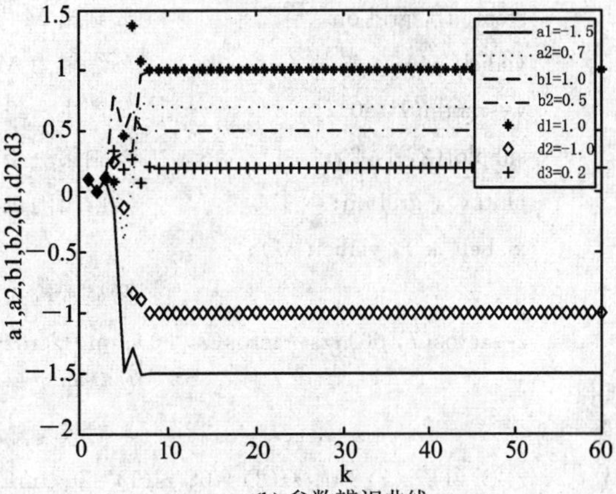

(b) 参数辨识曲线

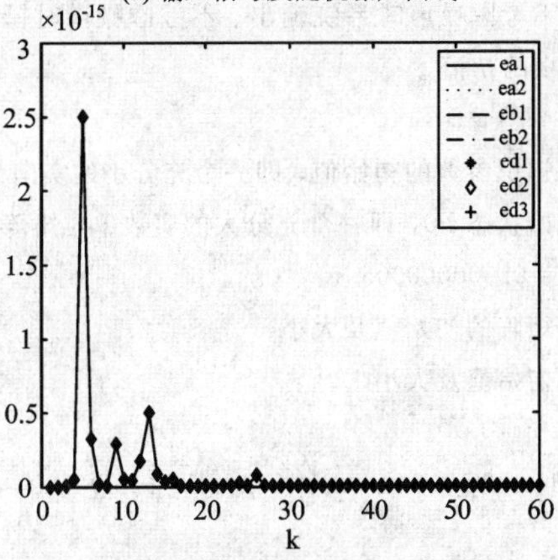

(c) 系统模型及实际输出响应曲线

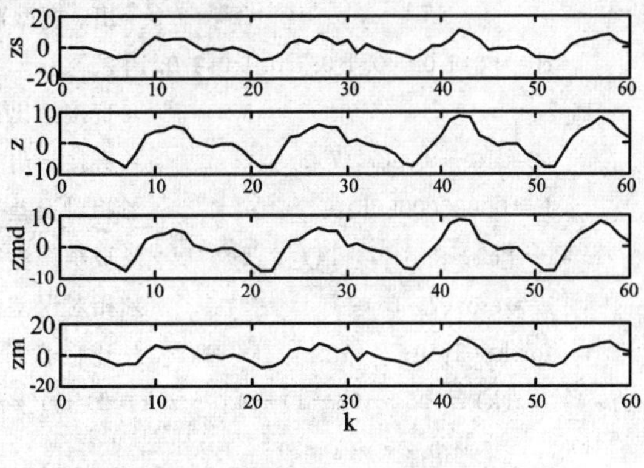

(d) 参数估计误差曲线

图 3.9 增广最小二乘递推算法辨识仿真

MATLAB 程序如下(在光盘中的文件名为 FLch3ELSeg5.m)：

```
clear
L=60;                          %4 位移位寄存器产生的 M 序列的周期
y1=1;y2=1;y3=1;y4=0;           %4 个移位寄存器的输出初始值
for i=1:L                      %产生 M 序列，60 个脉冲作为系统的激励信号
  x1=xor(y3, y4);              %第一个移位寄存器的输入信号
  x2=y1;                       %第二个移位寄存器的输入信号
  x3=y2;                       %第三个移位寄存器的输入信号
  x4=y3;                       %第四个移位寄存器的输入信号
  y(i)=y4;                     %第四个移位寄存器的输出信号，M 序列，幅值为"0"和"1"，
  if y(i)>0.5, u(i)=-1;        %M 序列的值为"1"时，辨识的输入信号取"-1"
```

```
    else u(i)=1;                  %M序列的值为"0"时，辨识的输入信号取"1"
    end
    y1=x1;y2=x2;y3=x3;y4=x4;     %为下一次的输入信号做准备
end
figure(1);                        %画第一个图形
subplot(2, 1, 1);                 %画第一个图形的第一个子图
stem(u), grid on                  %画出M序列系统的激励信号
ylabel('u');                      %纵轴为M序列系统激励信号u
v=randn(1, 60);                   %产生一组60个的随机噪声
subplot(2, 1, 2);                 %画第一个图形的第二个子图
plot(v), grid on;                 %画出随机噪声信号
xlabel('k'), ylabel('v');
u , v                             %显示输入信号和噪声信号
z=zeros(7, 60);zs=zeros(7, 60);zm=zeros(7, 60);zmd=zeros(7, 60);
                                  %输出采样矩阵、不考虑噪声时系统输出矩阵、不考虑噪声
                                   时模型输出矩阵、模型输出矩阵的大小
z(2)=0; z(1)=0; zs(2)=0; zs(1)=0; zm(2)=0; zm(1)=0; zmd(2)=0; zmd(1)=0;
                                  %输出采样、不考虑噪声时系统输出、不考虑噪声时模型输
                                   出、模型输出的初值
c0=[0.1 0.1 0.1 0.1 0.1 0.1 0.1]'
                                  %直接给出被辨识参数的初始值，即一个充分小的实向量
p0=10^6 * eye(7, 7);              %直接给出初始状态P0，即一个充分大的实数单位矩阵
E=0.000000005;                    %相对误差E=0.000000005
c=[c0, zeros(7, 14)];             %被辨识参数矩阵的初始值及大小
e=zeros(7, 15);                   %相对误差的初始值及大小
for k=3:60;                       %开始求K
    z(k)=1.5 * z(k-1)-0.7 * z(k-2)+u(k-1)+0.5 * u(k-2)+v(k)-v(k-1)
        +0.2 * v(k-2);
%具有噪声的系统在M序列输入下的输出，即输出采样信号
    h1=[-z(k-1), -z(k-2), u(k-1), u(k-2), v(k), v(k-1), v(k-2)]';
                                                          %为求K(k)做准备
    x=h1' * p0 * h1+1; x1=inv(x); k1=p0 * h1 * x1;       %K
    d1=z(k)-h1' * c0; c1=c0+k1 * d1;                     %辨识参数c(c=θ̂)
    zs(k)=-1.5 * z(k-1)+0.7 * z(k-2)+u(k-1)+0.5 * u(k-2);
%无测量噪声系统在M序列的输入下的输出响应，即系统实际输出
    zm(k)=[-z(k-1), -z(k-2), u(k-1), u(k-2)] * [c1(1);c1(2);c1(3);c1(4)];
%无测量噪声模型在M序列的输入下的输出响应
    zmd(k)=h1' * c1;              %模型在M序列的输入下的输出响应
    e1=c1-c0;                     %求参数误差的相对变化
for i=1:6
    e3=[e1(i, :) * e1(i, :)]/2;
```

```
    e2(i, :)=e3
    end
    e(:, k)=e2;
    c0=c1;                    %给下一次用
    c(:, k)=c1;               %把递推出的辨识参数 c 的列向量加入辨识参数矩阵
    p1=p0-k1*k1'*[h1'*p0*h1+1]; %find p(k)
    p0=p1;                    %给下次用
    if e2<=E break;           %若收敛情况满足要求，则终止计算
    end                       %判断结束
end                           %循环结束
c, e,                         %显示被辨识参数及参数收敛情况
z, zs, zm                     %显示输出采样值、系统实际输出值、无测量噪声模型输出值
%分离变量
a1=c(1, :); a2=c(2, :); b1=c(3, :); b2=c(4, :); %分离出 a1、a2、b1、b2
d1=c(5, :); d2=c(6, :); d3=c(7, :);             %分离出 d1、d2、d3
ea1=e(1, :); ea2=e(2, :); eb1=e(3, :); eb2=e(4, :);
%分离出 a1、a2、b1、b2 的收敛情况
ed1=e(5, :); ed2=e(6, :); ed3=e(7, :);
%分离出 d1、d2、d3 的收敛情况
figure(2);                    %画第二个图形
i=1:60;
plot(i, a1, 'k-', i, a2, 'k:', i, b1, 'k--', i, b2, 'k-.:', i, d1, 'k*', i, d2, 'kd:', i,
d3, 'k+')
                              %画出各个被辨识参数
legend('a1=-1.5','a2=0.7', 'b1=1.0', 'b2=0.5', 'd1=1.0', 'd2=-1.0','d3=0.2');
                              %标注参数
xlabel('k'), ylabel('a1, a2, b1, b2, d1, d2, d3');
title('Parameter Identification with Recursive Least Squares Method') %标题
figure(3); i=1:60;            %画出第三个图形
plot(i, ea1,'k-', i, ea2, 'k:', i, eb1, 'k--', i, eb2, 'k-.:', i, ed1, 'k*', i, ed2, 'kd:',
i, ed2, 'k+')
%画出各个参数收敛情况，辨识误差 e
legend('ea1 ', 'ea2', 'eb1', 'eb2', 'ed1', 'ed2', 'ed3'); %标注误差
xlabel('k'), ylabel('e');
title('Identification Precision')   %标题
figure(4);
subplot(4, 1, 1);             %画出第四个图形，第一个子图
i=1:60;
plot(i, zs(i), 'r')           %画出被辨识系统在没有噪声情况下的实际输出响应
ylabel('zs');
subplot(4, 1, 2); i=1:60;
```

```
plot(i, z(i), 'g')                    %第二个子图，画出含有噪声被辨识系统的采样输出响应
ylabel('z')
subplot(4, 1, 3); i=1:60;
plot(i, zmd(i), 'b')                  %第三个子图，画出含有噪声模型的输出响应
ylabel('zmd')
subplot(4, 1, 4); i=1:60;
plot(i, zm(i), 'b')                   %第四个子图，画出模型去除噪声后的输出响应
xlabel('k'), ylabel('zm');
```

程序执行结果(由于 $L=60$，数据太多，这里只给出反应辨识精度 e 的前 24 列，25 列后几乎全为 0)：

```
>>
e = 1.0e-013 *
Columns 1 through 8
        0        0   0.0111   0.0000   0.0000   0.0001   0.0005   0.0001
        0        0   0.0111   0.0000   0.0000   0.0001   0.0005   0.0001
        0        0   0.0111   0.0000   0.0000   0.0001   0.0005   0.0001
        0        0   0.0111   0.0000   0.0000   0.0001   0.0005   0.0001
        0        0   0.0111   0.0000   0.0000   0.0001   0.0005   0.0001
        0        0   0.0111   0.0000   0.0000   0.0001   0.0005   0.0001
        0        0   0.0111   0.0000   0.0000   0.0001   0.0005   0.0001
Columns 9 through 16
   0.1323   0.0040   0.0106   0.0053   0.0232   0.0007   0.0071   0.0045
   0.1323   0.0040   0.0106   0.0053   0.0232   0.0007   0.0071   0.0045
   0.1323   0.0040   0.0106   0.0053   0.0232   0.0007   0.0071   0.0045
   0.1323   0.0040   0.0106   0.0053   0.0232   0.0007   0.0071   0.0045
   0.1323   0.0040   0.0106   0.0053   0.0232   0.0007   0.0071   0.0045
   0.1323   0.0040   0.0106   0.0053   0.0232   0.0007   0.0071   0.0045
   0.1323   0.0040   0.0106   0.0053   0.0232   0.0007   0.0071   0.0045
Columns 17 through 24
   0.0000   0.0032   0.0000   0.0000   0.0000   0.0000   0.0004   0.0000
   0.0000   0.0032   0.0000   0.0000   0.0000   0.0000   0.0004   0.0000
   0.0000   0.0032   0.0000   0.0000   0.0000   0.0000   0.0004   0.0000
   0.0000   0.0032   0.0000   0.0000   0.0000   0.0000   0.0004   0.0000
   0.0000   0.0032   0.0000   0.0000   0.0000   0.0000   0.0004   0.0000
   0.0000   0.0032   0.0000   0.0000   0.0000   0.0000   0.0004   0.0000
   0.0000   0.0032   0.0000   0.0000   0.0000   0.0000   0.0004   0.0000
```

仿真结果表明，递推到第 9 步时，参数辨识的结果基本达到稳定状态，即 $a_1=-1.5000$，$a_2=0.7000$，$b_1=1.0000$，$b_2=0.5000$，$d_1=1.0000$，$d_2=-1.0000$，$d_3=0.2000$。此时，辨识参数的相对变化量 $E\leqslant 0.000000005$。与最小二乘递推算法相比，增广最小二乘递推算法虽然考虑了噪声模型，但同样具有速度快、辨识结果精确的特点。

3.8　广义最小二乘法

广义最小二乘法的基本思想是对数据进行一次滤波处理，然后利用基本最小二乘法对滤波后的数据进行辨识。

考虑 SISO 系统采用如下数学模型：

$$A(z^{-1})z(k) = B(z^{-1})u(k) + \frac{1}{C(z^{-1})}v(k) \tag{3.116}$$

式中，$u(k)$和 $z(k)$表示系统的输入和输出，$v(k)$是均值为零的不相关的随机噪声，且

$$\begin{cases} A(z^{-1}) = 1 + a_1 z^{-1} + a_2 z^{-2} + \cdots + a_{n_a} z^{-n_a} \\ B(z^{-1}) = b_1 z^{-1} + b_2 z^{-2} + \cdots + b_{n_b} z^{-n_b} \\ C(z^{-1}) = 1 + c_1 z^{-1} + c_2 z^{-2} + \cdots + c_{n_c} z^{-n_c} \end{cases} \tag{3.117}$$

假定模型阶次 n_a、n_b 和 n_c 已经确定，则这类问题的辨识用广义最小二乘法(Recursive Generalized Least Squares，RGLS)，便可以获得参数的无偏一致估计。令

$$\begin{cases} z_f(k) = c(z^{-1})z(k) \\ u_f(k) = c(z^{-1})u(k) \end{cases} \tag{3.118}$$

及

$$\begin{cases} \boldsymbol{\theta} = [a_1, a_2, \cdots, a_{n_a}, b_1, b_2, \cdots, b_{n_b}]^{\mathrm{T}} \\ \boldsymbol{h}_f(k) = [-z_f(k-1), \cdots -z_f(k-n_a), u_f(k-1), \cdots u_f(-n_b)]^{\mathrm{T}} \end{cases} \tag{3.119}$$

将模型(3.116)化为最小二乘格式：

$$z_f(k) = \boldsymbol{h}_f(k)\boldsymbol{\theta} + v(k) \tag{3.120}$$

由于 $v(k)$是白噪声，所以利用最小二乘法即可获得参数 $\boldsymbol{\theta}$ 的无偏估计。但是数据向量 $\boldsymbol{h}_f(k)$中的变量均需按式(3.115)计算，而噪声模型 $c(z^{-1})$未知。为此需要用迭代的办法来估计 $c(z^{-1})$。令

$$e(k) = \frac{1}{c(z^{-1})}v(k) \tag{3.121}$$

令

$$\begin{cases} \boldsymbol{\theta}_e(k) = [c_1, c_2, \cdots c_{n_c}]^{\mathrm{T}} \\ \boldsymbol{h}_e(k) = [-e(k-1), \cdots, -e(k-n_c)]^{\mathrm{T}} \end{cases} \tag{3.122}$$

即把噪声模型式(3.121) 也化成最小二乘格式：

$$e(k) = \boldsymbol{h}_e^{\mathrm{T}}(k)\boldsymbol{\theta}_e + v(k) \tag{3.123}$$

由于上式的噪声已是白噪声，所以再次利用最小二乘法可获得噪声模型参数 θ_e 的无偏估计值。但是数据向量 $\boldsymbol{h}_e(k)$依然包含着不可测的噪声量 $e(k-1)$，…，$e(k-n_e)$，它可用相应的估计值代替，置

$$\boldsymbol{h}_e(k) = [-\hat{e}(k-1), \cdots, -\hat{e}(k-n_c)]^{\mathrm{T}} \tag{3.124}$$

式中，$k \leqslant 0$，$\hat{e}(k)=0$；当 $k>0$ 时，按式

$$\hat{e}(k) = z(k) - \boldsymbol{h}^{\mathrm{T}}(k)\hat{\theta} \tag{3.125}$$

计算，式中

$$\boldsymbol{h}(k)=[-z(k-1),\cdots,-z(k-n_a),u(k-1),\cdots,u(k-n_b)]^{\mathrm{T}} \tag{3.126}$$

综上分析，加权广义最小二乘递推算法可归纳为

$$\begin{cases}\hat{\boldsymbol{\theta}}(k)=\hat{\boldsymbol{\theta}}(k-1)+\boldsymbol{K}_f(k)[z_f(k)-\boldsymbol{h}_f^{\mathrm{T}}(k)\hat{\boldsymbol{\theta}}(k-1)]\\ \boldsymbol{K}_f(k)=\boldsymbol{P}(k-1)\boldsymbol{h}_f(k)\left[\boldsymbol{h}_f^{\mathrm{T}}(k)\boldsymbol{P}_f(k-1)\boldsymbol{h}_f(k)+\dfrac{1}{\boldsymbol{\Lambda}(k)}\right]^{-1}\\ \boldsymbol{P}_f(k)=[\boldsymbol{I}-\boldsymbol{K}_f(k)\boldsymbol{h}_f^{\mathrm{T}}(k)]\boldsymbol{P}_f(k-1)\\ \hat{\boldsymbol{\theta}}(k)=\hat{\boldsymbol{\theta}}_e(k-1)+\boldsymbol{K}_e(k)[\hat{e}(k)-\boldsymbol{h}_c^{\mathrm{T}}(k)\hat{\boldsymbol{\theta}}_e(k-1)]\\ \boldsymbol{K}_e(k)=\boldsymbol{P}_e(k-1)\boldsymbol{h}_e(k)\left[\boldsymbol{h}_e^{\mathrm{T}}(k)\boldsymbol{P}_e(k-1)\boldsymbol{h}_e(k)+\dfrac{1}{\boldsymbol{\Lambda}(k)}\right]^{-1}\\ \boldsymbol{P}_e(k)=[\boldsymbol{I}-\boldsymbol{K}_e(k)\boldsymbol{h}_e^{\mathrm{T}}(k)]\boldsymbol{P}_e(k-1)\end{cases} \tag{3.127}$$

当所有采样数据都是等同加权，即 $\boldsymbol{\Lambda}(k)=1$ 时，加权广义最小二乘参数估计递推算法就简化成广义最小二乘参数估计递推算法。

广义最小二乘递推算法是一种迭代的算法，其步骤归纳如下：

(1) 给定初始条件：

$$\begin{cases}\hat{\boldsymbol{\theta}}(0)=\boldsymbol{\varepsilon}\\ \boldsymbol{P}_f(0)=\alpha^2\boldsymbol{I}\\ \hat{\boldsymbol{\theta}}_e(0)=\boldsymbol{0}\\ \boldsymbol{P}_e(0)=\boldsymbol{I}\end{cases} \tag{3.128}$$

式中，$\boldsymbol{\varepsilon}$ 为充分小的实向量，α 为充分大的数。

(2) 利用式(3.118)计算 $z_f(k)$和 $u_f(k)$。

(3) 利用式(3.119)构造 $\boldsymbol{h}_f(k)$。

(4) 利用式(3.127) 前三个式子递推计算$\hat{\boldsymbol{\theta}}(k)$。

(5) 利用式(3.125) 计算$\hat{e}(k)$，并根据式(3.91)构造 $\boldsymbol{h}_e(k)$。

(6) 利用式(3.127) 的后三个式子递推计算$\hat{\boldsymbol{\theta}}_e(k)$。

(7) 返回第(2)步进行迭代计算，直至获得满意的辨识结果。

以上分析表明，广义最小二乘法的基本思想是基于对数据进行一次滤波预处理，然后利用普通最小二乘法对滤波后的数据进行辨识。如果滤波模型选择得合适，对数据进行了较好的白色化处理，那么直接利用普通最小二乘法就能获得无偏一致估计。这种滤波模型可以是预先选定的固定模型，也可以是动态变化模型。由于实际问题的复杂性，要选择一个较好的固定模型用于数据的白色化处理一般是比较困难的。广义最小二乘法所用的滤波模型实际上是一种动态模型，在整个迭代过程中不断靠偏差信息来调整这个滤波模型，使它逐渐逼近于一个较好的滤波模型，以便对数据进行较为理想的白色化处理，使模型参数估计成为无偏一致估计。理论上讲，广义最小二乘法所用的动态模型经过几次迭代调整后，便可以对数据进行较好的白色化处理。但是，当过程的输出信噪比较大或模型参数比较多时，这种数据白色化处理的可靠性就会降低。此时，准则函数可能会出现多个局部收敛点，辨识结果可能使准则函数收敛于局部极小点而不是全局极小点。这样最终的辨识结果往往也会是有偏的。

例如，考虑仿真对象：

$$\begin{cases} z(k) + a_1 z(k-1) + a_2 z(k-2) = b_1 u(k-1) + b_2 u(k-2) + e(k) \\ e(k) + c_1 e(k-1) + c_2 e(k-2) = v(k) \end{cases}$$

利用式(3.127)获得的辨识结果如表 3.5 所示。若将此例的辨识结果与最小二乘递推算法相比较，可以发现二者的结果基本上是一致的。这是因为本例的仿真对象也采用了图 3.1 所示的系统，它相当于式(3.116) 中的噪声模型$\hat{C}(z^{-1})=1$。这种仿真对象利用最小二乘法已可获得无偏、一致估计，但广义最小二乘法同时又能给出噪声模型的参数估计值。由表 3.5 知，此例的噪声模型估计为$\hat{C}(z^{-1})\approx 1$，它与仿真对象的噪声模型是相符的。如果一个系统必须用式(3.116) 的模型来描述，且 $C(z^{-1})\neq 1$，这时就不能使用最小二乘法了，必须采用广义最小二乘法，方可获得无偏、一致估计。

表 3.5　广义最小二乘法辨识结果

参　数	a_1	a_2	b_1	b_2	c_1	c_2
真　值	−1.5	0.7	1.0	0.5	0.0	0.0
估计值	−1.5107	0.7068	1.046	0.4963	0.0114	−0.0034

3.9 小　　结

最小二乘法是最基本的，也是最常用的系统辨识方法，用这种方法可以对观测数据实现最小平方误差意义上的最好拟合。本章从基本最小二乘原理入手，首先讨论了常用的两种形式，一种是基本的一次完成算法，另一种是递推算法。最小二乘一次完成算法比较适合理论研究，但编制程序时占用的存储空间较多，计算量较大，所以多用于离线系统辨识；最小二乘递推算法的基本思想是新的估计值等于前一次的估计值加上修正项，这样不仅可以减少计算量和存储量，而且能够实现系统的在线辨识。接着讨论了最小二乘法的统计特性，并在此基础上分析了基本最小二乘法所存在的问题；为了克服“数据饱和”现象，引出了遗忘因子法和限定记忆法。遗忘因子法的思想是对旧数据加上遗忘因子，降低老数据所提供的信息量；限定记忆法的基本思路是规定每次参数估计时所使用的数据长度不变，每获得一次新观测数据后，就丢掉一对老数据。而针对模型噪声为有色噪声时，进一步讨论了增广最小二乘法和广义最小二乘法。增广最小二乘法扩充了最小二乘法的参数向量和数据向量，把噪声模型的辨识同时考虑了进去。广义最小二乘法的基本思想是基于对数据先进行一次滤波预处理，然后应用普通最小二乘法对滤波后的数据进行辨识，以便获得最小二乘法的无偏、一致估计。

习　　题

1. 试介绍遗忘因子法对时变参数模型的辨识算法。
2. 试说明加权最小二乘法与最小二乘法以及带遗忘因子的递推算法的关系。
3. 设 SISO 系统的差分方程为

$$z(k)=-a_1z(k-1)-a_2z(k-2)+b_1u(k-1)+b_2u(k-2)+e(k)$$
$$e(k)=v(k)+a_1v(k-1)+a_2v(k-2)$$

取真实值 $\boldsymbol{\theta}^{\mathrm{T}}=[a_1\quad a_2\quad b_1\quad b_2]=[1.642\quad 0.715\quad 0.39\quad 0.39]$，输入数据如表 3.6 所示。

表 3.6 输入数据

k	1	2	3	4	5	6	7	8	9	10
$u(k)$	1.417	0.201	−0.787	−1.589	−1.052	0.866	1.152	1.573	0.626	0.433
k	11	12	13	14	15	16	17	18	19	20
$u(k)$	−0.958	0.810	−0.044	0.947	−1.474	−0.719	−0.086	−1.099	1.450	1.151
k	21	22	23	24	25	26	27	28	29	30
$u(k)$	0.485	1.633	0.043	1.326	1.706	−0.340	0.890	1.144	1.177	−0.390

将 $\boldsymbol{\theta}$ 的真实值代入差分方程求出 $z(k)$ 作为观测值；$v(k)$ 是均值为零，方差为 0.1 和 0.5 的不相关的随机序列。

(1) 用最小二乘一次完成算法估计参数 $\boldsymbol{\theta}^{\mathrm{T}}=[a_1\quad a_2\quad b_1\quad b_2]$；

(2) 用递推最小二乘法估计参数 $\boldsymbol{\theta}$；

(3) 设 $e(k)+ce(k-1)=v(k)$，用广义二乘法估计参数 $\boldsymbol{\theta}$；

(4) 用增广矩阵法估计参数 $\boldsymbol{\theta}$。

4. 考虑图 3.10 所示的仿真对象，$v(k)$ 为服从 $N(0, 1)$ 分布的不相关随机噪声，调整 λ 值，使数据的噪信比为 23%，模型结构选用的形式为

$$z(k)+a_1z(k-1)+a_2z(k-2)$$
$$=b_1u(k-1)+b_2u(k-2)+v(k)+c_1v(k-1)+c_2v(k-2)$$

数据长度 $L=300$ 或 $L=500$，初始条件 $\hat{\boldsymbol{\theta}}(0)=0.001\boldsymbol{I}_{6\times1}$，$\boldsymbol{P}(0)=10^6\boldsymbol{I}$，其中 $\boldsymbol{I}_{6\times1}$ 为所有元素均为 1 的列向量，请用递推增广矩阵法和递推最小二乘法进行参数辨识，并分析比较所获得的辨识结果。

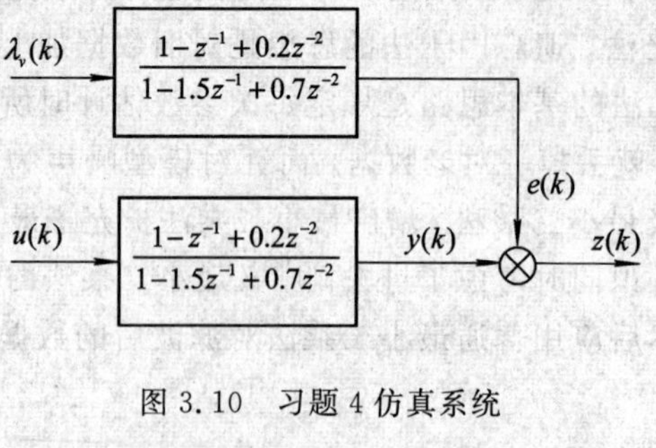

图 3.10 习题 4 仿真系统

第 4 章　极大似然法辨识方法

极大似然法是现代辨识的参数估计方法之一。它是由 Fisher 发展起来的，其基本思想可追溯到高斯(1809 年)。这种估计方法用于动态系统辨识，可以获得良好的估计效果。

除了相关分析法的古典辨识方法之外，前面已经讨论过最小二乘方法，它不仅计算简单，而且参数估计量具有许多优良的统计性质，对噪声特性的先验知识要求也不高。本章主要讨论极大似然辨识方法，这类辨识方法的基本思想与最小二乘方法完全不同。对于极大似然法来说，需要构造一个与测量数据和未知参数有关的似然函数，并通过极大化这个函数获得模型的参数辨识。据此，极大似然法通常要求具有能够写出输出量的条件概率密度函数的先验知识，因此，计算工作量较大。但是，极大似然参数估计方法可以对具有有色噪声的系统模型进行辨识，在动态系统辨识中有着广泛的应用。它和最小二乘法以及预报误差方法存在着一定的联系。本章首先介绍极大似然参数辨识原理；其次讨论动态系统模型参数的极大似然估计，其中包括系统动态模型及噪声模型的分类与特点、极大似然估计与最小二乘估计的关系、协方差阵未知时的极大似然参数估计；最后讨论递推的极大似然参数估计，其中包括极大似然递推算法的原理及方法，同时对作者开发的似然递推法辨识 MATLAB 仿真程序进行了剖析。

4.1　极大似然参数辨识原理

设 z 是一个随机变量，在参数 $\boldsymbol{\theta}$ 条件下 z 的概率密度函数为 $p(z|\boldsymbol{\theta})$，z 的 L 个观测值构成一个随机序列 $\{z(k)\}$。如果把这 L 个观测值记作 $\boldsymbol{z}_L=[z(1), z(2), \cdots, z(L)]^{\mathrm{T}}$，则 $\boldsymbol{z}_L$ 的联合概率密度为 $p(\boldsymbol{z}_L|\boldsymbol{\theta})$，那么 $\boldsymbol{\theta}$ 的极大似然估计就是使 $p(\boldsymbol{z}_L|\boldsymbol{\theta})|_{\hat{\boldsymbol{\theta}}_{\mathrm{ML}}}$ 达到最大值的参数估计值，即有

$$\left[\frac{\partial p(\boldsymbol{z}_L \mid \boldsymbol{\theta})}{\partial \boldsymbol{\theta}}\right]^{\mathrm{T}}_{\hat{\boldsymbol{\theta}}_{\mathrm{ML}}}=0 \tag{4.1}$$

或

$$\left[\frac{\partial \ln p(\boldsymbol{z}_L \mid \boldsymbol{\theta})}{\partial \boldsymbol{\theta}}\right]^{\mathrm{T}}_{\hat{\boldsymbol{\theta}}_{\mathrm{ML}}}=0 \tag{4.2}$$

上式表示对联合概率密度 $p(\boldsymbol{z}_L|\boldsymbol{\theta})$取自然对数，然后对参数 $\boldsymbol{\theta}$ 求导。显然，对一组确定的数据 $\boldsymbol{z}_L$，$p(\boldsymbol{z}_L|\boldsymbol{\theta})$只是参数 $\boldsymbol{\theta}$ 的函数，已不再是概率密度函数了。这时的 $p(\boldsymbol{z}_L|\boldsymbol{\theta})$称做 $\boldsymbol{\theta}$ 的函数，有时记作 $L(\boldsymbol{z}_L|\boldsymbol{\theta})$。可见，概率密度函数和似然函数物理含义不同，但它们的数学表达式相同，即 $L(\boldsymbol{z}_L|\boldsymbol{\theta})=p(\boldsymbol{z}_L|\boldsymbol{\theta})$。因此极大似然原理又可表述成

$$\left[\frac{\partial L(\boldsymbol{z}_L \mid \boldsymbol{\theta})}{\partial \boldsymbol{\theta}}\right]^{\mathrm{T}}_{\hat{\boldsymbol{\theta}}_{\mathrm{ML}}} = 0 \tag{4.3}$$

或

$$\left[\frac{\partial \ln L(\boldsymbol{z}_L \mid \boldsymbol{\theta})}{\partial \boldsymbol{\theta}}\right]^{\mathrm{T}}_{\hat{\boldsymbol{\theta}}_{\mathrm{ML}}} = 0 \tag{4.4}$$

其中，$\ln L(\boldsymbol{z}_L|\boldsymbol{\theta})$称做对数似然函数；$\hat{\boldsymbol{\theta}}_{\mathrm{ML}}$称做极大似然参数估计值，它使得似然函数或对数似然函数到达最大值。式(4.3)或式(4.4)就是极大似然函数原理的数学表示。它们的物理意义是：对一组确定的随机序列 $\boldsymbol{z}_L$，设法找到参数估计值$\hat{\boldsymbol{\theta}}_{\mathrm{ML}}$，使得随机变量 z 在$\hat{\boldsymbol{\theta}}_{\mathrm{ML}}$条件下的概率密度函数最大可能地逼近随机变量 z 在 $\boldsymbol{\theta}_0$(真值)条件下的概率密度函数，即应有

$$p(\boldsymbol{z}_L \mid \hat{\boldsymbol{\theta}}_{\mathrm{ML}}) \xrightarrow{\max} p(z \mid \boldsymbol{\theta}_0) \tag{4.5}$$

上式含义是指当 $p(z|\boldsymbol{\theta})$取极大值时，对应的估值 $\hat{\boldsymbol{\theta}}_{\mathrm{ML}}$才和真值 $\boldsymbol{\theta}_0$误差最小，因此，它反映了极大似然原来的本质，但是数学上不好实现。可以证明式(4.3)或式(4.4)是实现式(4.5)的数学形式，下面论述这一事实。

设 $z(1)$，$z(2)$，…，$z(L)$是一组在独立观测条件下获得的随机序列，或者说是母集的一组互相独立的样本，那么随机变量 z 在参数 $\boldsymbol{\theta}$ 条件下的似然函数为

$$L(\boldsymbol{z}_L \mid \boldsymbol{\theta}) = p(z(1) \mid \boldsymbol{\theta}) \cdot p(z(2) \mid \boldsymbol{\theta}) \cdots p(z(L) \mid \boldsymbol{\theta}) = \prod_{k=1}^{L} p(z(k) \mid \boldsymbol{\theta}) \tag{4.6}$$

对应的对数似然函数为

$$l(\boldsymbol{z}_L \mid \boldsymbol{\theta}) = \ln L(\boldsymbol{z}_L \mid \boldsymbol{\theta}) = \sum_{k=1}^{L} \ln p(z(k) \mid \boldsymbol{\theta}) \tag{4.7}$$

平均对数似然函数为

$$\bar{l}(\boldsymbol{z}_L \mid \boldsymbol{\theta}) = \frac{1}{L}\sum_{k=1}^{L} \ln p(z(k) \mid \boldsymbol{\theta}) \xrightarrow[L \to \infty]{} E\{\ln p(z \mid \boldsymbol{\theta})\} \tag{4.8}$$

同理，随机变量 z 在参数 $\boldsymbol{\theta}_0$条件下的平均对数似然函数为

$$\bar{l}(\boldsymbol{z}_L \mid \boldsymbol{\theta}_0) \xrightarrow[L \to \infty]{} E\{\ln p(z \mid \boldsymbol{\theta}_0)\} \tag{4.9}$$

定义

$$I(\boldsymbol{\theta}_0, \boldsymbol{\theta}) \triangleq E\{\ln p(z \mid \boldsymbol{\theta}_0)\} - E\{\ln p(z \mid \boldsymbol{\theta})\} = E\left\{\ln \frac{p(z \mid \boldsymbol{\theta}_0)}{p(z \mid \boldsymbol{\theta})}\right\} \tag{4.10}$$

$I(\boldsymbol{\theta}_0, \boldsymbol{\theta})$称 Kullback - Leibler 信息测度。若令

$$x = \frac{p(z \mid \boldsymbol{\theta})}{p(z \mid \boldsymbol{\theta}_0)} \tag{4.11}$$

则 $x>0$，并利用不等式 $\ln x \leqslant x-1$，于是有

$$\ln \frac{p(z \mid \boldsymbol{\theta})}{p(z \mid \boldsymbol{\theta}_0)} \leqslant \frac{p(z \mid \boldsymbol{\theta})}{p(z \mid \boldsymbol{\theta}_0)} - 1 \tag{4.12}$$

因 $p(z|\boldsymbol{\theta}_0)>0$，上述不等式两边同乘以 $p(z|\boldsymbol{\theta}_0)$，再对 z 积分，则有

$$\int_{-\infty}^{\infty} p(z|\boldsymbol{\theta}_0) \ln \frac{p(z \mid \boldsymbol{\theta})}{p(z \mid \boldsymbol{\theta}_0)} \mathrm{d}z \leqslant \int_{-\infty}^{\infty} p(z|\boldsymbol{\theta}) \mathrm{d}z - \int_{-\infty}^{\infty} p(z|\boldsymbol{\theta}_0) \mathrm{d}z \tag{4.13}$$

考虑到全概率为 1，上式写成

$$E\left\{\ln \frac{p(z \mid \boldsymbol{\theta})}{p(z \mid \boldsymbol{\theta}_0)}\right\} \leqslant 0 \tag{4.14}$$

综合考虑式(4.10)和式(4.14)，有

$$I(\boldsymbol{\theta}_0, \boldsymbol{\theta}) \geqslant 0 \tag{4.15}$$

式(4.5)要求 $p(z|\boldsymbol{\theta})$取极大值，这就意味着 $I(\boldsymbol{\theta}_0, \boldsymbol{\theta})$必须取极小值。根据 $I(\boldsymbol{\theta}_0, \boldsymbol{\theta})$的定义，并考虑到对一个给定的随机变量 z，其概率密度函数 $p(z_L|\boldsymbol{\theta}_0)$是确定的。显然，由式(4.10)可知，极小化 $I(\boldsymbol{\theta}_0, \boldsymbol{\theta})$等价于极大化 $E\{\ln p(z|\boldsymbol{\theta})\}$，由于 $E\{\ln p(z|\boldsymbol{\theta})\}$与 $L(z_L|\boldsymbol{\theta})$之间存在单调的函数关系，所以极大化 $L(z_L|\boldsymbol{\theta})$或 $\ln L(z_L|\boldsymbol{\theta})$与极大化 $E\{\ln p(z|\boldsymbol{\theta})\}$是等效的。因此式(4.3)或式(4.4)体现了极大似然原理的内在实质，它们是极大似然辨识的重要依据。

例 4.1　考虑一个独立同分布的随机过程$\{x(t)\}$，在参数 $\boldsymbol{\theta}$ 条件下随机变量 x 的概率密度为 $p(x|\boldsymbol{\theta})=\boldsymbol{\theta}^2 x\mathrm{e}^{-\boldsymbol{\theta}x}(\boldsymbol{\theta}>0)$，试用解析法求参数 $\boldsymbol{\theta}$ 的极大似然估计。

解　设 $\boldsymbol{x}_L=[x(1), x(2), \cdots, x(L)]^{\mathrm{T}}$表示随机变量 x 的 L 个观测值的向量，那么随机变量 x 在参数 $\boldsymbol{\theta}$ 条件下的似然函数为

$$L(\boldsymbol{x}_L \mid \boldsymbol{\theta}) = \prod_{k=1}^{L} p(z(k) \mid \boldsymbol{\theta}) = \boldsymbol{\theta}^{2L} \prod_{k=1}^{L} x(k) \exp\left[-\boldsymbol{\theta} \sum_{k=1}^{L} x(k)\right] \tag{4.16}$$

对应的对数似然函数为

$$l(\boldsymbol{x}_L \mid \boldsymbol{\theta}) = \ln L(\boldsymbol{x}_L \mid \boldsymbol{\theta}) = 2L \ln \boldsymbol{\theta} + \sum_{k=1}^{L} \ln x(k) - \boldsymbol{\theta} \sum_{k=1}^{L} x(k) \tag{4.17}$$

根据式(4.4)，有

$$\left[\frac{\partial l(\boldsymbol{x}_L \mid \boldsymbol{\theta})}{\partial \boldsymbol{\theta}}\right]_{\hat{\boldsymbol{\theta}}_{\mathrm{ML}}} = 2L \frac{1}{\hat{\boldsymbol{\theta}}_{\mathrm{ML}}} - \sum_{k=1}^{L} x(k) = 0 \tag{4.18}$$

从而可得

$$\hat{\boldsymbol{\theta}}_{\mathrm{ML}} = \frac{2L}{\sum_{k=1}^{L} x(k)} \tag{4.19}$$

又由于

$$\frac{\partial^2 \ln L(\boldsymbol{x}_L \mid \boldsymbol{\theta})}{\partial \boldsymbol{\theta}^2}\Big|_{\hat{\boldsymbol{\theta}}_{\mathrm{ML}}} = -\frac{2L}{\hat{\boldsymbol{\theta}}_{\mathrm{ML}}^2} < 0 \tag{4.20}$$

所以$\hat{\boldsymbol{\theta}}_{\mathrm{ML}}$使似然函数达到了最大值。因此 $\hat{\boldsymbol{\theta}}_{\mathrm{ML}}$是参数 $\boldsymbol{\theta}$ 的极大似然估计值。

4.2　动态系统模型参数的极大似然估计

4.2.1　动态模型描述

1. 动态系统模型

动态模型示意图如图 4.1 所示。设 $A(z^{-1})=C(z^{-1})$，$e(k)=v(k)/C(z^{-1})$，则有

$$\begin{cases} A(z^{-1})z(k) = B(z^{-1})u(k) + e(k) \\ e(k) = D(z^{-1})v(k) \end{cases} \tag{4.21}$$

其中，$v(k)$是均值为零，方差为 σ_v^2，服从正态分布的不相关随机噪声；$u(k)$和 $z(k)$表示系统的输入输出变量；且

$$\begin{cases} A(z^{-1}) = 1 + a_1 z^{-1} + a_2 z^{-2} + \cdots + a_n z^{-n} \\ B(z^{-1}) = b_1 z^{-1} + b_2 z^{-2} + \cdots + b_n z^{-n} \\ D(z^{-1}) = 1 + d_1 z^{-1} + d_2 z^{-2} + \cdots + d_n z^{-n} \end{cases} \tag{4.22}$$

同时，设系统稳定，即 $A(z^{-1})$和 $D(z^{-1})$的所有零点都位于 z 平面的单位圆内，且$A(z^{-1})$、$B(z^{-1})$和 $D(z^{-1})$没有公共因子，这意味着过程是渐进稳定的。

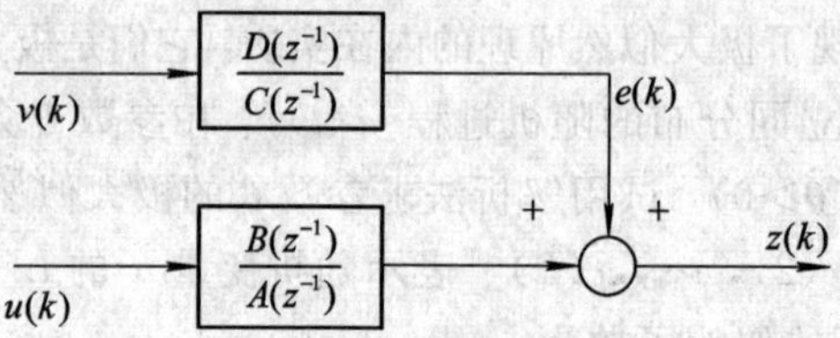

图 4.1　动态模型示意图

2. 噪声模型及其分类

根据第 2 章提到的表示定理，在一定条件下，图 4.1 中的有色噪声 $e(k)$可以由白噪声 $v(k)$驱动的线性环节的输出来表示。该线性环节称做成型滤波器，如图 4.2 所示。

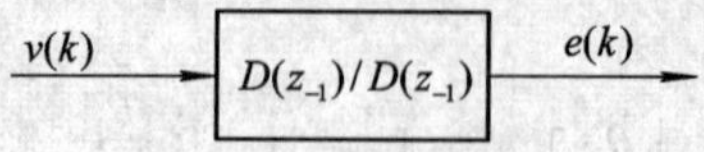

图 4.2　成型滤波器

从图 4.2 可直接写出噪声模型的脉冲传递函数，即

$$H(z^{-1}) = \frac{D(z^{-1})}{C(z^{-1})} \tag{4.23}$$

$v(k)$是白噪声，噪声模型(4.23)直接决定 $e(k)$的噪声特点。在式(4.23)中，如果 $C(z^{-1})$或 $D(z^{-1})$简化为 1，则噪声模型的结构和特性也随之改变。根据其结构，噪声模型可分为以下三种类型：

(1) 自回归模型，简称 AR 模型，其模型结构为

$$C(z^{-1})e(k) = v(k) \tag{4.24}$$

(2) 平均滑动模型，简称 MA 模型，其模型结构为

$$e(k) = D(z^{-1})v(k) \tag{4.25}$$

(3) 自回归平均滑动模型，简称 ARMA 模型，其模型结构为

$$C(z^{-1})e(k) = D(z^{-1})v(k) \tag{4.26}$$

4.2.2　极大似然估计与最小二乘估计的关系

将模型(4.21)写成

$$\boldsymbol{z}_L = \boldsymbol{H}_L\boldsymbol{\theta} + \boldsymbol{e}_L \tag{4.27}$$

其中

$$\begin{cases} \boldsymbol{z}_L = [z(1), z(2), \cdots, z(L)]^{\mathrm{T}} \\ \boldsymbol{e}_L = [e(1), e(2), \cdots, e(L)]^{\mathrm{T}} \\ \boldsymbol{\theta} = [a_1, a_2, \cdots, a_n, b_1, b_2, \cdots, b_n]^{\mathrm{T}} \\ \boldsymbol{H}_L = \begin{bmatrix} -z(0) & \cdots & -z(1-n) & u(0) & \cdots & u(1-n) \\ -z(1) & \cdots & -z(2-n) & u(1) & \cdots & u(2-n) \\ \vdots & & \vdots & \vdots & & \vdots \\ -z(L-1) & \cdots & -z(L-n) & u(L-1) & \cdots & u(L-n) \end{bmatrix} \end{cases} \tag{4.28}$$

因为

$$e(k) = v(k) + d_1 v(k-1) + \cdots + d_n v(k-n) \tag{4.29}$$

则有

$$\begin{cases} E\{e(k)e(k-j)\} = \sum_{l=0}^{n} d_l d_{l-j} \sigma_v^2 \\ d_0 \triangleq 1;\ d_l = 0(l < 0 \text{ 或 } l > n) \end{cases} \tag{4.30}$$

噪声 $e(k)$的协方差阵记作

$$\boldsymbol{\Sigma}_e = \boldsymbol{E}\{e_L e_L^{\mathrm{T}}\} = \begin{bmatrix} E\{e(1)e(1)\} & E\{e(1)e(2)\} & \cdots & E\{e(1)e(L)\} \\ E\{e(2)e(1)\} & E\{e(2)e(2)\} & \cdots & E\{e(2)e(L)\} \\ \vdots & \vdots & & \vdots \\ E\{e(L)e(1)\} & E\{e(L)e(2)\} & \cdots & E\{e(L)e(L)\} \end{bmatrix} \tag{4.31}$$

由于噪声 $v(k)$服从正态分布，系统的输出测量 z_L也服从正态分布，即

$$\boldsymbol{z}_L \sim N(\boldsymbol{H}_L\boldsymbol{\theta}, \boldsymbol{\Sigma}_e) \tag{4.32}$$

根据统计，正态分布的随机变量 x 的概率密度表达式为

$$p(x) = \frac{1}{\sqrt{2\pi}\sigma}\exp\left(-\frac{(x-\bar{x})^2}{\sigma^2}\right) \tag{4.33}$$

式中，$\bar{x}$ 为正态分布函数中心值，σ^2为尺度因子。于是在参数 $\boldsymbol{\theta}$ 条件下，$\boldsymbol{z}_L$的概率密度函数可以写成

$$p(\boldsymbol{z}_L \mid \boldsymbol{\theta}) = (2\pi)^{-\frac{L}{2}}(\det\boldsymbol{\Sigma}_e)^{-\frac{1}{2}}\exp\left\{-\frac{1}{2}(\boldsymbol{z}_L - \boldsymbol{H}_L\boldsymbol{\theta})^{\mathrm{T}}\boldsymbol{\Sigma}_e^{-1}(\boldsymbol{z}_L - \boldsymbol{H}_L\boldsymbol{\theta})\right\} \tag{4.34}$$

据此，对数似然函数可以写成

$$\begin{aligned} l(\boldsymbol{z}_L \mid \boldsymbol{\theta}) &= \ln L(\boldsymbol{z}_L \mid \boldsymbol{\theta}) = \ln p(\boldsymbol{z}_L \mid \boldsymbol{\theta}) \\ &= -\frac{L}{2}\ln 2\pi - \frac{1}{2}\ln\det\boldsymbol{\Sigma}_e - \frac{1}{2}(z_L - \boldsymbol{H}_L\boldsymbol{\theta})^{\mathrm{T}}\boldsymbol{\Sigma}_e^{-1}(z_L - \boldsymbol{H}_L\boldsymbol{\theta}) \end{aligned} \tag{4.35}$$

根据极大似然原理，将式(4.35)对 $\boldsymbol{\theta}$ 求导并令其等于零，可得

$$\hat{\boldsymbol{\theta}}_{\mathrm{ML}} = (\boldsymbol{H}_L^{\mathrm{T}}\boldsymbol{\Sigma}_e^{-1}\boldsymbol{H}_L)^{-1}\boldsymbol{H}_L^{\mathrm{T}}\boldsymbol{\Sigma}_e^{-1}\boldsymbol{z}_L \tag{4.36}$$

易验证对数似然函数的二阶导数小于零，即

$$\left.\frac{\partial^2 l(\boldsymbol{z}_L \mid \boldsymbol{\theta})}{\boldsymbol{\theta}^2}\right|_{\hat{\boldsymbol{\theta}}_{\mathrm{ML}}} < 0 \tag{4.37}$$

可见，式(4.36)的 $\hat{\boldsymbol{\theta}}_{\mathrm{ML}}$ 使对数似然函数 $l(\boldsymbol{z}_L \mid \boldsymbol{\theta})$取最大值。所以$\hat{\boldsymbol{\theta}}_{\mathrm{ML}}$ 是 $\boldsymbol{\theta}$ 的极大似然估计。如果噪声 $e(t)$的协方差矩阵 $\boldsymbol{\Sigma}_e$已知，令 $\boldsymbol{\Sigma}_e = \sigma_e^2\boldsymbol{I}$，$\boldsymbol{I}$ 为单位Ⅰ阵，$e(t)$是均值为零、方差为 σ_e^2 的不相关的随机噪声，那么由式(4.36)可直接写成

$$\hat{\boldsymbol{\theta}}_{\mathrm{ML}} = (\boldsymbol{H}_L^{\mathrm{T}}\boldsymbol{H}_L)^{-1}\boldsymbol{H}_L^{\mathrm{T}}\boldsymbol{z}_L \tag{4.38}$$

这时参数 $\boldsymbol{\theta}$ 的极大似然估计等价于最小二乘估计，但是前提是数据长度 L 应充分大。否则，噪声方差会使辨识的精度受到影响。这一点可以由比较极大似然和最小二乘两种方法的噪声方差估计 $\hat{\sigma}_e^2$ 加以证明。

4.2.3 协方差阵未知时的极大似然参数估计

在式(4.21)所表达的动态系统中，$v(k)$是服从正态分布的白噪声；$e(k)$是 $v(k)$, $v(k-1)$, …, $v(k-n)$的线性组合，是有色噪声，且 $e(k)$的协方差阵 $\boldsymbol{\Sigma}_e$未知 。令

$$\boldsymbol{\theta} = [a_1, a_2, \cdots, a_n, b_1, b_2, \cdots, b_n, d_1, d_2, \cdots, d_n]^{\mathrm{T}} \tag{4.39}$$

在独立观测的前提下，当获得 L 组输入输出数据$\{u(k)\}$和$\{z(k)\}$后，在给定的参数 $\boldsymbol{\theta}$ 和输入 $u(1)$, $u(2)$, …, $u(L-1)$条件下，$z(1)$, $z(2)$, …, $z(L)$的联合概率密度函数可写成

$$\begin{aligned}
&p(z(1), z(2), \cdots, z(L) \mid u(1), u(2), \cdots, u(L-1), \boldsymbol{\theta}) \\
&= p(z(L) \mid z(1), z(2), \cdots, z(L-1), u(1), u(2), \cdots, u(L-1), \boldsymbol{\theta}) \\
&\quad \times p(z(L-1) \mid z(1), z(2), \cdots, z(L-2), u(1), u(2), \cdots, u(L-1), \boldsymbol{\theta}) \\
&\quad \times \cdots \times p(z(1) \mid z(0), u(0), \boldsymbol{\theta}) \\
&= \prod_{k=1}^{L} p(z(k) \mid z(1), z(2), \cdots, z(k-1), u(1), u(2), \cdots, u(k-1), \boldsymbol{\theta})
\end{aligned} \tag{4.40}$$

根据模型(4.21)，有

$$z(k) = -\sum_{i=1}^{n} a_i z(k-i) + \sum_{i=1}^{n} b_i u(k-i) + v(k) + \sum_{i=1}^{n} d_i v(k-i) \tag{4.41}$$

将式(4.41)代入到式(4.40)，可得

$$\begin{aligned}
&p(z(1), z(2), \cdots, z(L) \mid u(1), u(2), \cdots, u(L-1), \boldsymbol{\theta}) \\
&= \prod_{k=1}^{L} p([v(k) - \sum_{i=1}^{n} a_i z(k-i) + \sum_{i=1}^{n} b_i u(k-i) \\
&\quad + \sum_{i=1}^{n} d_i v(k-i)] \mid z(1), z(2), \cdots, z(k-1), u(1), u(2), \cdots, u(k-1), \boldsymbol{\theta})
\end{aligned} \tag{4.42}$$

当观测到 k 时刻时，$k-1$ 时刻以前的 $z(\cdot)$、$u(\cdot)$、$v(\cdot)$都已确定，且 $v(k)$与 $k-1$ 时刻以前的 $z(\cdot)$、$u(\cdot)$、$\boldsymbol{\theta}$ 不相关，因此上式可写成

$$\begin{aligned}
&p(z(1), z(2), \cdots, z(L) \mid u(1), u(2), \cdots, u(L-1), \boldsymbol{\theta}) \\
&= \prod_{k=1}^{L} p(v(k)) + c = c + (2\pi)^{\frac{-L}{2}} (\sigma_v^2)^{\frac{-L}{2}} \exp\left(-\frac{1}{2\sigma_v^2} \sum_{k=1}^{L} v^2(k)\right)
\end{aligned} \tag{4.43}$$

式中，c 为可由 $k-1$ 时刻以前的确定量求出的常数。如果将 $\boldsymbol{z}_L$ 和 $\boldsymbol{u}_{L-1}$ 写成

$$\begin{cases}
\boldsymbol{z}_L = [z(1), z(2), \cdots, z(L)]^{\mathrm{T}} \\
\boldsymbol{u}_{L-1} = [u(1), u(2), \cdots, u(L-1)]^{\mathrm{T}}
\end{cases} \tag{4.44}$$

那么观测值 $\boldsymbol{z}_L$ 在 $\boldsymbol{\theta}$ 和 $\boldsymbol{u}_{L-1}$ 条件下的对数似然函数为

$$\begin{aligned}
l(\boldsymbol{z}_L \mid u_{L-1}, \boldsymbol{\theta}) &= \ln L(z_L \mid u_{L-1}, \boldsymbol{\theta}) = \ln p(\boldsymbol{z}_L \mid u_{L-1}, \boldsymbol{\theta}) \\
&= c - \frac{L}{2}\ln 2\pi - \frac{L}{2}\ln\sigma_v^2 - \frac{1}{2\sigma_v^2}\sum_{k=1}^{L} v^2(k)
\end{aligned} \tag{4.45}$$

其中，$v(k)$满足下列关系：

$$v(k)=z(k)+\sum_{i=1}^{n}a_i z(k-i)-\sum_{i=1}^{n}b_i u(k-i)-\sum_{i=1}^{n}d_i v(k-i) \tag{4.46}$$

根据极大似然原理，噪声方差 σ_v^2 的极大似然估计 $\hat{\sigma}_v^2$ 使得 $l(\boldsymbol{z}_L\,|\,\boldsymbol{u}_{L-1},\boldsymbol{\theta})\,|_{\hat{\sigma}_v^2}=\max$，即有

$$\frac{\partial l(\boldsymbol{z}_L\,|\,\boldsymbol{u}_{L-1},\theta)}{\partial \sigma_v^2}\Big|_{\hat{\sigma}_v^2}=0 \tag{4.47}$$

解得

$$\hat{\sigma}_v^2=\frac{1}{L}\sum_{k=1}^{L}v^2(k) \tag{4.48}$$

把上式代入式(4.45)，则

$$l(\boldsymbol{z}_L\,|\,\boldsymbol{u}_{L-1},\boldsymbol{\theta})=c-\frac{L}{2}\ln\frac{1}{L}\sum_{k=1}^{L}v^2(k)-\frac{L}{2}=c_1-\frac{L}{2}\ln\frac{1}{L}\sum_{k=1}^{L}v^2(k) \tag{4.49}$$

式中，$c_1=c-\dfrac{L}{2}$。从极大似然原理知，参数 $\boldsymbol{\theta}$ 的极大似然估计 $\hat{\boldsymbol{\theta}}_{\mathrm{ML}}$ 必须使得 $l(\boldsymbol{z}_L\,|\,\boldsymbol{u}_{L-1},\boldsymbol{\theta})\,|_{\hat{\boldsymbol{\theta}}_{\mathrm{ML}}}=\max$，这等价于使得

$$V(\hat{\boldsymbol{\theta}}_{\mathrm{ML}})=\frac{1}{L}\sum_{k=1}^{L}v^2(k)\bigg|_{\hat{\boldsymbol{\theta}}_{\mathrm{ML}}}=\min \tag{4.50}$$

式中，$v(k)$满足式(4.46)的约束条件。

综上所述，当噪声 $e(k)$的协方差阵 $\boldsymbol{\Sigma}_e$ 未知时，模型式(4.21)的极大似然估计为：在式(4.46)的约束条件下，求参数 $\boldsymbol{\theta}$ 的极大似然估计 $\hat{\boldsymbol{\theta}}_{\mathrm{ML}}$ 必须使得 $v(\hat{\boldsymbol{\theta}}_{\mathrm{ML}})=\min$。同时，噪声方差 σ_v^2 的估计值等于

$$\sigma_v^2=\min V(\boldsymbol{\theta})=V(\hat{\boldsymbol{\theta}}_{\mathrm{ML}}) \tag{4.51}$$

显然，$V(\boldsymbol{\theta})$是参数 a_i、b_i 和 d_i 的函数，它关于 a_i、b_i 是线性的，而关于 d_i 却是非线性的。因此 $V(\boldsymbol{\theta})$的极小化问题不好求解，只能用迭代的方法求解。下面介绍两种求 $V(\boldsymbol{\theta})$极小值的最优化迭代算法。

1) Lagrangian 乘子法

Lagrangian 乘子法是相良节夫等专家于 20 世纪 80 年代初提出的一种基于极大似然思路的迭代算法。为了使对数似然函数式(4.45)达到最大，选目标函数为

$$V(\boldsymbol{\theta})=\frac{1}{L}\sum_{k=1}^{L}v^2(k) \tag{4.52}$$

求目标函数的极小化，约束条件为

$$v(k)+\sum_{i=1}^{n}d_i v(k-i)-z(k)-\sum_{i=1}^{n}a_i z(k-i)+\sum_{i=1}^{n}b_i u(k-i)=0 \tag{4.53}$$

引入 Lagrangian 乘子 $\lambda(k)(k=n+1,\ n+2,\ \cdots,\ n+L)$，构造以下 Lagrangian 函数：

$$\begin{aligned}\mathfrak{I}(\theta)=&\frac{1}{L}\sum_{k=1}^{L}v^2(k)+\frac{1}{L}\sum_{k=1}^{L}\lambda(k)\Big[v(k)+\sum_{i=1}^{n}d_i v(k-i)\\&+\sum_{i=1}^{n}b_i u(k-i)-z(k)-\sum_{i=1}^{n}a_i z(k-i)\Big]\\=&f(v,\lambda,a_i,b_i,d_i)\end{aligned} \tag{4.54}$$

把对目标函数 $V(\boldsymbol{\theta})$ 的极小化问题转化成对 Lagrangian 函数 $\Im(\boldsymbol{\theta})$ 的极小化问题。即变成了 Lagrangian 函数 $\Im(\boldsymbol{\theta})$ 分别对 v、λ、$\boldsymbol{\theta}$($\boldsymbol{\theta}=[a_i \quad b_i \quad d_i]^{\mathrm{T}}$)求极小值的问题。

首先，取

$$\left.\frac{\partial \Im(\boldsymbol{\theta})}{\partial v(j)}\right|_{\hat{\boldsymbol{\theta}}_{\mathrm{ML}}}=\frac{2}{L}\hat{v}(j)+\frac{1}{L}\Big[\lambda(j)+\sum_{i=1}^{n} d_i\lambda(j+i)\Big]=0,\ j=n+1,\ n+2,\ \cdots,\ n+L \tag{4.55}$$

并令

$$\lambda(j)=0, \qquad j=L+1,\ L+2,\ L+n \tag{4.56}$$

组成下列方程组：

$$\begin{cases}\lambda(j)+\displaystyle\sum_{i=1}^{n}\hat{d}_i\lambda(j+i)+2\hat{v}(j)=0, & j=n+1,\ n+2,\ \cdots,\ L\\ \lambda(j)=0, & j=L+1,\ L+2,\ \cdots,\ L+n\end{cases} \tag{4.57}$$

其次，Lagrangian 函数 $\Im(\boldsymbol{\theta})$ 对 $\lambda(k)$ 求导，并令之为零，可得

$$\hat{v}(k)=-\sum_{i=1}^{n}\hat{d}_i\,\hat{v}(k-i)+z(k)+\sum_{i=1}^{n}\hat{a}_i z(k-i)-\sum_{i=1}^{n}\hat{b}_i u(k-i) \tag{4.58}$$

$$\begin{cases}\left.\dfrac{\partial \Im(\boldsymbol{\theta})}{\partial a_j}\right|_{\hat{\boldsymbol{\theta}}_{\mathrm{ML}}}=-\dfrac{1}{L}\displaystyle\sum_{k=n+1}^{L}\lambda(k)z(k-j)\\ \left.\dfrac{\partial \Im(\boldsymbol{\theta})}{\partial b_j}\right|_{\hat{\boldsymbol{\theta}}_{\mathrm{ML}}}=\dfrac{1}{L}\displaystyle\sum_{k=n+1}^{L}\lambda(k)u(k-j) \quad, \quad j=1,\ 2,\ \cdots,\ n\\ \left.\dfrac{\partial \Im(\boldsymbol{\theta})}{\partial d_j}\right|_{\hat{\boldsymbol{\theta}}_{\mathrm{ML}}}=\dfrac{1}{L}\displaystyle\sum_{k=n+1}^{L}\lambda(k)\,\hat{v}(k-j)\end{cases} \tag{4.59}$$

最后，由式(4.58)和式(4.57)可求得 $\hat{v}(k)$ 和 $\lambda(k)$，求参数估计 $\hat{\boldsymbol{\theta}}_{\mathrm{ML}}$ 值必须使 Lagrangian 函数 $\Im(\theta)$ 取极小值。由于 $\lambda(k)$ 和 $\hat{v}(k)$ 与 $\boldsymbol{\theta}$ 有关，对 $\boldsymbol{\theta}$ 不能以线性的形式进行估计，因此必须进行搜索，方可求得 $\hat{\boldsymbol{\theta}}_{\mathrm{ML}}$，使 $\Im(\hat{\boldsymbol{\theta}}_{\mathrm{ML}})=\min$。搜索方法可采用 DFP(Davidon, Fletcher, Powell)变尺度法，具体的搜索过程如下：

(1) 给初始状态 $\hat{\boldsymbol{\theta}}_{\mathrm{ML}}^{(i)}$ 和循环次数 M 等赋初始值，对 n 阶系统，$\hat{\boldsymbol{\theta}}_{\mathrm{ML}}^{(i)}$ 是 $3n\times1$ 维矩阵，初始值可给随机小数阵；$H^{(i)}=I_{3n}$；赋 $i=0$。

(2) 根据 $\hat{\boldsymbol{\theta}}_{\mathrm{ML}}^{(i)}$ 和 $\hat{v}(k)$ 的初值 $\hat{v}(1)$，$\hat{v}(2)$，…，$\hat{v}(n)$，由式(4.58)计算 $\hat{v}(k)$($k=n+1$，$n+2$，…，L)。

(3) 根据所求的 $\hat{v}(k)$，由式(4.57)计算 $\lambda(k)$($k=n+1$，$n+2$，…，L)。

(4) 式(4.59)Lagrangian 函数 $\Im(\boldsymbol{\theta})$ 关于 $\boldsymbol{\theta}$ 的梯度记作

$$\boldsymbol{g}^{(i)}\triangleq\left[\frac{\partial \Im(\boldsymbol{\theta})}{\partial \boldsymbol{\theta}}\right]^{\mathrm{T}}_{\hat{\boldsymbol{\theta}}_{\mathrm{ML}}^{(i)}} \tag{4.60}$$

$\boldsymbol{g}^{(i)}$ 为 $3n\times1$ 维矩阵；$\boldsymbol{g}^{(i)}$ 中含有样本[$-z(k-1)$，$-z(k-2)$，$u(k-1)$，$u(k-2)$]和噪声估值 $\hat{v}(k)$ 的信息。

(5) 令 $p^{(i)}=-\boldsymbol{H}^{(i)}\boldsymbol{g}(i)$。

(6) 构造函数 $\phi^{(i)}(h^{(i)})=\Im(\hat{\boldsymbol{\theta}}_{\mathrm{ML}}^{(i)}+h^{(i)}p^{(i)})$，用一维搜索法求 $\boldsymbol{h}^{(i)}$，使得

$$\phi^{(i)}(h^{(i)}) = \min$$

(7) 令$\hat{\boldsymbol{\theta}}_{\mathrm{ML}}^{(i+1)}=\hat{\boldsymbol{\theta}}_{\mathrm{ML}}^{(i)}+\boldsymbol{h}^{(i)}\boldsymbol{p}^{(i)}$。

(8) 重复第(2)、(3)、(4)步，根据 $\hat{\boldsymbol{\theta}}_{\mathrm{ML}}^{(i+1)}$ 计算 $\boldsymbol{g}^{(i+1)}$，并置 $\Delta\boldsymbol{g}^{(i)}=\boldsymbol{g}^{(i+1)}-\boldsymbol{g}^{(i)}$。

(9) 利用 DFP 公式求 $H^{(i+1)}$：

$$H^{(i+1)} = H^{(i)} + h^{(i)}\frac{p^{(i)}p^{\tau(i)}}{p^{\tau(i)}\Delta g^{(i)}} - \frac{H^{(i)}\Delta g^{(i)}\Delta g^{\tau(i)}H^{(i)}}{\Delta g^{\tau(i)}H^{(i)}\Delta g^{(i)}} \tag{4.61}$$

(10) 如果$\|\boldsymbol{g}^{(i)}\|\leqslant\varepsilon$ 或$\|\boldsymbol{h}^{(i)}\boldsymbol{p}^{(i)}\|\leqslant\varepsilon$（$\varepsilon$ 为指定的正小数），则意味着已搜索到参数 $\boldsymbol{\theta}$ 的极大似然估计量 $\hat{\boldsymbol{\theta}}_{ML}$，停止计算；否则，取上次计算中最后 n 个 $\hat{v}(k)$值作为下一次式(4.58)计算 $\hat{v}(k)$的初始值，并置 $i=i+1$，返回第(2)步。依此循环迭代，直至收敛或循环次数 M 所赋值等于零为止。

DFP 变尺度法的程序流程图如图 4.3 所示。

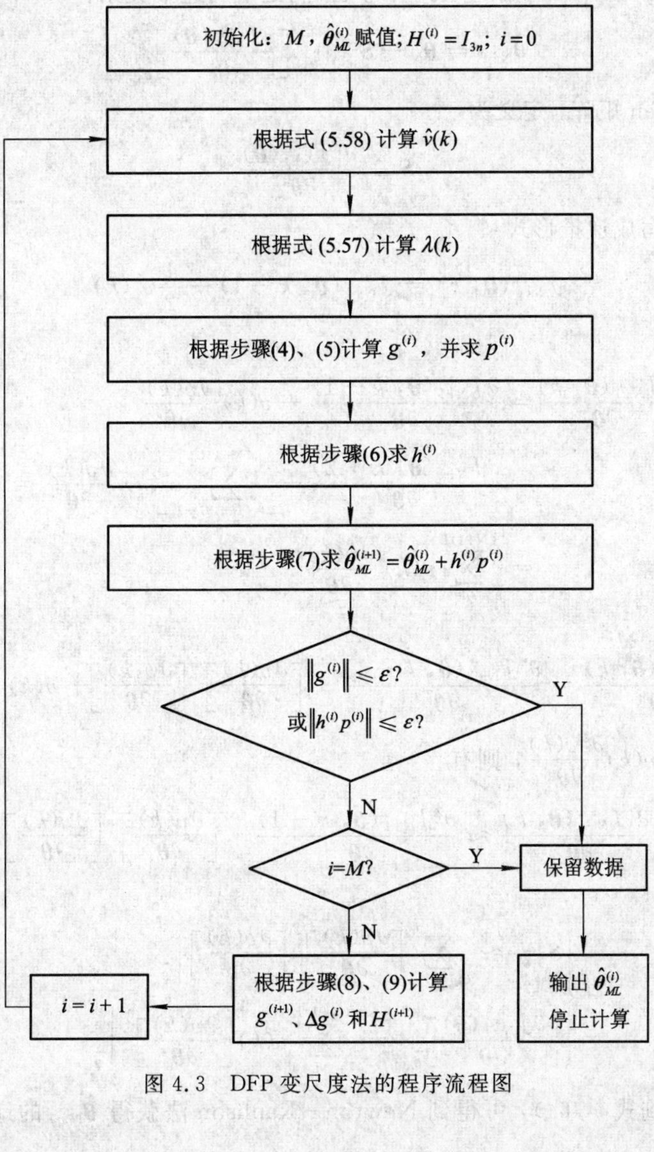

图 4.3　DFP 变尺度法的程序流程图

2) Newton - Raphson 法

现仍以式(4.52)和式(4.53)分别为目标函数和约束条件，根据 Newton - Raphson 原理讨论对约束条件式(4.53)的极小化问题。设 $\hat{\boldsymbol{\theta}}_N$ 是利用第 N 批以前的输入输出数据 $\{u(k)\}$和$\{z(k)\}$($k=(N-1)L+1, (N-1)L+2, \cdots, NL$)求得的极大似然估计值，它使得

$$J_N(\boldsymbol{\theta}) = V_N(\boldsymbol{\theta}) = \frac{1}{L}\sum_{k=(N-1)L+1}^{NL} v^2(k) = \min \tag{4.62}$$

当又获得一批新的输入输出数据$\{u(k)\}$和$\{z(k)\}$($k=(NL+1, NL+2, \cdots, (N+1)L)$，使得

$$J_{N+1}(\boldsymbol{\theta}) = \frac{1}{L}\sum_{k=NL+1}^{(N+1)L} v^2(k) \tag{4.63}$$

达到极小值。

根据 Newton - Raphson 原理，$\hat{\boldsymbol{\theta}}_{N+1}$与 $\hat{\boldsymbol{\theta}}_N$ 满足下列递推关系：

$$\hat{\boldsymbol{\theta}}_{N+1} = \hat{\boldsymbol{\theta}}_N - \boldsymbol{S}^{-1}\Big|_{\hat{\boldsymbol{\theta}}_N}\left[\frac{\partial J_{N+1}(\boldsymbol{\theta})}{\partial \boldsymbol{\theta}}\right]^{\mathrm{T}}_{\hat{\boldsymbol{\theta}}_N} \tag{4.64}$$

式中，$\boldsymbol{S}$ 为 Hessian 矩阵，定义为

$$\boldsymbol{S} \triangleq \frac{\partial^2 J_{N+1}(\boldsymbol{\theta})}{\partial \boldsymbol{\theta}^2} \tag{4.65}$$

如果将式(4.63)写成递推形式

$$J_{N+1}(\boldsymbol{\theta}, k) = J_{N+1}(\boldsymbol{\theta}, k-1) + \frac{1}{2}v^2(k) \tag{4.66}$$

则可求得

$$\begin{aligned}\frac{\partial J_{N+1}(\boldsymbol{\theta}, k)}{\partial \boldsymbol{\theta}} &= \frac{\partial J_{N+1}(\boldsymbol{\theta}, k-1)}{\partial \boldsymbol{\theta}} + v(k)\frac{\partial v(k)}{\partial \boldsymbol{\theta}} \\ &= \frac{\partial J_{N+1}(\boldsymbol{\theta}, k-2)}{\partial \boldsymbol{\theta}} + \sum_{k=(N+1)L-1}^{(N+1)L} v(k)\frac{\partial v(k)}{\partial \boldsymbol{\theta}} = \cdots \\ &= \sum_{k=NL+1}^{(N+1)L} v(k)\frac{\partial v(k)}{\partial \boldsymbol{\theta}}\end{aligned} \tag{4.67}$$

及

$$\frac{\partial^2 J_{N+1}(\boldsymbol{\theta}, k)}{\partial \boldsymbol{\theta}^2} = \frac{\partial^2 J_{N+1}(\boldsymbol{\theta}, k-1)}{\partial \boldsymbol{\theta}^2} + \left[\frac{\partial v(k)}{\partial \boldsymbol{\theta}}\right]^{\mathrm{T}}\left[\frac{\partial v(k)}{\partial \boldsymbol{\theta}}\right] + v(k)\frac{\partial^2 v(k)}{\partial \boldsymbol{\theta}^2} \tag{4.68}$$

忽略二阶导数项 $v(k)\dfrac{\partial^2 v(k)}{\partial \boldsymbol{\theta}^2}$，则有

$$\frac{\partial^2 J_{N+1}(\boldsymbol{\theta}, k)}{\partial \boldsymbol{\theta}^2} \approx \frac{\partial^2 J_{N+1}(\boldsymbol{\theta}, k-1)}{\partial \boldsymbol{\theta}^2} + \left[\frac{\partial v(k)}{\partial \boldsymbol{\theta}}\right]^{\mathrm{T}}\left[\frac{\partial v(k)}{\partial \boldsymbol{\theta}}\right] \tag{4.69}$$

因此

$$\begin{cases}\boldsymbol{S}\Big|_{\hat{\boldsymbol{\theta}}_N} \approx \displaystyle\sum_{k=NL+1}^{(N+1)L}\left[\frac{\partial v(k)}{\partial \boldsymbol{\theta}}\right]^{\mathrm{T}}\left[\frac{\partial v(k)}{\partial \boldsymbol{\theta}}\right]\Bigg|_{\hat{\boldsymbol{\theta}}_N} \\ \left[\dfrac{\partial J_{N+1}(\boldsymbol{\theta})}{\partial \boldsymbol{\theta}}\right]^{\mathrm{T}}_{\hat{\boldsymbol{\theta}}_N} = \displaystyle\sum_{k=NL+1}^{(N+1)L} v(k)\left[\frac{\partial v(k)}{\partial \boldsymbol{\theta}}\right]^{\mathrm{T}}\Bigg|_{\hat{\boldsymbol{\theta}}_N}\end{cases} \tag{4.70}$$

将式(4.70)代入到式(4.64)，可得到 Newton - Raphson 法获得 $\hat{\boldsymbol{\theta}}_{N+1}$的递推法。上式中的

$\left.\frac{\partial v(k)}{\partial \boldsymbol{\theta}}\right|_{\hat{\boldsymbol{\theta}}_N}$ 展开后写成分别对参数 a_i、b_i、c_i 求一阶导数，即

$$\begin{cases} \left.\dfrac{\partial v(k)}{\partial a_j}\right|_{\hat{\boldsymbol{\theta}}_N} = z(k-j) - \displaystyle\sum_{i=1}^{n} d_i \left.\dfrac{\partial v(k-i)}{\partial a_j}\right|_{\hat{\boldsymbol{\theta}}_N} \\ \left.\dfrac{\partial v(k)}{\partial b_j}\right|_{\hat{\boldsymbol{\theta}}_N} = -u(k-j) - \displaystyle\sum_{i=1}^{n} d_i \left.\dfrac{\partial v(k-i)}{\partial b_j}\right|_{\hat{\boldsymbol{\theta}}_N}, \quad k = NL+n+1, \cdots, (N+1)L;\ j = 1, 2, \cdots, n \\ \left.\dfrac{\partial v(k)}{\partial d_j}\right|_{\hat{\boldsymbol{\theta}}_N} = -\hat{v}(k-j) - \displaystyle\sum_{i=1}^{n} d_i \left.\dfrac{\partial v(k-i)}{\partial d_j}\right|_{\hat{\boldsymbol{\theta}}_N} \end{cases} \tag{4.71}$$

Newton - Raphson 法程序迭代的具体步骤如下：

(1) 先采集一批输入输出数据 $\{u(k)\}$ 和 $\{z(k)\}$，利用最小二乘法获得参数的初步估值，作为极大似然参数估计的初始状态，记作 $\hat{\boldsymbol{\theta}}_N$，对于 n 阶系统，$\hat{\boldsymbol{\theta}}_N$ 为 $3n\times1$ 维矩阵；给循环次数 M、允许迭代误差 ε 等赋值；$N=0$。

(2) 再采集一批长度为 L 的输入输出数据 $\{u(k)\}$ 和 $\{z(k)\}$ $(k=1, 2, \cdots, L)$，同时设定初始值 $\hat{v}(1)$, $\hat{v}(2)$, $\cdots$, $\hat{v}(n)$ 和 $\left.\frac{\partial v(k)}{\partial \boldsymbol{\theta}}\right|_{\hat{\boldsymbol{\theta}}_N}$ $(k=1, 2, \cdots, n)$。

(3) 根据式(4.58)，利用 $\hat{\boldsymbol{\theta}}_N$ 和 $\hat{v}(k)$ 的初值，计算新的 $\hat{v}(k)$ $(k=NL+n+1, NL+n+2, \cdots, (N+1)L)$。

(4) 根据式(4.71)，利用 $\hat{\boldsymbol{\theta}}_N$ 和 $\left.\frac{\partial v(k)}{\partial \boldsymbol{\theta}}\right|_{\hat{\boldsymbol{\theta}}_N}$ 初值，计算新的 $\left.\frac{\partial v(k)}{\partial \boldsymbol{\theta}}\right|_{\hat{\boldsymbol{\theta}}_N}$。

(5) 利用所计算的新的 $\hat{v}(k)$ 和 $\left.\frac{\partial v(k)}{\partial \boldsymbol{\theta}}\right|_{\hat{\boldsymbol{\theta}}_N}$ $(k=NL+n+1, NL+n+2, \cdots, (N+1)L)$，根据式(4.70)，计算 $J_{N+1}(\boldsymbol{\theta})$ 关于参数的梯度和 Hessian 矩阵 $\boldsymbol{S}$。

(6) 根据式(4.64)，递推计算 $\hat{\boldsymbol{\theta}}_{N+1}$。

(7) 取最后 n 个 $\hat{v}(k)$ 和 $\left.\frac{\partial v(k)}{\partial \boldsymbol{\theta}}\right|_{\hat{\boldsymbol{\theta}}_N}$ 值，作为下一次迭代的初值；$N=N+1$。

(8) 检测 $\left|\frac{\sigma_{N+1}^2-\sigma_N^2}{\sigma_N^2}\right|\leqslant\varepsilon$ 或 $\|\hat{\boldsymbol{\theta}}_{N+1}-\hat{\boldsymbol{\theta}}_N\|\leqslant\varepsilon$ 是否成立。若是，则保留 $\hat{\boldsymbol{\theta}}_{N+1}$，停止迭代；否则，继续进行第(9)步。

(9) 检测 $N=M$ 是否成立。若是，则保留 $\hat{\boldsymbol{\theta}}_{N+1}$，停止迭代；否则，转到第(3)步继续循环。

4.3　递推的极大似然参数估计

4.3.1　极大似然递推算法的原理及方法

实际上，Newton - Raphson 法是一种可以用于在线辨识的递推算法。但这种方法每次需要采集一批长度为 L 的系统输入输出观测数据，即每批数据需要 L 次的观测，然后根据 L 次观测数据进行一次递推。本节将讨论一种每观测一次数据就递推计算一次的参数估计

值算法[Isermann，1981]。本质上说，它只是一种近似的极大似然法。

考虑如下模型：

$$A(z^{-1})z(k)=B(z^{-1})u(k)+D(z^{-1})v(k) \tag{4.72}$$

其中，$u(k)$和$z(k)$是系统的输入、输出量；$\{v(k)\}$是均值为零，方差为σ_v^2的不相关随机噪声序列。且

$$\begin{cases}A(z^{-1})=1+a_1z^{-1}+a_2z^{-2}+\cdots+a_{n_a}z^{-n_a}\\B(z^{-1})=b_1z^{-1}+b_2z^{-2}+\cdots+b_{n_b}z^{-n_b}\\D(z^{-1})=1+d_1z^{-1}+d_2z^{-2}+\cdots+d_{n_d}z^{-n_d}\end{cases} \tag{4.73}$$

令

$$\boldsymbol{\theta}=[a_1,a_2,\cdots,a_{n_a},b_1,b_2,\cdots,b_{n_b},d_1,d_2,\cdots,d_{n_d}]^{\mathrm{T}} \tag{4.74}$$

则模型(4.72)的参数极大似然问题就是求参数$\boldsymbol{\theta}$，使得

$$J(\boldsymbol{\theta})\big|_{\hat{\boldsymbol{\theta}}_{\mathrm{ML}}}=\frac{1}{2}\sum_{k=1}^{L}v^2(k)\Big|_{\hat{\boldsymbol{\theta}}_{\mathrm{ML}}}=\min \tag{4.75}$$

其中，$\hat{\boldsymbol{\theta}}_{\mathrm{ML}}$为参数$\boldsymbol{\theta}$的极大似然估计值；$v(k)$满足下列关系：

$$v(k)=[D(z^{-1})]^{-1}[A(z^{-1})z(k)-B(z^{-1})u(k)] \tag{4.76}$$

如果$v(k)$在$\hat{\boldsymbol{\theta}}_{\mathrm{ML}}$点上进行泰勒级数展开，则可近似表示成

$$v(k)\approx v(k)\big|_{\hat{\boldsymbol{\theta}}_{\mathrm{ML}}}+\frac{\partial v(k)}{\partial\boldsymbol{\theta}}\Big|_{\hat{\boldsymbol{\theta}}_{\mathrm{ML}}}(\boldsymbol{\theta}-\hat{\boldsymbol{\theta}}_{\mathrm{ML}}) \tag{4.77}$$

并设

$$\begin{aligned}\boldsymbol{h}_f(k)&\triangleq-\left[\frac{\partial v(k)}{\partial\boldsymbol{\theta}}\right]^{\mathrm{T}}\Big|_{\hat{\boldsymbol{\theta}}_{\mathrm{ML}}}\\&=-\left[\frac{\partial v(k)}{\partial a_1},\cdots,\frac{\partial v(k)}{\partial a_{n_a}},\frac{\partial v(k)}{\partial b_1},\cdots,\frac{\partial v(k)}{\partial b_{n_b}},\frac{\partial v(k)}{\partial d_1},\cdots,\frac{\partial v(k)}{\partial d_{n_d}}\right]^{\mathrm{T}}\Big|_{\hat{\boldsymbol{\theta}}_{\mathrm{ML}}}\end{aligned} \tag{4.78}$$

其中

$$\begin{cases}\dfrac{\partial v(k)}{\partial a_j}\Big|_{\hat{\boldsymbol{\theta}}_{\mathrm{ML}}}=[\hat{D}(z^{-1})]^{-1}z(k-j)\triangleq z^{-j}z_f(k)\\\dfrac{\partial v(k)}{\partial b_j}\Big|_{\hat{\boldsymbol{\theta}}_{\mathrm{ML}}}=-[\hat{D}(z^{-1})]^{-1}z^{-j}u(k)\triangleq-z^{-j}u_f(k)\\\dfrac{\partial v(k)}{\partial d_j}\Big|_{\hat{\boldsymbol{\theta}}_{\mathrm{ML}}}=-[\hat{D}(z^{-1})]^{-1}z^{-j}\hat{v}(k)\triangleq-z^{-j}\hat{v}_f(k)\end{cases} \tag{4.79}$$

式中，$z_f(k)$、$u_f(k)$和$\hat{v}_f(k)$分别表示$z(k)$、$u(k)$和$\hat{v}(k)$的滤波值，满足下列关系：

$$\begin{cases}z_f(k)=[\hat{D}(z^{-1})]^{-1}z(k)\\u_f(k)=[\hat{D}(z^{-1})]^{-1}u(k)\\\hat{v}_f(k)=[\hat{D}(z^{-1})]^{-1}\hat{v}(k)\end{cases} \tag{4.80}$$

或写成

$$\begin{cases}z_f(k)=z(k)-\hat{d}_1z_f(k-1)-\cdots,\hat{d}_{n_d}z_f(k-n_d)\\u_f(k)=u(k)-\hat{d}_1u_f(k-1)-\cdots,\hat{d}_{n_d}u_f(k-n_d)\\\hat{v}_f(k)=\hat{v}(k)-d\,\hat{v}_1\,\hat{v}_f(k-1)-\cdots,\hat{d}_{n_d}\,\hat{v}_f(k-n_d)\end{cases} \tag{4.81}$$

那么向量 $\boldsymbol{h}_f(k)$ 记作

$$\boldsymbol{h}_f(k)=[-z_f(k-1),\ \cdots,\ -z_f(k-n_a),\ u_f(k-1),\ \cdots,\ u_f(k-n_b),\ \hat{v}_f(k-1),\ \cdots,\ \hat{v}_f(k-n_d)]^{\mathrm{T}} \tag{4.82}$$

为了得到极大似然估计的递推形式，先将 $\boldsymbol{J}(\boldsymbol{\theta})$ 写成递推的形式：

$$\boldsymbol{J}(\boldsymbol{\theta},\ k)\approx J(\theta,\ k-1)+\frac{1}{2}v^2(k) \tag{4.83}$$

设 $\hat{\boldsymbol{\theta}}(k-1)$ 是模型式(4.72)在 $(k-1)$ 时刻的极大似然估计值。若将 $\boldsymbol{J}(\boldsymbol{\theta},\ k-1)$ 在 $\hat{\boldsymbol{\theta}}(k-1)$ 点上进行泰勒级数展开，并将在该点上 $\boldsymbol{J}(\boldsymbol{\theta},\ k-1)$ 对 $\boldsymbol{\theta}$ 的一阶导数忽略，则有

$$\boldsymbol{J}(\boldsymbol{\theta},\ k)\approx\frac{1}{2}[\boldsymbol{\theta}-\hat{\boldsymbol{\theta}}(k-1)]^{\mathrm{T}}P^{-1}(k-1)[\boldsymbol{\theta}-\hat{\boldsymbol{\theta}}(k-1)]+\frac{1}{2}\eta(k)+\frac{1}{2}v^2(k) \tag{4.84}$$

式中，$\eta(k)$ 是 $\boldsymbol{J}(\theta,\ k-1)$ 进行泰勒级数展开时的残差项；同时

$$\boldsymbol{P}^{-1}(k-1)=\left.\frac{\partial^2\boldsymbol{J}(\boldsymbol{\theta},\ k-1)}{\partial\boldsymbol{\theta}^2}\right|_{\hat{\boldsymbol{\theta}}(k-1)} \tag{4.85}$$

是正定对称阵，令

$$\boldsymbol{J}^*(\boldsymbol{\theta},\ k)=2\boldsymbol{J}(\boldsymbol{\theta},\ k) \tag{4.86}$$

并注意到式(4.77)和式(4.78)，则

$$\begin{aligned}\boldsymbol{J}^*(\boldsymbol{\theta},\ k)\approx&[\boldsymbol{\theta}-\hat{\boldsymbol{\theta}}(k-1)]^{\mathrm{T}}P^{-1}(k-1)[\boldsymbol{\theta}-\hat{\boldsymbol{\theta}}(k-1)]+\eta(k-1)\\&+\left\{v(k)\big|_{\hat{\boldsymbol{\theta}}(k-1)}+\left.\frac{\partial v(k)}{\partial\boldsymbol{\theta}}\right|_{\hat{\boldsymbol{\theta}}(k-1)}[\boldsymbol{\theta}-\hat{\boldsymbol{\theta}}(k-1)]\right\}^2\\=&[\boldsymbol{\theta}-\hat{\boldsymbol{\theta}}(k-1)]^{\mathrm{T}}[P^{-1}(k-1)+h_f(k)h_f^{\mathrm{T}}(k)][\boldsymbol{\theta}-\hat{\boldsymbol{\theta}}(k-1)]\\&-2v(k)\big|_{\hat{\boldsymbol{\theta}}(k-1)}h_f^{\mathrm{T}}(k)[\boldsymbol{\theta}-\hat{\boldsymbol{\theta}}(k-1)]+v^2(k)\big|_{\hat{\boldsymbol{\theta}}(k-1)}+\eta(k)\end{aligned} \tag{4.87}$$

为了将式(4.87)配成二次型，设 $\tilde{\boldsymbol{\theta}}(k-1)=\boldsymbol{\theta}-\hat{\boldsymbol{\theta}}(k-1)$，则有

$$\boldsymbol{J}^*(\boldsymbol{\theta},\ k)\approx[\tilde{\boldsymbol{\theta}}(k-1)-r(k)]^{\mathrm{T}}P^{-1}(k)[\tilde{\boldsymbol{\theta}}(k-1)-r(k)]+\eta^*(k) \tag{4.88}$$

式中

$$\begin{cases}\boldsymbol{P}^{-1}(k)=\boldsymbol{P}^{-1}(k-1)+\boldsymbol{h}_f(k)\boldsymbol{h}_f^{\mathrm{T}}(k)\\ \boldsymbol{r}(k)=\boldsymbol{P}(k)\boldsymbol{h}_f(k)v(k)\big|_{\hat{\boldsymbol{\theta}}(k-1)}\triangleq\boldsymbol{K}(k)\,\hat{v}(k)\\ \eta^*(k)=r^{\mathrm{T}}(k)\boldsymbol{P}^{-1}(k)r(k)+v^2(k)\big|_{\hat{\boldsymbol{\theta}}(k-1)}+\eta(k)\end{cases} \tag{4.89}$$

显然，$\eta^*(k)$ 大于零，故由式(4.88)可知，若 k 时刻的参数估计值 $\hat{\boldsymbol{\theta}}(k)$ 使得

$$\tilde{\boldsymbol{\theta}}(k-1)\big|_{\boldsymbol{\theta}=\hat{\boldsymbol{\theta}}(k)}=r(k)=K(k)\,\hat{v}(k) \tag{4.90}$$

$\boldsymbol{J}^*(\boldsymbol{\theta},\ k)$ 可得最小值。利用矩阵反演公式

$$(\boldsymbol{A}+\boldsymbol{BC})^{-1}=\boldsymbol{A}^{-1}-\boldsymbol{A}^{-1}\boldsymbol{B}(\boldsymbol{I}+\boldsymbol{CA}^{-1}\boldsymbol{B})^{-1}\boldsymbol{CA}^{-1} \tag{4.91}$$

则由式(4.89)第一式可推导出

$$\boldsymbol{P}(k)=\boldsymbol{P}(k-1)-\frac{\boldsymbol{P}(k-1)\boldsymbol{h}_f(k)\boldsymbol{h}_f^{\mathrm{T}}(k)\boldsymbol{P}(k-1)}{1+\boldsymbol{h}_f^{\mathrm{T}}(k)\boldsymbol{P}(k-1)\boldsymbol{h}_f(k)} \tag{4.92}$$

另外，类似于最小二乘法的推导，可获得增益矩阵的递推公式为

$$\boldsymbol{K}(k)=\boldsymbol{P}(k-1)\boldsymbol{h}_f(k)[1+\boldsymbol{h}_f^{\mathrm{T}}(k)\boldsymbol{P}(k-1)\boldsymbol{h}_f(k)]^{-1} \tag{4.93}$$

于是，递推的极大似然参数估计(RML)算法描述为

$$
\begin{cases}
\hat{\boldsymbol{\theta}}(k)=\hat{\boldsymbol{\theta}}(k-1)+\boldsymbol{K}(k)\,\hat{v}(k) \\
\boldsymbol{K}(k)=\boldsymbol{P}(k-1)\boldsymbol{h}_f(k)\left[\boldsymbol{h}_f^{\mathrm{T}}(k)\boldsymbol{P}(k-1)\boldsymbol{h}_f(k)+1\right]^{-1} \\
\boldsymbol{P}(k)=\left[\boldsymbol{I}-\boldsymbol{K}(k)\boldsymbol{h}_f^{\mathrm{T}}(k)\right]\boldsymbol{P}(k-1) \\
\hat{\boldsymbol{v}}(k)=\boldsymbol{z}(k)-\boldsymbol{h}^{\mathrm{T}}(k)\,\hat{\boldsymbol{\theta}}(k-1) \\
\boldsymbol{h}(k)=\left[-z(k-1),\cdots,-z(k-n_a),\,u(k-1),\cdots,\right. \\
\qquad\qquad \left. u(k-n_b)\,\hat{v}(k-1),\cdots,\hat{v}(k-n_d)\right]^{\mathrm{T}} \\
\boldsymbol{h}_f(k)=\left[-z_f(k-1),\cdots,-z_f(k-n_a),\,u_f(k-1),\cdots,\right. \\
\qquad\qquad \left. u_f(k-n_b)\right]\hat{v}_f(k-1),\cdots,\hat{v}_f(k-n_d)]^{\mathrm{T}} \\
\boldsymbol{z}_f(k)=z(k)-\hat{d}_1(k)z_f(k-1)-\cdots-\hat{d}_{n_d}(k)z_f(k-n_d) \\
\boldsymbol{u}_f(k)=u(k)-\hat{d}_1(k)u_f(k-1)-\cdots-\hat{d}_{n_d}(k)u_f(k-n_d) \\
\hat{\boldsymbol{v}}_f(k)=\hat{v}(k)-\hat{d}_1(k)\,\hat{v}_f(k-1)-\cdots-\hat{d}_{n_d}(k)\,\hat{v}_f(k-n_d)
\end{cases}
\tag{4.94}
$$

式中，如果定义$\hat{d}_i(k)=0(i>n_d)$，则向量 $\boldsymbol{h}_f(k)$还可以写成如下的递推形式：

$$
\boldsymbol{h}_f(k+1)=\left[z_f(k+1)\quad u_f(k+1)\quad \hat{v}_f(k+1)\right]^{\mathrm{T}}
$$

$$
=\left[\begin{array}{cccc:cccc:cccc}
-d_1(k) & \cdots & -d_{n_a}(k) & & & & & & & & & \\
1 & & 0 & & & & & & & & & \\
 & \ddots & & & & 0 & & & & 0 & & \\
0 & & 1 & 0 & & & & & & & & \\
\hdashline
 & & & & -d_1(k) & \cdots & -d_{n_d}(k) & & & & & \\
 & & & & 1 & & 0 & & & & & \\
 & 0 & & & & \ddots & & & & 0 & & \\
 & & & & 0 & & 1 & 0 & & & & \\
\hdashline
 & & & & & & & & -d_1(k) & \cdots & -d_{n_d}(k) & \\
 & & & & & & & & 1 & & 0 & \\
 & 0 & & & & 0 & & & & \ddots & & \\
 & & & & & & & & 0 & & 1 & 0
\end{array}\right]
\left[\begin{array}{c}
-z_f(k-1) \\ -z_f(k-2) \\ \vdots \\ -z_f(k-n_a) \\ \hdashline u_f(k-1) \\ u_f(k-2) \\ \vdots \\ u_f(k-n_b) \\ \hdashline \hat{v}_f(k-1) \\ \hat{v}_f(k-2) \\ \vdots \\ \hat{v}_f(k-n_d)
\end{array}\right]
+\left[\begin{array}{c}
-z(k) \\ 0 \\ \hdashline u(k) \\ 0 \\ \hdashline \hat{v}(k) \\ 0
\end{array}\right]
\tag{4.95}
$$

式(4.94)表明，极大似然参数估计递推算法类似于增广最小二乘法，所不同的只是向量 $\boldsymbol{h}_f(k)$的构造不一样，极大似然参数估计的递推算法程序框图如图 4.4 所示。

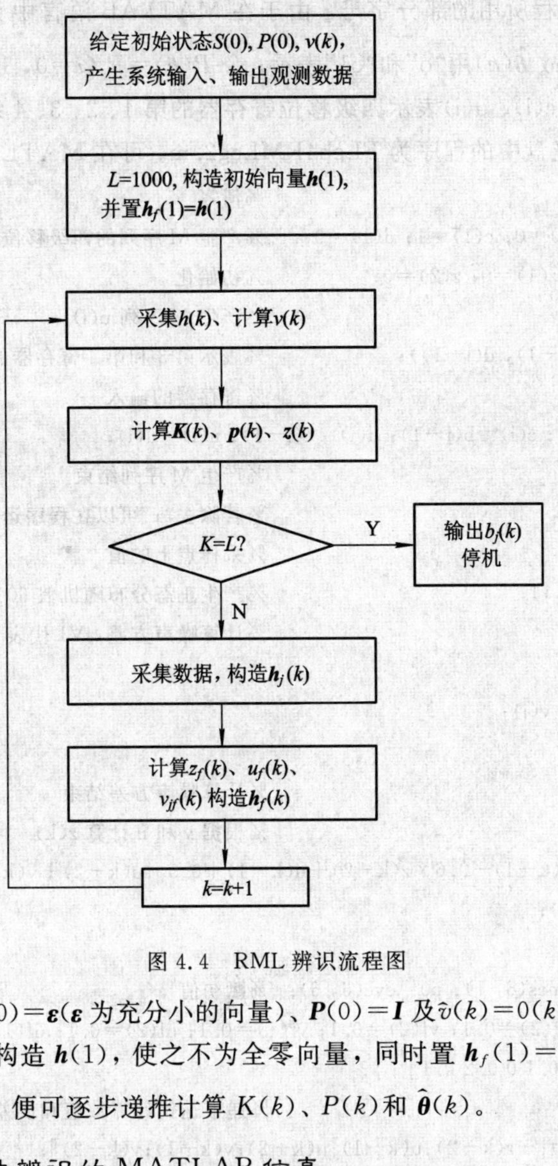

图 4.4　RML 辨识流程图

初始值一般取 $\hat{\boldsymbol{\theta}}(0)=\boldsymbol{\varepsilon}$($\boldsymbol{\varepsilon}$ 为充分小的向量)、$\boldsymbol{P}(0)=\boldsymbol{I}$ 及 $\hat{v}(k)=0(k=-1,-2,\cdots,-n_d)$；并利用输入输出数据构造 $\boldsymbol{h}(1)$，使之不为全零向量，同时置 $\boldsymbol{h}_f(1)=\boldsymbol{h}(1)$。在这些初始状态下，利用式(4.94)，便可逐步递推计算 $K(k)$、$P(k)$和 $\hat{\boldsymbol{\theta}}(k)$。

4.3.2　似然递推法辨识的 MATLAB 仿真

例 4.2　系统模型如图 4.5 所示。试用递推的极大似然法估计系统辨识的参数集 $\boldsymbol{\theta}$。$v(k)$为随机信号，输入信号为幅值为±1 的 M 序列或随机信号，要求画出程序流程图，打印出程序(程序中带有注释)和辨识中的参数、误差曲线。

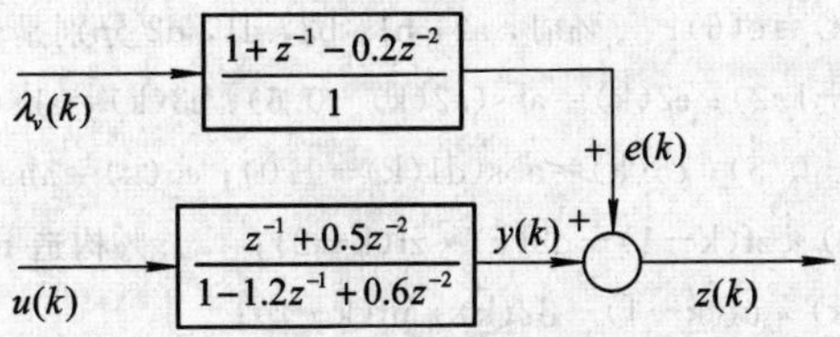

图 4.5　例 4.2 系统模型

解　首先解释编程所用的部分字母：由于在 MATLAB 语言中无法用希腊字母描述、无法用上标及下标，故 $\hat{\boldsymbol{\theta}}(k)$用“o”和“o1”表示；令 $P(k)=P_i(i=0, 1)$，$K(k)=K$；产生 M 序列时，a(i)、b(i)、c(i)、d(i)表示四级移位寄存器的第 1、2、3、4 级寄存器的输出。

(1) 编程如下(光盘中的程序为 FLch4RMLeg2. m，可在 MATLAB 下直接运行)：

```
clear                                            %清零
a(1)=1; b(1)=0; c(1)=1; d(1)=0;                  %产生 M 序列的四级移位寄存器的初始值“1010”
u(1)=d(1); z(1)=0; z(2)=0;                       %初始化
for i=2:60                                       %产生 M 序列 u(i)
a(i)=xor(c(i-1), d(i-1));                        %表示第 3 和第 4 寄存器的输出模 2 和作第 1
                                                 %寄存器的输入
b(i)=a(i-1); c(i)=b(i-1); d(i)=c(i-1); u(i)=d(i);
end                                              %产生 M 序列结束
u;                                               %若除去“;”可以在程序运行中观测到 M 序列各个
                                                 %采样点上的值
v=randn(60, 1);                                  %产生正态分布随机数 60 个
V=0;                                             %计算噪声方差，V1 代表 σv²
for i=1:60
V=V+v(i)*v(i);
end
V1=V/60                                          %计算噪声方差结束
for k=3:60                                       %根据 v 和 u 计算 z(k)
z(k)=1.2*z(k-1)-0.6*z(k-2)+u(k-1)+0.5*u(k-2)+v(k)-v(k-1)+0.2*
     v(k-2);
end
o1=0.001*ones(6, 1); p0=eye(6, 6);  %赋初值
zf(1)=0.1; zf(2)=0.1; vf(2)=0.1; vf(1)=0.1; uf(2)=0.1; uf(1)=0.1;
hf=[0.1 0.1 0.1 0 0.2 0.1]';
for k=3:60                                       %递推迭代计算数值和误差值开始
h=[-z(k-1);-z(k-2);u(k-1);u(k-2);v(k-1);v(k-2)];
K=p0*hf*inv(hf'*p0*hf+1);
p=[eye(6, 6)-K*hf]*p0; v(k)=z(k)-h'*o1;
o=o1+K*v(k) ; p0=p; o1=o;                        %o 代表θ̂(k)
a1(k)=o(1); a2(k)=o(2); b1(k)=o(3); b2(k)=o(4);  %将 6 个参数分离
d1(k)=o(5); d2(k)=o(6);   %a1, a2, b1, b2, d1, d2 分别是â1, â2, b̂1, b̂2, d̂1, d̂2 θ̂(k)
e1(k)=abs(a1(k)+1.2); e2(k)=abs(a2(k)-0.6); e3(k)=abs(b1(k)-1.0); %计算误差
e4(k)=abs(b2(k)-0.5); e5(k)=abs(d1(k)-1.0); e6(k)=abs(d2(k)+0.2);
zf(k)=z(k)-d1(k)*zf(k-1)-d2(k)*zf(k-2);          %构造 hf
uf(k)=u(k)-d1(k)*uf(k-1)-d2(k)*uf(k-2);
vf(k)=v(k)-d1(k)*vf(k-1)-d2(k)*vf(k-2);
hf=[-zf(k-1);-zf(k-2);
```

```
uf(k-1);uf(k-2);vf(k-1);vf(k-2)];
end                            %递推迭代计算结束
o1                             %可以在程序运行中观察到参数 o1，o1 代表θ̂
V1                             %可以在程序运行中观察到噪声方差 V1，V1 代表σv²
figure(1)                      %绘图(a)
subplot(2,1,1)                 %绘制图(a)的第 1 幅图——RML 辨识的参数
k=1:60;
plot(k,a1,'kx',k,a2,'k:',k,b1,'k--',k,b2,'k-.',k,d1,'k-',k,d2,'k+');
xlabel('k')
ylabel('a1,a2,b1,b2,d1,d2')
legend('a1=-1.2','a2=0.6','b1=1.0','b2=0.5','d1=1.0','d2=-0.2');  %标注
subplot(2,1,2)                 %绘制图(a)的第 2 幅图——RML 辨识过程的误差
plot(k,e1,'kx',k,e2,'k:',k,e3,'b--',k,e4,'k-.',k,e5,'k-',k,e6,'k+');
legend('ea1','ea2','eb1','eb2','ed1','ed2');   %图标注
xlabel('k'); ylabel('e');
figure(2)                      %绘图(b)
subplot(2,1,1)                 %绘制图(b)的第 1 幅图
plot(k,u);
xlabel('k'); ylabel('u');      %系统激励信号：M 序列
subplot(2,1,2);                %绘制图(b)的第 2 幅图
plot(k,v);
xlabel('k'); ylabel('v');      %系统所加的随机噪声
```

(2) 程序运行结果如图 4.6 所示。

(3) RML 辨识结果(估值)与真值的比较。RML 辨识结果(估值)与真值的比较如表 4.1 所示，显然在噪声方差 σ_v^2 接近 1 时，可以得到理想的辨识结果。

表 4.1　RML 法估值与真值的比较

参数估计值	$\hat{a}_1$	$\hat{a}_2$	$\hat{b}_1$	$\hat{b}_2$	$\hat{d}_1$	$\hat{d}_2$	σ_v^2
真值 / $k=2000$	−1.2	0.6	1.0	0.5	−1.0	0.2	1.0
估值	−1.1892	0.5639	0.9548	0.4505	−0.9500	0.1873	0.9849

(4) 程序调试注意事项。在编程序时，由于参数 b1=1.0，d1=1.0 相同及 a2=0.6，b2=0.5 相差很小，故在绘图程序中用“plot(k, a1, 'kx', k, a2, 'k:', k, b1, 'k--', k, b2, 'k-.', k, d1, 'k-', k, d2, 'k+');”，即给 b1 采用黑色的虚线'k--'以区别于 d1 而用'k-'，给 a2 采用黑色的虚线'k:'以区别于 b2 而用'k-'。由于程序产生的 60 个正态分布随机数不是均值完全为零(或噪声方差等于 1)，且每次运行都是随机的，因此，不是每次运行程序都能得到最理想的估值。在噪声方差最接近 1 时，可得到最接近真值的估值。所以应将程序多运行几次，在 MATLAB 的主界面上注意观察噪声方差 V1 (V1 代表 σ_v^2)和

参数 o1(o1 代表$\hat{\boldsymbol{\theta}}$)，从而得到最接近真值的估值。另外，可在原程序的产生随机数(v=randn(60，1);)和计算噪声方差结束(V1=V/1200)之间增加 1 段判断方差是否接近 1 的程序，若接近 1 继续程序运行，否则另产生随机数，也可以帮助用户得到理想的估值。

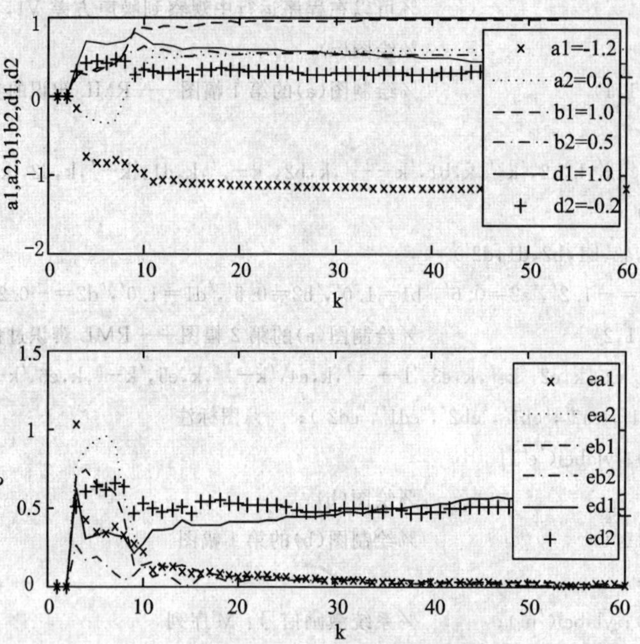

(a) RML辨识的参数和误差曲线

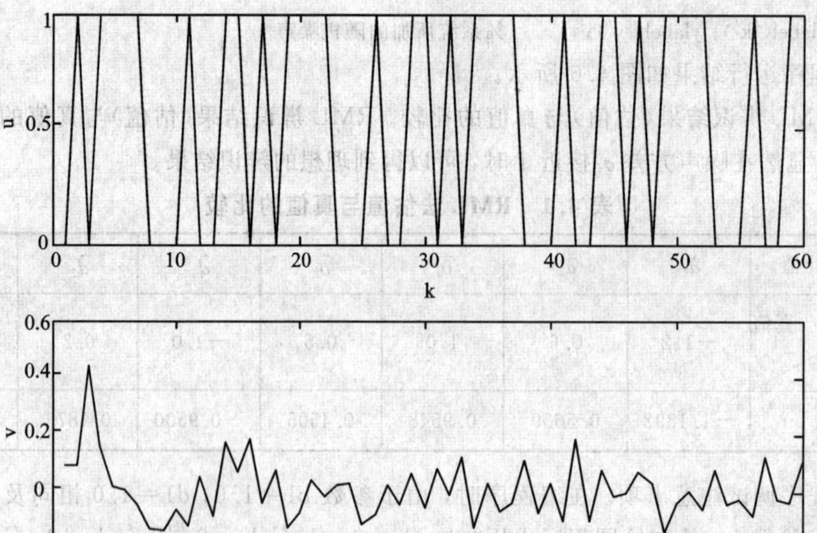

(b) 持续激励信号M序列和系统所加的随机噪声v

图 4.6　RML 辨识参数曲线

4.5 小　结

本章的主要内容是极大似然辨识方法，其中第 1、2 节介绍了极大似然法的基本概念与极大似然参数辨识的原理，由条件概率密度函数 $p(\boldsymbol{z}_L|\boldsymbol{\theta})$引出对数似然函数 $\ln L(\boldsymbol{z}_L|\boldsymbol{\theta})$，只要似然函数 $\ln L(\boldsymbol{z}_L|\boldsymbol{\theta})$取极大值便可以使系统噪声方差最小。在第 3 节动态系统模型的参数极大似然估计中，介绍了动态系统模型及噪声模型分类、极大似然和最小二乘法的关系、两种基于极大似然迭代法，即 DFP 变尺度法和 Newton - Raphson 法迭代。最后讨论了广泛应用的递推的极大似然辨识法求系统模型的参数集 $\boldsymbol{\theta}$ 的方法和步骤，并针对具有噪声的二阶系统采用 MATLAB 进行了编程仿真，程序中加有详细的注释和调试程序方法。

习　题

1. 简述噪声的模型及其分类。

2. 白噪声和有色噪声的区别是什么？

3. 极大似然参数估计与最小二乘估计的主要区别是什么？

4. 系统模型与图 4.5 相类似，被辨识系统中参数的真值为：$a_1=-1.6$，$a_2=1.0$，$b_1=1.2$，$b_2=0.9$，$d_1=-0.6$，$d_2=0.2$，试用递推的极大似然辨识法对系统的参数进行辨识，并打印出辨识结果。

第 5 章　其它参数辨识方法及原理

本章主要内容包括梯度校正参数辨识和 Bayes 参数辨识两部分。在第一部分中，首先介绍了梯度校正参数辨识方法的原理，其基本思想是从给定的初始值开始，沿着准则函数的负梯度方向修正模型参数的估计值，直到准则函数达到最小值。在确定性问题的梯度校正参数估计中，权矩阵的选择至关重要。然后介绍了该方法在工业中的应用，通过具体案例也证明了梯度校正参数辨识较物理推导更具优越性。在第二部分中，首先介绍了 Bayes 辨识方法的工作原理，其基本思想是把要估计的参数看做随机变量，然后设法通过观测与该参数相关的其它变量，以此来推断这个参数。极大后验参数估计方法就是把后验概率密度函数达到极大值作为估计准则。在该准则下求得的参数估计值称做极大后验估计。极大后验估计与极大似然估计有着密切的联系，但是它们的基本出发点又是不一样的。然后，结合具体案例介绍 Bayes 辨识方法在工业中的应用，通过比较，证明了在某些场合下，Bayes 辨识方法较最小二乘辨识法效果更好。

5.1　梯度校正参数辨识

5.1.1　确定性问题的梯度校正参数辨识方法

1. 确定性问题的梯度校正参数辨识原理

设系统的输出 $z(t)$ 是参数 θ_1，θ_2，…，θ_N 的线性组合：

$$z(t) = h_1(t)\theta_1 + h_2(t)\theta_2 + \cdots + h_N(t)\theta_N \tag{5.1}$$

如果输出 $z(t)$ 和输入 $h_1(t)$，$h_2(t)$，…，$h_N(t)$ 是可以准确测量的，则该系统称作确定性系统，如图 5.1 所示。

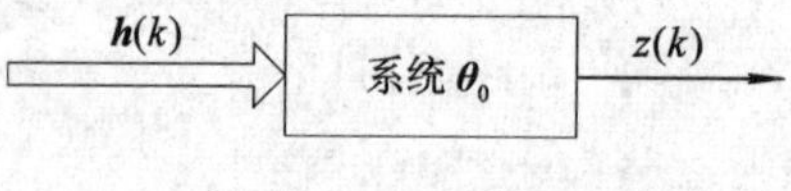

图 5.1　确定性系统

设

$$\begin{cases} \boldsymbol{h}(t) = [h_1(t),\ h_2(t),\ \cdots,\ h_N(t)]^{\mathrm{T}} \\ \boldsymbol{\theta} = [\theta_1,\ \theta_2,\ \cdots,\ \theta_N]^{\mathrm{T}} \end{cases} \tag{5.2}$$

若系统参数的真值记作 $\boldsymbol{\theta}_0$，则有

$$z(t) = \boldsymbol{h}^{\mathrm{T}}(t)\boldsymbol{\theta}_0 \tag{5.3}$$

离散化后可记为

$$z(k) = \boldsymbol{h}^{\mathrm{T}}(k)\boldsymbol{\theta}_0 \tag{5.4}$$

其中

$$\boldsymbol{h}(k) = [h_1(k), h_2(k), \cdots, h_N(k)]^{\mathrm{T}} \tag{5.5}$$

例如，用差分方程描述的确定性系统

$$z(k) + a_1 z(k-1) + \cdots + a_n z(k-n) = b_1 u(k-1) + \cdots + b_n u(k-n) \tag{5.6}$$

很容易化为式(5.4)的形式，其中

$$\begin{cases} \boldsymbol{h}(k) = [-z(k-1), \cdots, -z(k-n), u(k-1), \cdots, u(k-n)]^{\mathrm{T}} \\ \boldsymbol{\theta} = [a_1, a_2, \cdots, a_n, b_1, b_2, \cdots, b_n]^{\mathrm{T}} \end{cases} \tag{5.7}$$

现在的问题就是如何利用输入输出数据 $h(k)$ 和 $z(k)$ 来确定参数 θ 在 k 时刻的估计值 $\hat{\theta}(k)$，使准则函数

$$J(\boldsymbol{\theta})\Big|_{\hat{\boldsymbol{\theta}}(k)} = \frac{1}{2}\varepsilon^2(\boldsymbol{\theta}, k)\Big|_{\hat{\boldsymbol{\theta}}(k)} \tag{5.8}$$

值最小。式中

$$\varepsilon(\boldsymbol{\theta}, k) = z(k) - \boldsymbol{h}^{\mathrm{T}}(k)\boldsymbol{\theta} \tag{5.9}$$

使用梯度校正法即最速下降法可以解决上述问题。具体做法就是沿着 $J(\boldsymbol{\theta})$ 的负梯度方向不断修正 $\hat{\boldsymbol{\theta}}(k)$ 值，直到 $J(\boldsymbol{\theta})$ 达到最小。梯度校正法的数学表达式为

$$\hat{\boldsymbol{\theta}}(k+1) = \hat{\boldsymbol{\theta}}(k) - \boldsymbol{R}(k)\mathrm{grad}[J(\boldsymbol{\theta})]\Big|_{\hat{\boldsymbol{\theta}}(k)} \tag{5.10}$$

其中，$\boldsymbol{R}(k)$ 为 N 维对称矩阵，称作加权阵；$\mathrm{grad}[J(\boldsymbol{\theta})]$ 表示准则函数 $J(\boldsymbol{\theta})$ 关于 $\boldsymbol{\theta}$ 的梯度。当准则函数 $J(\boldsymbol{\theta})$ 取式(5.8)时，有

$$\begin{aligned} \mathrm{grad}[J(\boldsymbol{\theta})]\Big|_{\hat{\boldsymbol{\theta}}(k)} &= \frac{\mathrm{d}}{\mathrm{d}\boldsymbol{\theta}}\left[\frac{1}{2}\varepsilon^2(\boldsymbol{\theta}, k)\right]\Bigg|_{\hat{\boldsymbol{\theta}}(k)} = -\varepsilon(\hat{\boldsymbol{\theta}}(k), k)\boldsymbol{h}(k) \\ &= -[z(k) - \boldsymbol{h}^{\mathrm{T}}(k)\hat{\theta}(k)]h(k) \end{aligned} \tag{5.11}$$

将式(5.11)代入式(5.10)，得

$$\hat{\boldsymbol{\theta}}(k+1) = \hat{\boldsymbol{\theta}}(k) + \boldsymbol{R}(k)h(k)[z(k) - \boldsymbol{h}^{\mathrm{T}}(k)\hat{\boldsymbol{\theta}}(k)] \tag{5.12}$$

该式就是确定性问题的梯度校正参数辨识递推公式，其权矩阵 $\boldsymbol{R}(k)$ 的选择是非常关键的。

2. 权矩阵的选择

权矩阵 $\boldsymbol{R}(k)$ 的作用是用来控制各输入分量对参数估计值的影响程度。由式(5.12)知，输入数据向量 $\boldsymbol{h}(k)$ 的各分量 $h_i(k)$ 将直接影响参数估计值。设权矩阵 $\boldsymbol{R}(k)$ 具有如下形式：

$$\boldsymbol{R}(k) = c(k)\mathrm{diag}[\lambda_1(k), \lambda_2(k), \cdots, \lambda_N(k)] \tag{5.13}$$

只要选择 $\lambda_i(k)$，就能控制各输入分量 $h_i(k)$ 对参数估计的影响。如果选择

$$\mathrm{diag}[\lambda_1(k), \lambda_2(k), \cdots, \lambda_N(k)] = \boldsymbol{I} \tag{5.14}$$

意味着输入分量的加权值相同，它们对参数估计值的影响是一样的。至于如何合理地选择加权值 $\lambda_i(k)$，这需要视具体问题而定。权矩阵 $\boldsymbol{R}(k)$ 中的标量 $c(k)$ 由工程经验给出，由于 $\lambda_i(k)$ 是有界的值，其下界 $\lambda_{\mathrm{L}}(k)>0$ 且上界 $\lambda_{\mathrm{H}}(k)<1$，则 $0<\lambda_{\mathrm{L}}\leqslant\lambda_i(k)\leqslant\lambda_{\mathrm{H}}$ $(i=1, 2, \cdots, N)$；另外考虑到样本的取值个数 N，一般取 $c(k)$ 为

$$c(k) = \frac{1}{\sum_{i=1}^{N}\lambda_i(k)h_i^2(k)}, \quad c(k) > 0 \tag{5.15}$$

设估计的参数误差为$\tilde{\boldsymbol{\theta}}(k)=\boldsymbol{\theta}_0-\hat{\boldsymbol{\theta}}(k)$，如果$\tilde{\theta}(k)$与$h(k)$不相交，则不管参数估计的初始值如何选择，参数估计值$\hat{\theta}(k)$总是大范围一致渐进收敛的，即

$$\lim_{k\to 0}\hat{\boldsymbol{\theta}}(k)=\boldsymbol{\theta}_0 \tag{5.16}$$

5.1.2　脉冲响应梯度校正辨识及其 MATLAB 仿真

例 5.1　某线性时不变 SISO 系统如图 5.2 所示。

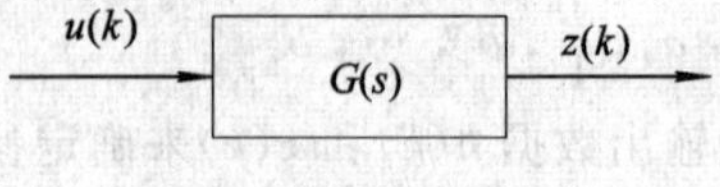

图 5.2　SISO 系统

根据卷积定理，系统的输出$z(k)$与输入序列$u(k-1)$，$u(k-2)$，…，$u(k-N)$的关系可表示为

$$z(k)=\sum_{i=1}^{N}g_i u(k-i) \tag{5.17}$$

式中，g_1，g_2，…，g_N组成系统的脉冲响应。系统在伪随机码输入作用下的输出响应如表5.1所示。

表 5.1　输入输出数据

k	0	1	2	3	4	5	6	7	8	9	10	11	12	13	14	15	16	17	18	19	…
$u(k)$	−1	−1	−1	−1	1	1	1	−1	1	1	−1	−1	1	−1	1	−1	−1	−1	−1	1	…
$z(k)$	0	−2	−6	−7	−7	−3	5	7	3	−1	5	3	−5	−3	1	−1	1	−5	−7	−7	…

利用这些数据辨识系统的脉冲响应，当N取 3 时，有

$$z(k)=\sum_{i=1}^{3}g_i u(k-i) \tag{5.18}$$

令

$$\begin{cases}\boldsymbol{h}(k)=[u(k-1),\ u(k-2),\ u(k-3)]^{\mathrm{T}}\\ \boldsymbol{g}=[g_1,\ g_2,\ g_3]^{\mathrm{T}}\end{cases} \tag{5.19}$$

若系统的真实脉冲响应记作g_0，则有

$$z(k)=\boldsymbol{h}^{\mathrm{T}}(k)\boldsymbol{g}_0 \tag{5.20}$$

脉冲响应估计值$\hat{g}(k)$的递推算式可表示为

$$\hat{g}(k+1)=\hat{g}(k)+\boldsymbol{R}(k)h(k)[z(k)-\boldsymbol{h}^{\mathrm{T}}(k)\,\hat{g}(k)] \tag{5.21}$$

式中，脉冲响应估计值的初始值取$\hat{g}=0$，权矩阵取值如：

$$\boldsymbol{R}(k)=\frac{1}{\sum_{i=1}^{N}\lambda_i(k)h_i^2(k)}\mathrm{diag}[\lambda_1(k),\ \lambda_2(k),\ \lambda_3(k)] \tag{5.22}$$

其中

$$\lambda_1(k)=1,\ \lambda_2(k)=\frac{1}{2},\ \lambda_3(k)=\frac{1}{4}$$

确定性问题梯度校正参数辨识的递推算法流程图如图 5.3 所示。

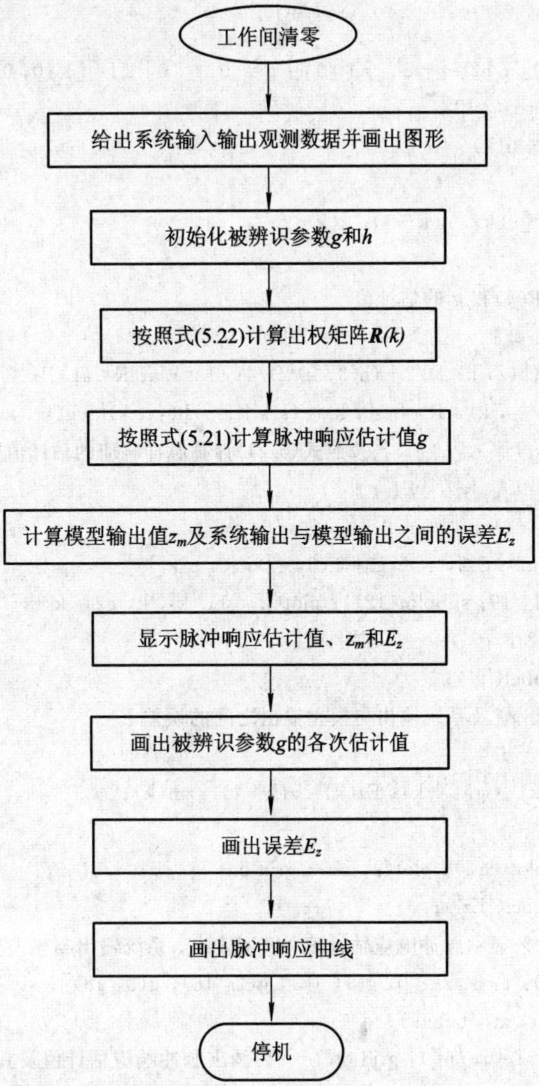

图 5.3　确定性问题梯度校正参数辨识算法流程图

流程图 5.3 所对应的 MATLAB 程序如下：

```
%梯度校正参数辨识程序，在光盘中的文件名为 CH5ex1. m
clear;
u=[-1, -1, -1, -1, 1, 1, 1, -1, 1, 1, -1, -1, 1, -1, 1, -1, -1, -1, -1, 1];
z=[0, -2, -6, -7, -7, -3, 5, 7, 3, -1, 5, 3, -5, -3, 1, -1, 1, -5, -7, -7];
%画出 u 和 z 图形
figure(1);
subplot(2, 1, 1), stem(u), ylabel('u'),
subplot(2, 1, 2), stem(z), ylabel('z'), hold on;
k=1: 20;
```

```
plot(k, z);
xlabel('k');
%给出初始值
h1=[-1, 0, 0]'; h2=[-1, -1, 0]'; g=[0, 0, 0]'; I=[1, 0, 0; 0, 0.5, 0; 0, 0, 0.25];
h=[h1, h2, zeros(3, 16)];
%计算样本数据 h(k)
  for k=3: 18
     h(:, k)=[u(k), u(k-1), u(k-2)]';
end
%计算权矩阵 R(k)和 g 的估计值
  for k=1: 18
a=h(1, k)^2+(h(2, k)^2)/2+(h(3, k)^2)/4; a1=1/a; R=a1 * I; %按照式(5.26)计算权矩阵
g(:, k+1)=g(:, k)+R * h(:, k) * (z(k+1)-h(:, k)' * g(:, k));
                                   %按照式(5.21)计算脉冲响应的估计值
end
%绘图
g1=g(1, :); g2=g(2, :); g3=g(3, :);
figure(2); k=1: 19; subplot(121); plot(k, g1, 'k', k, g2, 'k--', k, g3, 'k:'), grid on
legend('g1', 'g2', 'g3');      %图标注
xlabel('k'), ylabel('g');
%计算模型输出 z_m 及系统输出与模型输出之间的误差 E_z
  for k=1: 18
zm(k)=h(:, k)' * g(:, k); Ez(k)=z(k+1)-zm(k);
end
k=1: 18; subplot(122); plot(k, Ez), grid on
xlabel('k'), ylabel('Ez');
g, zm, Ez      %显示脉冲响应估计值、模型输出、系统输出与模型输出之间的误差
figure(3); x=0: 1: 3; z=[0, g(1, 18), g(2, 18), g(3, 18)]; xi=linspace(0, 3);
zi=interp1(x, z, xi, 'cubic');
plot(x, z, 'o', xi, zi, 'm'), grid on      %画出脉冲响应估计值及其三次插值曲线
xlabel('k'), ylabel('z, zi')
```

程序执行结果：

```
g =
   [0  2.0000  4.6667  5.2381  5.2381  1.5374  2.1438  2.2393  1.9658  1.9559
    0  0       1.3333  1.6190  1.6190  3.4694  3.7726  3.8204  3.9571  3.9621
    0  0       0       0.1429  0.1429  1.0680  0.9164  0.9403  1.0087  1.0062
    2.0063  1.9918  1.9980  1.9953  1.9995  1.9995  1.9995  2.0001  2.0032
    3.9873  3.9946  3.9977  3.9990  3.9969  3.9969  3.9969  3.9972  3.9988
    0.9936  0.9972  0.9957  0.9963  0.9974  0.9974  0.9974  0.9972  0.9980]

zm = [0, -2.0000, -6.0000, -7.0000, 3.4762, 3.9388, 6.8328, 2.5213, -0.9826,
      4.9118, 2.9746, -4.9891, -2.9953, 1.0073, -1.0000, 1.0000, -4.9990,
      -6.9945]
```

Ez =［－2.0000，－4.0000，－1.0000，0.0000，－6.4762，1.0612，0.1672，0.4787，
－0.0174，0.0882，0.0254，0.0109，－0.0047，－0.0073，－0.0000，0，
－0.0010，－0.0055］

程序运行结果如图 5.4 所示。

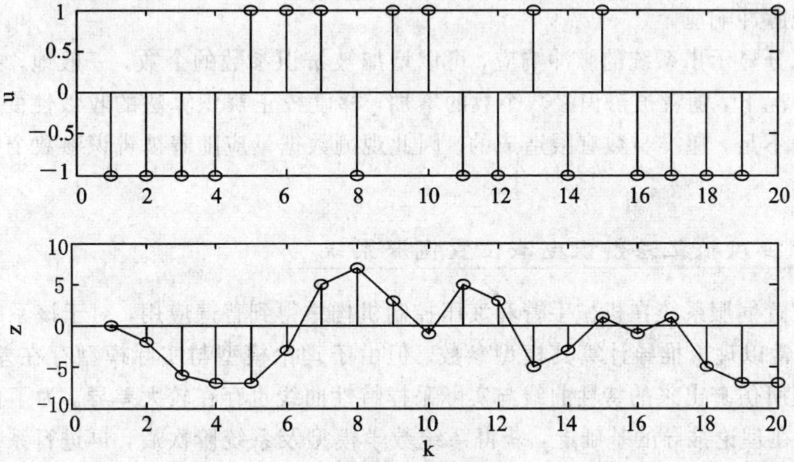

(a) M序列和系统输出

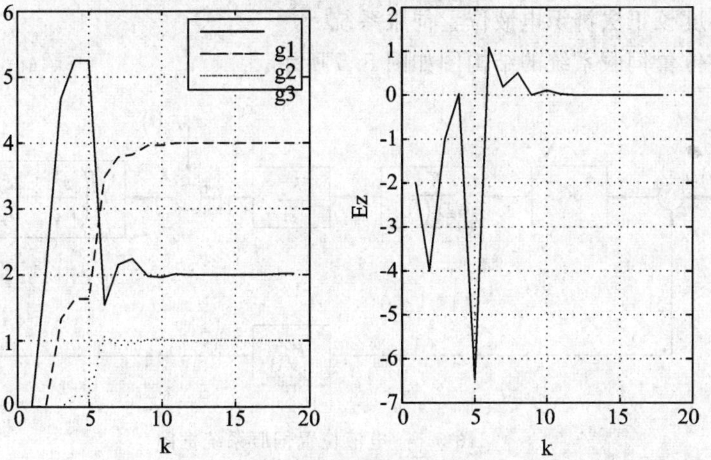

(b) 脉冲响应的估计值和误差

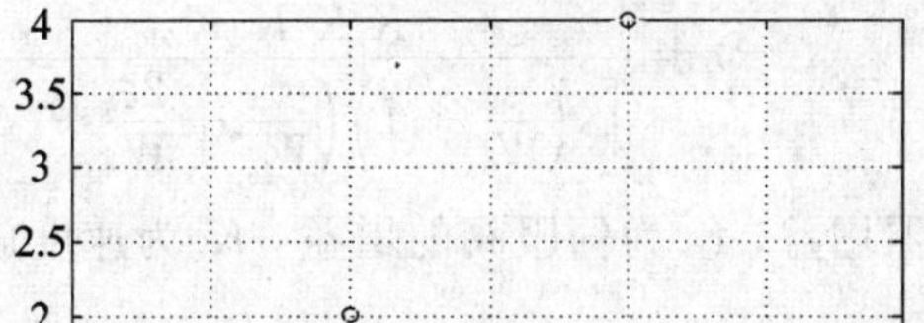

(c) 系统的脉冲响应估计值及其三次插值曲线

图 5.4　确定性问题梯度校正参数辨识仿真(被辨识参数的个数为 3)

图 5.4 表明，递推到第 10 步时，被辨识参数基本上达到了稳定状态，即$\hat{g}_1\to 2$，$\hat{g}_2\to 4$，$\hat{g}_3\to 1$。此时系统的输出与模型的输出误差也基本达到稳定状态，即 $E_z\to 0$。由于被辨识参数的个数较少，递推校正算法的收敛性比较好，也就是说，输入输出的观测数据量已足够。但从图 5.4 中 z、z_i 和 k 的关系可看出，由于被辨识参数的个数较少，它还不足以充分显示全部的系统脉冲响应。

为了充分显示出系统的脉冲响应，可以增加被辨识参数的个数。一般地，在观测数据量一定的情况下，随着被辨识参数个数的增加，梯度校正辨识算法的收敛性变差，这是由于观测数据不足，递推步数有限造成的。因此观测数据量应随着被辨识参数个数的增加而增加。

5.1.3 用梯度校正法辨识电液位置伺服系统

电液位置伺服系统在机械手臂和液压控制机构中得到普遍应用，对于该系统数学模型的建立，通常以理论推导计算其模型参数。但由于理论模型与实际模型存在差异，因此，以理论模型所仿真出来的特性曲线与实际采样特性曲线也存在较大差异。为了使两者趋于一致，我们在理论推导的基础上，获得系统数学模型及系统阶次后，再进行系统辨识，确定系统的内部参数。因为梯度校正参数辨识法计算简便，可用于在线辨识，所以在本例中，我们采用梯度校正法辨识电液位置伺服系统。

某电液位置伺服系统的结构图如图 5.5 所示。

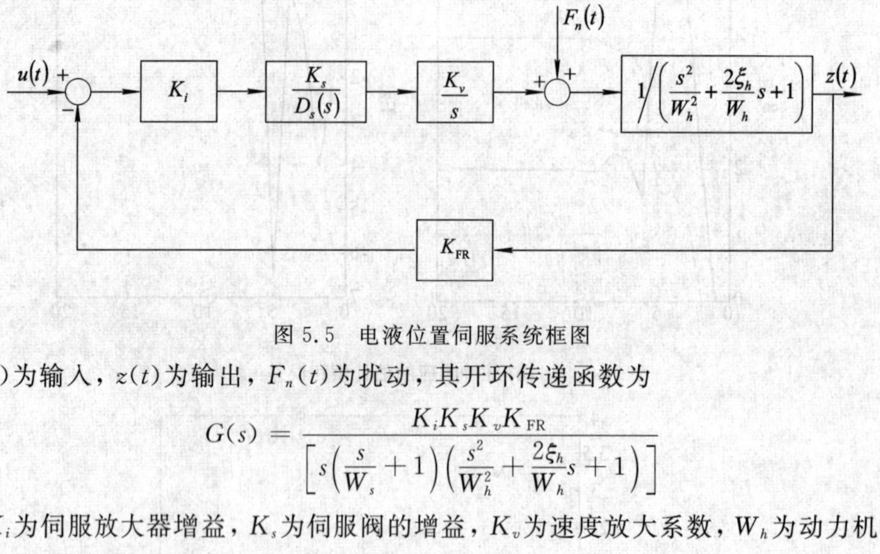

图 5.5　电液位置伺服系统框图

$u(t)$为输入，$z(t)$为输出，$F_n(t)$为扰动，其开环传递函数为

$$G(s)=\frac{K_iK_sK_vK_{FR}}{\left[s\left(\frac{s}{W_s}+1\right)\left(\frac{s^2}{W_h^2}+\frac{2\xi_h}{W_h}s+1\right)\right]} \tag{5.23}$$

式中，K_i为伺服放大器增益，K_s为伺服阀的增益，K_v为速度放大系数，W_h为动力机构的液压固有频率，ξ_h为液压相对阻尼系数，K_{FR}为反馈系数，$D_s(s)=\frac{s}{W_s}+1=T_ss+1$，$T_s$为伺服阀时间常数。其开环增益为 $K=K_iK_sK_vK_{FR}$。

式(5.23)中，一般地 $W_s\gg W_h$。为便于分析，忽略高频对系统动态特性的影响，将式(5.23)简化为

$$G(s)=\frac{K}{\left[s\left(\frac{s^2}{W_h^2}+\frac{2\xi_h}{W_h}s+1\right)\right]}=\frac{K}{s(T_h^2s^2+2T_h\xi_hs+1)} \tag{5.24}$$

其闭环系统的传递函数为

$$T(s) = \frac{G(s)}{1+G(s)} = \frac{K}{s(T_h^2 s^2 + 2T_h\xi_h s + 1) + K} = \frac{1}{\frac{T_h^2}{K}s^3 + \frac{2T_h\xi_h}{K}s^2 + \frac{s}{K} + 1} \tag{5.25}$$

式(5.25)即为一般位置伺服系统的闭环传递函数，将其化为微分方程形式为

$$\frac{T_h^2}{K}z'''(t) + \frac{2T_h\xi_h}{K}z''(t) + \frac{1}{K}z'(t) + z(t) = u(t) \tag{5.26}$$

令 $a_1 = \frac{2\xi_h}{T_h}$，$a_2 = \frac{1}{T_h^2}$，$a_3 = \frac{K}{T_h^2}$，$b_1 = \frac{K}{T_h^2}$，将式(5.26)离散化，得差分方程

$$z(k) + \alpha_1 z(k-1) + \alpha_2 z(k-2) + \alpha_3 z(k-3) = \beta_1 u(k-1) \tag{5.27}$$

其中

$$\begin{cases} \alpha_{n-i} = (-1)^{n-i}C_n^{n-i}\sum_{j=i}^{n-1} a_{n-i}T_0^{n-j}(-1)^{j-i}C_j^{j-i} \\ \beta_{n-i} = \sum_{j=i}^{n-1} b_{n-i}T_0^{n-j}(-1)^{j-i}C_j^{j-i} \end{cases} \tag{5.28}$$

这里，T_0 为采样周期；$i=0, 1, \cdots, N-1$；$N=3$，C_j^{j-i} 为组合运算符号，即 $C_n^m = \frac{n!}{m!\,(n-m)!}$。

式(5.27)是与式(5.26)等价的差分方程，其诸系数可由式(5.28)求得。

例 5.2　某电液位置伺服系统，依式(5.23)～式(5.28)推导出其理论模型为

$$z'''(t) + 266z''(t) + 495z'(t) + 2200z(t) = 2200u(t) \tag{5.29}$$

本例中，取 $T_0 = 0.01$ s。

系统在伪随机码输入信号作用下，输出响应如表 5.2 所示。

表 5.2　输入输出数据

k	0	1	2	3	4	5	6	7	8	9	10	11	12	13	14	15	16	17	18	19	…
$u(k)$	−1	−1	−1	−1	1	1	1	−1	1	1	−1	−1	1	−1	1	−1	−1	−1	−1	1	…
$z(k)$	0	−1	−5	−9	−12	6	−1	3	0	5	7	2	−2	1	−4	−1	−4	−6	−8	−12	…

取

$$\boldsymbol{h}(k) = [-z(k-1), -z(k-2), -z(k-3), u(k-1)]^{\mathrm{T}}$$

$$\boldsymbol{\theta} = [\alpha_1, \alpha_2, \alpha_3, \beta_1]^{\mathrm{T}}$$

若该过程的真实脉冲响应记作 $\boldsymbol{\theta}_0$，则有

$$z(k) = \boldsymbol{h}^{\mathrm{T}}(k)\boldsymbol{\theta}_0$$

当取 $\hat{\boldsymbol{\theta}}(1)=0$ 时，由式(5.12)

$$\boldsymbol{R}(k) = \frac{1}{\sum_{i=1}^{4}\Lambda_i(k)h_i^2(k)}\mathrm{diag}[\Lambda_1(k), \Lambda_2(k), \Lambda_3(k), \Lambda_4(k)]$$

其中

$$\Lambda_1(k) = 1, \Lambda_2(k) = \frac{1}{2}, \Lambda_3(k) = \frac{1}{4}, \Lambda_4(k) = \frac{1}{8}$$

进行计算，得到待辨参数

$$\alpha_1 = 0.246,\ \alpha_2 = 3.435,\ \alpha_3 = 2.195,\ \beta_1 = 0.0042$$

该系统可用差分方程表示为

$$z(k) + 0.246z(k-1) + 3.435z(k-2) + 2.195z(k-3) = 0.0042u(k-1) \tag{5.30}$$

式(5.30)转化为微分方程形式为

$$z'''(t) + 324.5z''(t) + 555z'(t) + 4200z(t) = 4150u(t) \tag{5.31}$$

式(5.29)表示该系统的推导模型，式(5.31)表示该系统的辨识模型，通过 MATLAB 仿真该系统的推导模型、辨识模型和实际模型的阶跃输入响应，结果分别如图 5.6 中曲线 a、b、c 所示，很明显，辨识模型(实际采样数据拟合的曲线)能够更好地逼近系统的实际模型。由于推导模型有很多近似，所以与实际模型曲线差距较大。

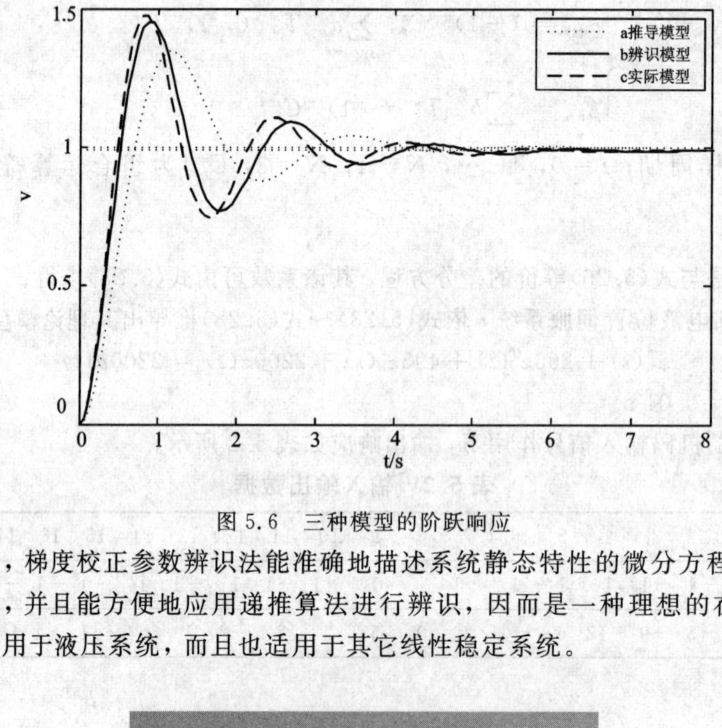

图 5.6　三种模型的阶跃响应

实践表明，梯度校正参数辨识法能准确地描述系统静态特性的微分方程参数。由于该方法计算简单，并且能方便地应用递推算法进行辨识，因而是一种理想的在线辨识方法。该方法不仅适用于液压系统，而且也适用于其它线性稳定系统。

5.2 Bayes 辨识

5.2.1 Bayes 基本原理

Bayes 辨识方法的基本思想是把要估计的参数看做随机变量，然后设法通过观测与该参数相关的其它变量，以此来推断这个参数。

设 μ 是描述某一动态系统的模型，$\boldsymbol{\theta}$ 是描述模型 μ 的参数，它会反映在该动态系统的输入输出观测值中。如果系统的输出变量 $z(k)$ 在参数 $\boldsymbol{\theta}$ 及其历史记录 $\boldsymbol{D}^{(k-1)}$ 条件下的概率密度函数是已知的，记作 $p(z(k)\,|\,\boldsymbol{\theta},\ \boldsymbol{D}^{(k-1)})$，其中 $\boldsymbol{D}^{(k-1)}$ 表示 $k-1$ 时刻以前的输入输出数

据集合，那么根据 Bayes 的观点，参数 $\boldsymbol{\theta}$ 的估计问题可以看成是把参数 $\boldsymbol{\theta}$ 当作具有某种先验概率密度 $p(\boldsymbol{\theta}, \boldsymbol{D}^{(k-1)})$ 的随机变量，如果输入 $u(k)$ 是确定的变量，则利用 Bayes 公式，把参数 θ 的后验概率密度函数表示为

$$\begin{aligned} p(\boldsymbol{\theta}|\boldsymbol{D}^k) &= p(\boldsymbol{\theta}|z(k), u(k), \boldsymbol{D}^{(k-1)}) = p(\boldsymbol{\theta}|z(k), \boldsymbol{D}^{(k-1)}) \\ &= \frac{p(z(k)|\boldsymbol{\theta}, \boldsymbol{D}^{(k-1)})p(\boldsymbol{\theta}|\boldsymbol{D}^{(k-1)})}{\int_{-\infty}^{\infty} p(z(k)|\boldsymbol{\theta}, \boldsymbol{D}^{(k-1)})p(\boldsymbol{\theta}|\boldsymbol{D}^{(k-1)})\mathrm{d}\boldsymbol{\theta}} \end{aligned} \tag{5.32}$$

式中，参数 $\boldsymbol{\theta}$ 的先验概率密度函数 $p(\boldsymbol{\theta}|\boldsymbol{D}^{(k-1)})$ 及数据的条件概率密度函数 $p(z(k)|\boldsymbol{\theta}, \boldsymbol{D}^{(k-1)})$ 是已知的；$\boldsymbol{D}^k$ 表示 k 时刻以前的输入输出数据集合，它与 $\boldsymbol{D}^{(k-1)}$ 的关系是

$$\boldsymbol{D}^k = \{z(k), u(k), \boldsymbol{D}^{(k-1)}\} \tag{5.33}$$

其中，$u(k)$ 和 $z(k)$ 为系统 k 时刻的输入输出数据。

理论上讲，由式(5.32)可以求得参数 $\boldsymbol{\theta}$ 的后验概率密度函数，但实际上这是困难的，只有在参数 $\boldsymbol{\theta}$ 与数据之间的关系是线性的，噪声是高斯分布的情况下，才有可能得到式(5.32)的解析解。求得参数 $\boldsymbol{\theta}$ 的后验概率密度函数后，就可利用它进一步求得参数 $\boldsymbol{\theta}$ 的估计值。常用的方法有两种，一种是极大后验参数估计方法，另一种是条件期望参数估计方法，这两种方法统称为 Bayes 方法。

1. 极大后验参数估计方法

极大后验参数估计方法就是把后验概率密度函数 $p(\boldsymbol{\theta}|\boldsymbol{D}^k)$ 达到极大值作为估计准则。在该准则下求得的参数估计值称作极大后验估计，记作 $\hat{\boldsymbol{\theta}}_{\mathrm{MP}}$。显然，极大后验估计满足方程

$$\left.\frac{\partial p(\boldsymbol{\theta}|\boldsymbol{D}^k)}{\partial \boldsymbol{\theta}}\right|_{\hat{\boldsymbol{\theta}}_{\mathrm{MP}}} = 0 \tag{5.34}$$

或

$$\left.\frac{\partial \lg p(\boldsymbol{\theta}|\boldsymbol{D}^k)}{\partial \boldsymbol{\theta}}\right|_{\hat{\boldsymbol{\theta}}_{\mathrm{MP}}} = 0 \tag{5.35}$$

这意味着在数据 $\boldsymbol{D}^k$ 条件下，模型参数 $\boldsymbol{\theta}$ 落在 $\hat{\boldsymbol{\theta}}_{\mathrm{MP}}$ 邻域内的概率比落在其它邻域的概率大。

如果把式(5.32)代入式(5.35)，并考虑到式(5.32)右边的分母与 $\boldsymbol{\theta}$ 无关，则式(5.35)可写成

$$\left.\frac{\partial \lg p(z(k)|\boldsymbol{\theta}, \boldsymbol{D}^{(k-1)})}{\partial \boldsymbol{\theta}}\right|_{\hat{\boldsymbol{\theta}}_{\mathrm{MP}}} + \left.\frac{\partial \lg p(\boldsymbol{\theta}|\boldsymbol{D}^{(k-1)})}{\partial \boldsymbol{\theta}}\right|_{\hat{\boldsymbol{\theta}}_{\mathrm{MP}}} = 0 \tag{5.36}$$

当 $z(k)$ 是在独立观测条件下的输出样本时，若让式(5.36)左边的第一项为零，则对应的估计值就是极大似然估计。可见，极大后验估计比极大似然估计多考虑了参数 $\boldsymbol{\theta}$ 的先验概率知识。通常情况下，如果参数 $\boldsymbol{\theta}$ 的先验概率密度函数 $p(\boldsymbol{\theta}|\boldsymbol{D}^{(k-1)})$ 为已知，则极大后验估计将优于极大似然估计。也就是说，极大后验估计的精度将高于极大似然估计。但是，通常由于没有参数 $\boldsymbol{\theta}$ 的先验概率知识，加之参数 $\boldsymbol{\theta}$ 的后验概率密度函数的计算难度较大，因此极大似然估计仍然比极大后验估计用得更普遍。

如果参数 $\boldsymbol{\theta}$ 在取值范围内是均匀分布的，则参数 $\boldsymbol{\theta}$ 的先验概率分布为协方差阵趋于无限大的正态分布，即参数 $\boldsymbol{\theta}$ 的先验概率密度函数可写成

$$p(\boldsymbol{\theta} | \boldsymbol{D}^{(k-1)}) = \frac{(2\pi)^{-\frac{N}{2}}}{\sqrt{\det \boldsymbol{P}_{\boldsymbol{\theta}}}} \exp\left\{-\frac{1}{2}(\boldsymbol{\theta} - \bar{\boldsymbol{\theta}})^{\mathrm{T}} P_{\boldsymbol{\theta}}^{-1}(\boldsymbol{\theta} - \bar{\boldsymbol{\theta}})\right\} \tag{5.37}$$

式中，N 表示多元参数 $\boldsymbol{\theta}$ 的维数，即 $N=\dim\boldsymbol{\theta}$；$\bar{\boldsymbol{\theta}}$ 和 $\boldsymbol{P}_{\boldsymbol{\theta}}$ 分别表示参数 $\boldsymbol{\theta}$ 的均值和协方差阵，且 $\boldsymbol{P}_{\boldsymbol{\theta}}^{-1} \rightarrow 0$。那么式(5.40)左边第二项为

$$\left.\frac{\partial \lg p(\boldsymbol{\theta} | \boldsymbol{D}^{(k-1)})}{\partial \boldsymbol{\theta}}\right|_{\hat{\boldsymbol{\theta}}_{\mathrm{MP}}} = -P_{\boldsymbol{\theta}}^{-1}(\hat{\boldsymbol{\theta}}_{\mathrm{MP}} - \bar{\boldsymbol{\theta}}) \rightarrow 0 \tag{5.38}$$

可见，这时极大后验估计就退化为极大似然估计。

上述分析表明，极大后验估计与极大似然估计有着密切的联系，但是它们的基本出发点又是不一样的。极大似然估计立足于直接极大化数据的条件概率密度函数；而极大后验估计则是基于极大化参数 $\boldsymbol{\theta}$ 的后验概率密度函数，它同时考虑了参数 $\boldsymbol{\theta}$ 的先验概率知识。

2. 条件期望参数估计方法

条件期望参数估计方法直接以参数 $\boldsymbol{\theta}$ 的条件数学期望作为参数估计值，即

$$\hat{\boldsymbol{\theta}}(k) = E\{\boldsymbol{\theta} | \boldsymbol{D}^k\} = \int_{-\infty}^{\infty} \boldsymbol{\theta} p(\boldsymbol{\theta} | \boldsymbol{D}^k) \mathrm{d}\boldsymbol{\theta} \tag{5.39}$$

另外，式(5.39)所定义的参数估计值 $\hat{\boldsymbol{\theta}}(k)$ 将等价于极小化参数估计误差的方差的结果，因此条件期望估计有时也称作最小方差估计，即参数估计值 $\hat{\boldsymbol{\theta}}(k)$ 使得

$$E\{[\boldsymbol{\theta} - \bar{\boldsymbol{\theta}}(k)]^{\mathrm{T}}[\boldsymbol{\theta} - \bar{\boldsymbol{\theta}}(k)] | \boldsymbol{D}^k\}\big|_{\hat{\boldsymbol{\theta}}(k) = \hat{\boldsymbol{\theta}}(k)} = \min \tag{5.40}$$

式中，$\bar{\boldsymbol{\theta}}(k)$ 表示参数 $\boldsymbol{\theta}$ 的某种估计量。实际上可以证明式(5.39)和式(5.40)的定义是等价的。

上述分析表明，不管参数 $\boldsymbol{\theta}$ 的后验概率密度函数取什么形式，条件期望参数估计总是无偏一致估计。但是，条件期望参数估计在计算上存在着很大的困难。这里因为计算式(5.39)必须事先求得参数 $\boldsymbol{\theta}$ 的后验概率密度函数，并且式(5.39)的积分运算比较困难。因此，一般情况下，条件期望参数估计在工程上是难以应用的。不过，如果参数 $\boldsymbol{\theta}$ 与输入输出数据之间的关系是线性的，而且数据噪声服从高斯分布，那么式(5.39)就有准确解。下面将重点讨论 Bayes 方法在这种情况下的模型参数辨识问题。

5.2.2 最小二乘模型的 Bayes 参数辨识

考虑最小二乘格式模型：

$$z(k) = \boldsymbol{h}^{\mathrm{T}}(k)\boldsymbol{\theta} + v(k) \tag{5.41}$$

其中，

$$\begin{cases} \boldsymbol{h}(k) = [-z(k-1), \cdots, -z(k-m), u(k-1), \cdots, u(k-n)]^{\mathrm{T}} \\ \boldsymbol{\theta} = [a_1, \cdots, a_m, b_1, \cdots, b_n]^{\mathrm{T}} \end{cases} \tag{5.42}$$

$v(k)$ 是均值为零、方差为 σ_v^2 的服从高斯分布的白噪声序列。

应用 Bayes 方法估计模型(5.41)的参数 $\boldsymbol{\theta}$ 时，首先要把参数 $\boldsymbol{\theta}$ 看做随机变量，然后利用式(5.35)或式(5.39)来确定参数 $\boldsymbol{\theta}$ 的估计值。显然，无论利用哪个式子求参数估计值都需要预先确定参数 $\boldsymbol{\theta}$ 的后验概率密度函数 $p(\boldsymbol{\theta} | \boldsymbol{D}^k)$。根据式(5.32)，并利用下面的 Bayes 公式

$$p(a, b|c) = p(a|b, c)p(b|c) \tag{5.43}$$

或进一步写成

$$p(a|b, c) = p(b|a, c)\frac{p(a|c)}{p(b|c)}$$

可得参数 $\boldsymbol{\theta}$ 的后验概率密度函数为

$$p(\boldsymbol{\theta}|\boldsymbol{D}^k) = \frac{p(z(k)|\boldsymbol{\theta}, \boldsymbol{D}^{(k-1)})p(\boldsymbol{\theta}|\boldsymbol{D}^{(k-1)})}{p(z(k)|\boldsymbol{D}^{(k-1)})} \tag{5.44}$$

设参数 θ 在数据 $\boldsymbol{D}^0$ 条件下的先验概率分布是均值为 $\hat{\boldsymbol{\theta}}(0)$、协方差阵为 $\boldsymbol{P}(0)$ 的正态分布，即

$$p(\boldsymbol{\theta}|\boldsymbol{D}^0) = \frac{(2\pi)^{-\frac{N}{2}}}{\sqrt{\det\boldsymbol{P}(0)}}\exp\left\{-\frac{1}{2}[\boldsymbol{\theta}-\hat{\boldsymbol{\theta}}(0)]^{\mathrm{T}}\boldsymbol{P}^{-1}(0)[\boldsymbol{\theta}-\hat{\boldsymbol{\theta}}(0)]\right\} \tag{5.45}$$

其中，$N=\dim\boldsymbol{\theta}$，则参数 $\boldsymbol{\theta}$ 在数据 $\boldsymbol{D}^k$ 条件下的后验概率分布也是正态分布的，其均值和协方差阵分别记作 $\hat{\boldsymbol{\theta}}(k)$ 和 $\boldsymbol{P}(k)$。于是，参数 $\boldsymbol{\theta}$ 在数据 $\boldsymbol{D}^{(k-1)}$ 条件下的概率分布可写成

$$p(\boldsymbol{\theta}|\boldsymbol{D}^{(k-1)}) = \frac{(2\pi)^{-\frac{N}{2}}}{\sqrt{\det\boldsymbol{P}(k-1)}}\exp\left\{-\frac{1}{2}[\boldsymbol{\theta}-\hat{\boldsymbol{\theta}}(k-1)]^{\mathrm{T}}\boldsymbol{P}^{-1}(k-1)[\boldsymbol{\theta}-\hat{\boldsymbol{\theta}}(k-1)]\right\} \tag{5.46}$$

同时，由于噪声服从正态分布，$v(k)\sim N(0,\sigma_v^2)$，结合式(5.41)，则有 $z(k)\sim N(\boldsymbol{h}^{\mathrm{T}}(k)\boldsymbol{\theta},\sigma_v^2)$，因此数据的条件概率密度函数可写成

$$p(z(k)|\boldsymbol{\theta}, \boldsymbol{D}^{(k-1)}) = \frac{1}{\sqrt{2\pi\sigma_v^2}}\exp\left\{-\frac{1}{2\sigma_v^2}[z(k)-\boldsymbol{h}^{\mathrm{T}}(k)\boldsymbol{\theta}]^2\right\} \tag{5.47}$$

将式(5.46)和式(5.47)代入式(5.44)，得

$$p(\boldsymbol{\theta}|\boldsymbol{D}^k) = \mathrm{Norm}\exp\left\{-\frac{1}{2\sigma_v^2}[z(k)-\boldsymbol{h}^{\mathrm{T}}(k)\boldsymbol{\theta}]^2-\frac{1}{2}[\boldsymbol{\theta}-\hat{\boldsymbol{\theta}}(k-1)]^{\mathrm{T}}\boldsymbol{P}^{-1}(k-1)[\boldsymbol{\theta}-\hat{\boldsymbol{\theta}}(k-1)]\right\} \tag{5.48}$$

其中，Norm 与 $\boldsymbol{\theta}$ 无关，且

$$\mathrm{Norm} = \frac{(2\pi)^{-\frac{N}{2}}}{p(z(k)|\boldsymbol{D}^{(k-1)})\sqrt{2\pi\sigma_v^2\det\boldsymbol{P}(k-1)}} \tag{5.49}$$

式(5.48)两边取对数后为

$$\lg p(\boldsymbol{\theta}|\boldsymbol{D}^k) = \mathrm{const}-\frac{1}{2\sigma_v^2}[z(k)-\boldsymbol{h}^{\mathrm{T}}(k)\boldsymbol{\theta}]^2-\frac{1}{2}[\boldsymbol{\theta}-\hat{\boldsymbol{\theta}}(k-1)]^{\mathrm{T}}\boldsymbol{P}^{-1}(k-1)[\boldsymbol{\theta}-\hat{\boldsymbol{\theta}}(k-1)] \tag{5.50}$$

将上式右边展开，并整理成二次型：

$$\begin{aligned}\lg p(\boldsymbol{\theta}|\boldsymbol{D}^k) = \mathrm{const}-\frac{1}{2}&\left[\boldsymbol{\theta}-\frac{1}{\sigma_v^2}\boldsymbol{P}(k)h(k)z(k)-\boldsymbol{P}(k)\boldsymbol{P}^{-1}(k-1)\hat{\boldsymbol{\theta}}(k-1)\right]^{\mathrm{T}}\\ &\times\boldsymbol{P}^{-1}(k)\left[\boldsymbol{\theta}-\frac{1}{\sigma_v^2}\boldsymbol{P}(k)h(k)z(k)-\boldsymbol{P}(k)\boldsymbol{P}^{-1}(k-1)\hat{\boldsymbol{\theta}}(k-1)\right]\end{aligned} \tag{5.51}$$

式中

$$\boldsymbol{P}^{-1}(k) = \boldsymbol{P}^{-1}(k-1)+\frac{1}{\sigma_v^2}\boldsymbol{h}(k)\boldsymbol{h}^{\mathrm{T}}(k) \tag{5.52}$$

得

$$P(k)P^{-1}(k-1) = I - \frac{1}{\sigma_v^2}P(k)h(k)h^{\mathrm{T}}(k) \tag{5.53}$$

代入式(5.51)，得

$$\lg p(\boldsymbol{\theta} | D^k) = \mathrm{const} - \frac{1}{2}(\boldsymbol{\theta} - \bar{\boldsymbol{\theta}})^{\mathrm{T}} P^{-1}(k)(\boldsymbol{\theta} - \bar{\boldsymbol{\theta}}) \tag{5.54}$$

其中，

$$\bar{\boldsymbol{\theta}} = \hat{\boldsymbol{\theta}}(k-1) + \frac{1}{\sigma_v^2}P(k)h(k)[z(k) - h^{\mathrm{T}}(k)\hat{\boldsymbol{\theta}}(k-1)] \tag{5.55}$$

根据式(5.35)，当 $\hat{\boldsymbol{\theta}}(k)=\bar{\boldsymbol{\theta}}$ 时，$\lg p(\boldsymbol{\theta}|D^k)$达到最大值。因此，$\hat{\boldsymbol{\theta}}(k)=\bar{\boldsymbol{\theta}}$ 是参数 $\boldsymbol{\theta}$ 在 k 时刻的极大后验估计。

同时，式(5.54)意味着参数 $\boldsymbol{\theta}$ 的后验概率密度函数为

$$p(\boldsymbol{\theta} | D^k) = \mathrm{Norm} \times \exp\left\{-\frac{1}{2}(\boldsymbol{\theta} - \bar{\boldsymbol{\theta}})^{\mathrm{T}} P^{-1}(k)(\boldsymbol{\theta} - \bar{\boldsymbol{\theta}})\right\} \tag{5.56}$$

根据式(5.39)，有

$$\hat{\boldsymbol{\theta}}(k) = E\{\boldsymbol{\theta} | D^k\} = \bar{\boldsymbol{\theta}} \tag{5.57}$$

可见，模型(5.41)的极大后验参数估计和条件期望参数估计的结果是一致的。但是，这并不能说明两种参数估计方法对所有问题的估计结果都是一致的。一般来说，当 k 比较小时，这两种方法的估计结果是不同的；当 k 比较大时，它们就没有差别了，两者的估计结果将趋于一致。

如果对式(5.52)使用一次矩阵反演公式，并令

$$K(k) = \frac{1}{\sigma_v^2}P(k)h(k) \tag{5.58}$$

则类似于最小二乘递推算法的推导，可求得 Bayes 方法的参数递推估计算法为

$$\begin{cases} \hat{\boldsymbol{\theta}}(k) = \hat{\boldsymbol{\theta}}(k-1) + K(k)[z(k) - h^{\mathrm{T}}(k)\hat{\boldsymbol{\theta}}(k-1)] \\ K(k) = P(k-1)h(k)[h^{\mathrm{T}}(k)P(k-1)h(k) + \sigma_v^2]^{-1} \\ P(k) = [I - K(k)h^{\mathrm{T}}(k)]P(k-1) \end{cases} \tag{5.59}$$

5.2.3 Bayes 辨识的 MATLAB 仿真

例 5.2 某待辨识系统结构如图 5.7 所示。图中，$v(k)$是均值为零、方差为 σ_v^2 的服从正态分布的不相关随机噪声，且

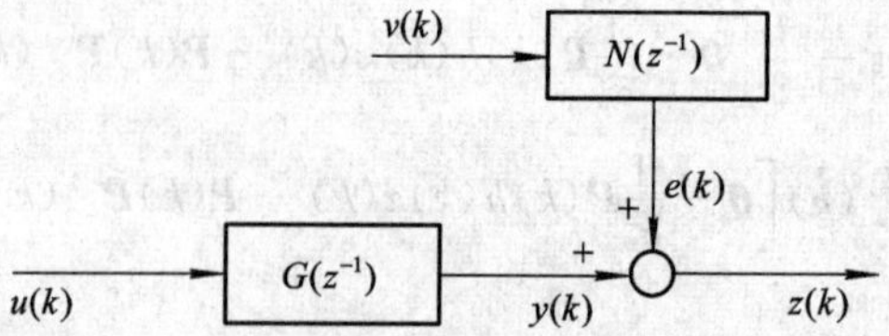

图 5.7 待辨识系统结构

$$G(z^{-1}) = \frac{z^{-1} + 0.5z^{-2}}{1 - 1.5z^{-1} + 0.7z^{-2}}, \quad N(z^{-1}) = \frac{1 - z^{-1} + 0.2z^{-2}}{1 - 1.5z^{-1} + 0.7z^{-2}}$$

模型结构选用如下形式：

$$\begin{aligned} & z(k) + a_1 z(k-1) + a_2 z(k-2) \\ & = b_1 u(k-1) + b_2 u(k-2) + v(k) + d_1 v(k-1) + d_2 v(k-2) \end{aligned}$$

Bayes 辨识算法程序流程图如图 5.8 所示。

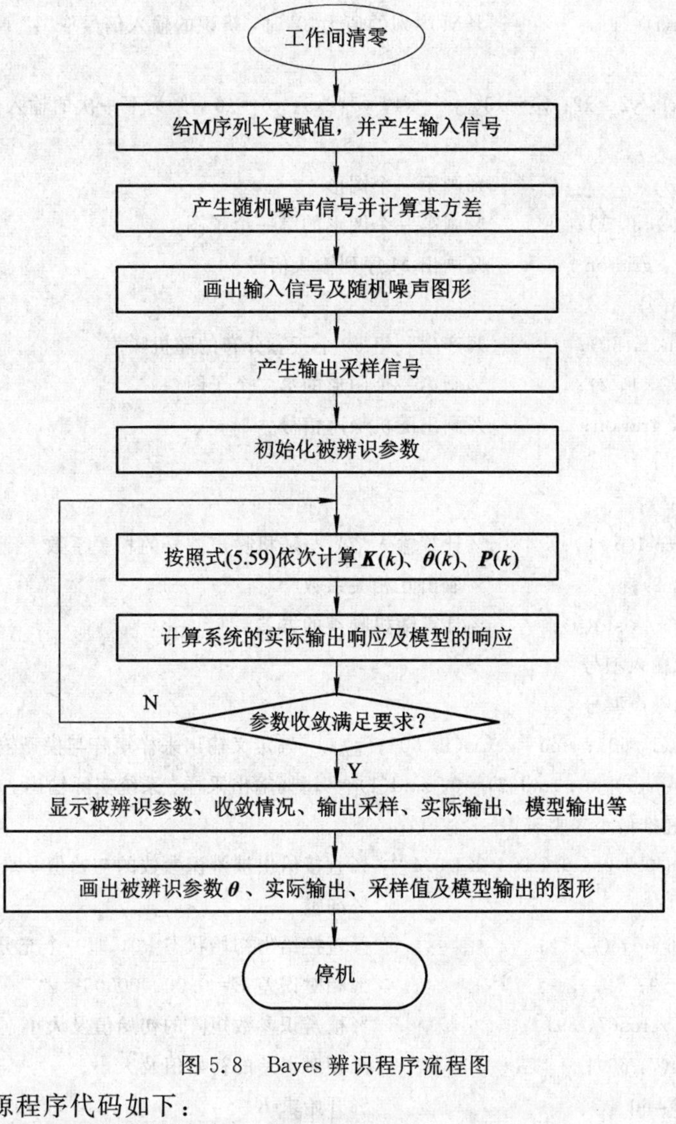

图 5.8　Bayes 辨识程序流程图

MATLAB 源程序代码如下：

```
%Bayes 辨识程序，在光盘中的文件名为 CH5ex2.m
clear
L=60;                    %四位移位积存器产生的 M 序列的周期
y1=1; y2=1; y3=1; y4=0; y5=0; y6=0; %四个移位积存器的输出初始值
for i=1: L;
x1=xor(y5, y6);          %第一个移位积存器的输入信号
```

```
x2=y1;                    %第二个移位积存器的输入信号
x3=y2;                    %第三个移位积存器的输入信号
x4=y3;                    %第四个移位积存器的输入信号
x5=y4;
x6=y5;
y(i)=y6;                  %第四个移位积存器的输出信号，幅值为"0"和"1"
if y(i)>0.5, u(i)=-1;     %M序列的值为"1"时，辨识的输入信号取"-1"
  else u(i)=1;            %M序列的值为"0"时，辨识的输入信号取"1"
  end
  y1=x1; y2=x2; y3=x3; y4=x4; y5=x5; y6=x6   %为下一次的输入信号做准备
end
figure(1);                %画第一个图形
subplot(2, 1, 1);         %画第一个图形的第一个子图
stem(u), grid on          %画出M序列输入信号
ylabel('u');
v=randn(1, 60);           %产生一组60个正态分布的随机噪声
subplot(2, 1, 2);         %画第一个图形的第二个子图
plot(v), grid on;         %画出随机噪声信号
xlabel('i');
ylabel('v');
R=corrcoef(u, v);         %计算输入信号与随机噪声信号的相关系数
r=R(1, 2);                %取出互相关系数
rv=std(v)*std(v);         %计算随机噪声的方差
u%显示输入型号
v%显示噪声型号
z=zeros(1, 60); zmd=zeros(1, 60);          %定义输出采样矩阵与模型输出矩阵的大小
z(2)=0; z(1)=0; zmd(2)=0; zmd(1)=0;        %输出采样、系统实际输出、模型输出赋初值
%增广递推最小二乘辨识
c0=[0.1 0.1 0.1 0.1 0.1 0.1 0.1]'; %直接给出被辨识参数的初始值，即一个充分小的实
                                   %向量
p0=10^6*eye(7, 7);                 %直接给出初始状态P0，即一个充分大的实数单位矩阵
E=5.e-9;                           %相对误差E=0.000000005
c=[c0, zeros(7, 59)];              %被辨识参数矩阵的初始值及大小
e=zeros(7, 60);                    %相对误差的初始值及大小
for k=3:60                         %开始求K
  for m=1:2                        %点循环
    z(k)=1.5*z(k-1)-0.7*z(k-2)+u(k-1)+0.5*u(k-2)+v(k)-v(k-1)
         +0.2*v(k-2);              %系统在M序列输入下的输出采样信号
    h1=[-z(k-1), -z(k-2), u(k-1), u(k-2), v(k), v(k-1), v(k-2)]';
                                   %为求K(k)做准备
    x=h1'*p0*h1+rv;
```

```
        x1=inv(x);
        k1=p0*h1*x1; %K
        d1=z(k)-h1'*c0;                %开始求被辨识参数 c
        c1=c0+k1*d1;                   %辨识参数 c
        zmd(k)=h1'*c1                  %模型在 M 序列的输入下的输出响应
        e1=c1-c0;
        e2=e1;
        e2=e1./c0;                     %求参数的相对变化
        e(:, k)=e2;
        c0=c1;                         %给下一次用
        c(:, k)=c1;                    %把辨识参数 c 列向量加入辨识参数矩阵
        p1=p0-k1*k1'*[h1'*p0*h1+1];    %find p(k)
        p0=p1;                         %给下次用
        if e2<=0.000001 break;         %若收敛情况满足要求，终止计算
        end                            %判断结束
    end                                %点循环结束
end                                    %循环结束
c, e, z, zmd                           %显示被辨识参数、误差情况、输出采样值、模型输出值
%分离赋值
    a1=c(1, :); a2=c(2, :); b1=c(3, :); b2=c(4, :); %分离出 a1、a2、b1、b2
    d1=c(5, :); d2=c(6, :); d3=c(7, :); %分离出 d1、d2、d3
    ea1=e(1, :); ea2=e(2, :); eb1=e(3, :); eb2=e(4, :);
                                       %分离出 a1、a2、b1、b2 的收敛情况
    ed1=e(5, :); ed2=e(6, :); ed3=e(7, :); %分离出 d1、d2、d3 的收敛情况
figure(2);                             %画第二个图形
i=1: 60;
plot(i, a1, 'k-', i, a2, 'k-:', i, b1, 'k--', i, b2, 'k-', i, d1,'k*', i, d2, 'kd', i,
    d3,'b+')
                                       %画出各个被辨识参数
legend('a1=-1.5', 'a2=0.7', 'b1=1.0', 'b2=0.5', 'd1=-1.0', 'd2=0.2'); %图标注
xlabel('i'); ylabel('a1, a2, b1, b2, d1, d2');
title('Parameter Identification with Recursive Least Squares Method')  %标题
figure(3);                             %画出第三个图形
i=1: 60;
plot(i, ea1, 'k-', i,ea2,'k:',i,eb1,'k--',i,eb2,'k-',i,ed1, 'k*',i,ed2,'kd',i, ed2,'b+')
                                       %画出各个参数收敛情况
legend('ea1', 'ea2', 'eb1', 'eb2', 'ed1', 'ed2');      %图标注
title('Identification Precision')                      %标题
xlabel('i'); ylabel('error');
figure(4);
subplot(2, 1, 1); i=1: 60; plot(i, z(i), 'r')         %画出系统的采样输出
```

```
ylabel('z');
subplot(2, 1, 2); i=1: 60; plot(i, zmd(i), 'b')      %画出模型的输出
xlabel('i'); ylabel('zmd');
```

程序执行结果如下：

```
u =
  [1, -1, -1, -1, -1, 1, 1, 1, -1, 1, 1, -1, -1, 1, -1, 1, -1, -1, 1, -1,
   -1, 1, 1, -1, 1, 1, -1, -1, 1, -1, 1, -1, -1, -1, -1, 1, 1, 1, -1, 1, 1,
   -1, -1, 1, -1, 1, -1, -1, -1, -1, 1, 1, 1, -1, 1, 1, -1, -1, 1, -1]
v =
  [-0.4326, -1.6656, 0.1253, 0.2877, -1.1465, 1.1909, 1.1892, -0.0376, 0.3273,
   0.1746, -0.1867, 0.7258, -0.5883, 2.1832, -0.1364, 0.1139, 1.0668, 0.0593,
   -0.0956, -0.8323, 0.2944, -1.3362, 0.7143, 1.6236, -0.6918, 0.8580, 1.2540,
   -1.5937, -1.4410, 0.5711, -0.3999, 0.6900, 0.8156, 0.7119, 1.2902, 0.6686,
   1.1908, -1.2025, -0.0198, -0.1567, -1.6041, 0.2573, -1.0565, 1.4151,
   -0.8051, 0.5287, 0.2193, -0.9219, -2.1707, -0.0592, -1.0106, 0.6145,
   0.5077, 1.6924, 0.5913, -0.6436, 0.3803, -1.0091, -0.0195, -0.0482]
rv = 0.8991 ; r = 0.0591
c =
 [0.00100  0.0010 -0.0004 -0.1558 -0.9692 -1.2967 -1.3339 -1.5000 -1.5000 -1.5000 -1.5000
  0.00100  0.0010  0.0010  0.9464  0.9030  0.3195  0.4045  0.7000  0.7000  0.7000  0.7000
  0.00100  0.2414 -0.2425  0.4557  0.6715  0.7941  0.6938  1.0000  1.0000  1.0000  1.0000
  0.00100  0.2434  0.2421  0.6788  1.1565  1.0305  1.0194  0.5000  0.5000  0.5000  0.5000
  0.00100  0.0314  0.0317  0.9779  0.5510  1.1953  1.2261  1.0000  1.0000  1.0000  1.0000
  0.00100  0.4027 -0.4024 -0.3832 -0.2854 -0.4734 -0.4439 -1.0000 -1.0000 -1.0000 -1.0000
  0.00100 -0.1038 -0.1058 -0.5099 -0.4045 -0.0686  0.0328  0.2000  0.2000  0.2000  0.2000]
e =
 [0 0    0         -1.4450  349.1896   5.2201   0.3379   0.0287   0.1245  -0.0000   0.0000   0.0000
  0 0    0          0       945.4254  -0.0458  -0.6462   0.2662   0.7305  -0.0000   0.0000  -0.0000
  0 0 -242.3907     0.0044   -2.8795   0.4734   0.1827  -0.1263   0.4413   0.0000   0.0000  -0.0000
  0 0  242.3907    -0.0055    1.8042   0.7038  -0.1089  -0.0109  -0.5095  -0.0000  -0.0000   0.0000
  0 0   30.3794     0.0105   29.8394  -0.4365   1.1693   0.0258  -0.1844  -0.0000  -0.0000   0.0000
  0 0 -403.7221    -0.0009   -0.0477  -0.2552   0.6588  -0.0623   1.2527   0.0000   0.0000  -0.0000
  0 0 -104.8497     0.0187    3.8203  -0.2068  -0.8305  -1.4781   5.0998  -0.0000   0.0000   0.0000]
```

Bayes 辨识结果如表 5.3 所示。

表 5.3　Bayes 辨识结果

参　数	a_1	a_2	b_1	b_2	d_1	d_2	d_3
真　值	−1.5	0.7	1.0	0.5	1.0	−1.0	0.2
估计值	−1.5	0.7	1.0	0.5	1.0	−1.0	0.2

辨识过程中，各主要参数的变化规律如图 5.9 所示。

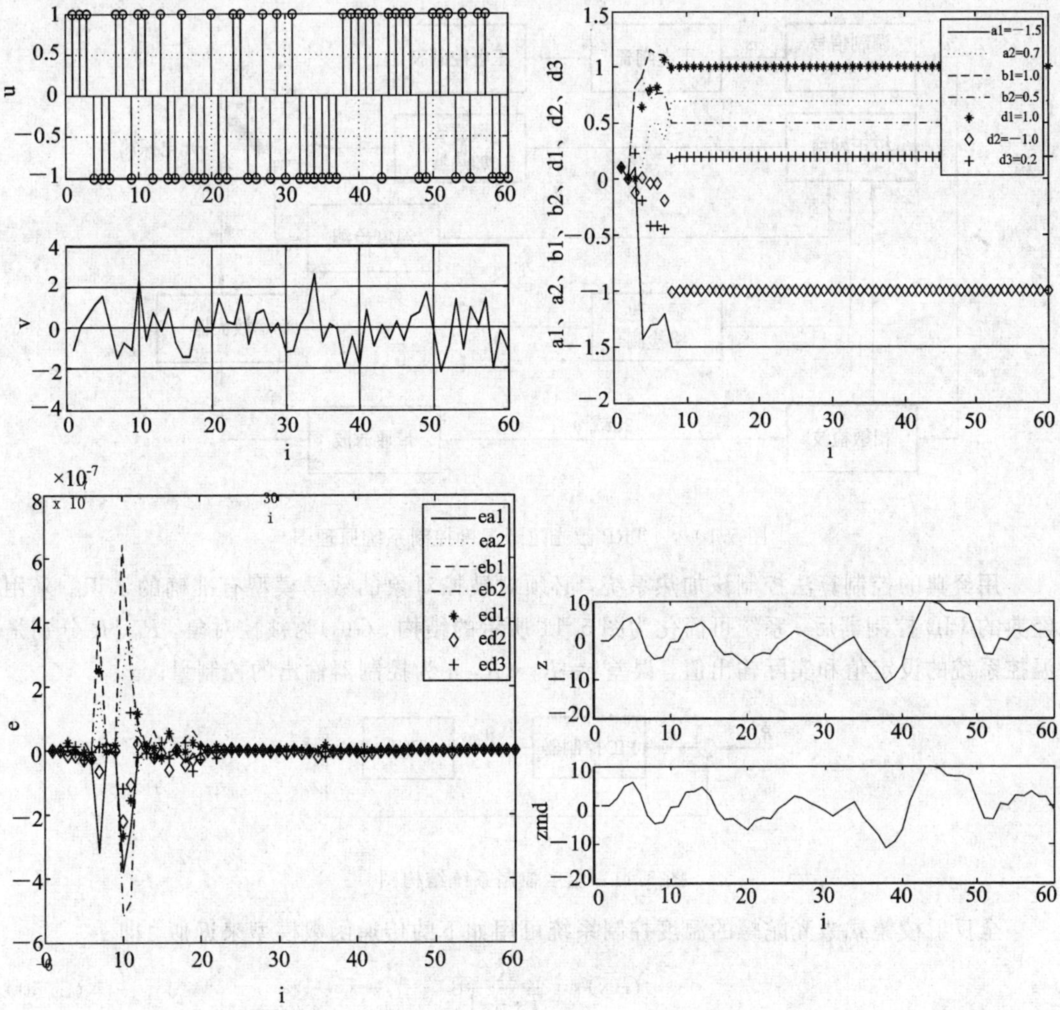

图 5.9　辨识过程中各主要参数的变化规律

需要指出，加在辨识系统上的噪声是随机噪声，即每次辨识过程中的噪声是唯一的，所以每一次程序运行的中间过程是不同的，但参数辨识的最终结果是一致的。

5.2.4　TRP 激光陀螺温度控制系统的参数辨识

激光陀螺作为一种可靠、高精度、低成本的角度传感器，是现代高科技的结晶，也是世界各国竞相开展研究的焦点。全反射棱镜(Total Reflecting Prisms，TRP)式激光陀螺因具有高反射率、高 Q 值和低背向散射等优良性质，因而在航空航天中逐渐被广泛应用。激光陀螺的精度主要取决于腔长的控制精度。在 TRP 激光陀螺中，腔长是靠控制腔内气体温度实现的。因此，准确地辨识出该温度控制系统的数学模型是必要的。

TRP 激光陀螺与反射镜式激光陀螺的主要区别在于它的腔长控制系统是通过加热腔内气体，改变气体密度，进而改变气体折射率，从而改变光程长度来实现的。该控制系统的组成如图 5.10 所示。

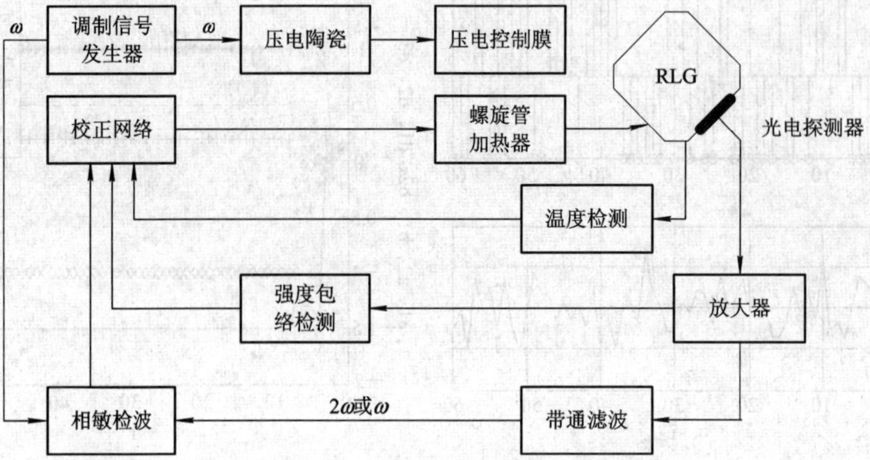

图 5.10　TRP 激光陀螺温度控制系统原理图

用经典的控制算法控制该加热系统，必须对被控对象的数学模型有准确的认识。采用经典的 PID 控制器后，系统可简化为图 5.11 所示的结构。$G(s)$为被控对象，R_0、R 分别是温控系统的设定值和实际输出值，误差 $e=R_0-R$，u 为控制器输出的控制量。

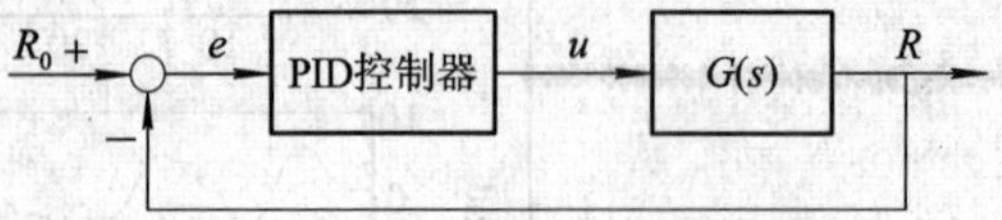

图 5.11　温度控制系统结构图

全反射棱镜式激光陀螺的温度控制系统可用如下的传递函数模型来近似，即

$$G(s)=\frac{K}{Ts+1}\mathrm{e}^{-\beta s} \tag{5.60}$$

式中，K 为过程稳态增益，T 为过程时间常数，β 表示纯滞后时间。

实际上获取过程传递函数模型最常用、最方便的方法是阶跃响应实验法。在过程进入稳态后，加入适当幅度的阶跃激励信号，观察过程输出变化。根据阶跃响应数据可以得到对 K、T 和 β 的估计。进行一阶加滞后模型阶跃响应辨识的一种常用方法是面积法。该方法简单，对高频噪声也有一定的抗干扰能力，但是对阶跃响应实验的完整性要求较高，必须获得完全进入稳态的过程输出数据。对实际的激光陀螺进行阶跃试验时，我们总是希望尽可能缩短扰动的持续时间，减少对正常操作的影响，控制要求较高的回路更是如此。因此，有时很难满足面积法所要求的条件，只能利用不十分完整的数据进行辨识。这里分别介绍利用最小二乘法和 Bayes 方法来辨识这种一阶加滞后传递函数模型的方法，它们有效地解决了实际过程中一阶模型阶跃响应辨识问题。

1. 基于最小二乘法 TRP 激光陀螺温度控制系统的参数辨识

对式(5.60)所示的系统，假设在 $t=0$ 时刻对零初始状态加入幅值为 a 的阶跃扰动输入 $u(t)$，在 t 时刻过程的瞬时输出为

$$z(t)=aK(1-\mathrm{e}^{-\frac{t-\beta}{T}})+\omega(t),\quad t\geqslant\beta \tag{5.61}$$

式中，$\omega(t)$为输出 $z(t)$中的白噪声。由式(5.61)得

$$e^{-\frac{t-\beta}{T}} = 1 - \frac{z(t)}{aK} + \frac{\omega(t)}{aK}, \quad t \geqslant \beta \tag{5.62}$$

对式(5.61)进行从 0 到 τ 的积分运算，并将式(5.62)及 $z(\beta)=0$ 代入，得

$$\begin{aligned}\int_0^\tau z(t)\,dt &= aK\left(t + Te^{-\frac{t-\beta}{T}}\right)\Big|_\beta^\tau + \int_0^\tau \omega(t)\,dt \\ &= aK\left[\tau - \beta - T\frac{z(\tau)}{aK}\right] + T\omega(\tau) - T\omega(\beta) + \int_0^\tau \omega(t)\,dt\end{aligned} \tag{5.63}$$

令

$$Z(\tau) = \int_0^\tau z(t)\,dt \tag{5.64}$$

$$\delta(\tau) = T\omega(\tau) - T\omega(\beta) + \int_0^\tau \omega(t)\,dt \tag{5.65}$$

式(5.63)可整理为

$$Z(\tau) = aK\left[\tau - \beta - T\frac{z(\tau)}{aK}\right] + \delta(\tau) \tag{5.66}$$

即

$$[a\tau \quad -a \quad -z(\tau)]\cdot\begin{bmatrix}K \\ \beta K \\ T\end{bmatrix} = Z(\tau) - \delta(\tau), \quad \tau \geqslant \beta \tag{5.67}$$

对于 L 组辨识数据，即 $\tau=1\cdot T_s, 2\cdot T_s, \cdots, L\cdot T_s$，方程(5.67)构成线性方程组，即

$$\boldsymbol{Z} = \boldsymbol{H\theta} + \boldsymbol{\Delta} \tag{5.68}$$

式中，T_s为采样时间。

$$\boldsymbol{\theta} = [K \quad \beta K \quad T]^T \tag{5.69}$$

$$\boldsymbol{H} = \begin{bmatrix} a\cdot m\cdot T_s & -a & -z[m\cdot T_s] \\ a\cdot(m+1)\cdot T_s & -a & -z[(m+1)\cdot T_s] \\ \vdots & \vdots & \vdots \\ a\cdot L\cdot T_s & -a & -z[L\cdot T_s] \end{bmatrix} \tag{5.70}$$

$$\boldsymbol{Z} = [Z[m\cdot T_s] \quad Z[(m+1)\cdot T_s] \quad \cdots \quad Z[L\cdot T_s]]^T \tag{5.71}$$

$$\boldsymbol{\Delta} = [-\delta[m\cdot T_s] \quad -\delta[(m+1)\cdot T_s] \quad \cdots \quad -\delta[L\cdot T_s]]^T \tag{5.72}$$

式中，m 满足

$$mT_s \geqslant \beta$$

令 $\boldsymbol{h}(m)=[a\cdot m\cdot T_s \quad -a \quad -y[m\cdot T_s]]^T$，若准则函数取

$$J(\boldsymbol{\theta}) = \sum_{k=m}^{L-k+1}\Lambda(k)[Z(k) - \boldsymbol{h}^T(k)\boldsymbol{\theta}]^2$$

其中，$\Lambda(k)$称为加权因子，对所有的 k，$\Lambda(k)$都必须是正数。引进加权因子的目的是便于考虑观测数据的可信度。现假定噪声信号 Δ 是零均值的白噪声序列，则方程(5.68)参数 $\boldsymbol{\theta}$ 的最小二乘估计由下式给出：

$$\hat{\boldsymbol{\theta}} = (\boldsymbol{H}^T\boldsymbol{\Lambda H})^{-1}\boldsymbol{H}^T\boldsymbol{\Lambda Z} \tag{5.73}$$

一般情况下，采用式(5.73)可以得到满意的辨识结果。当过程存在较大的量测噪声(有色噪声)时，以上方法得到的辨识结果是有偏的，引入辅助变量可以克服噪声影响。辅助变量法的特点是：即使过程测量输出含有统计特性未知的高噪声干扰，辨识过程仍能获得渐进无偏的参数估计。选择辅助矩阵 $\boldsymbol{F}$ 满足：

(1) $\lim\limits_{L\to\infty}\frac{1}{L}\boldsymbol{F}^{\mathrm{T}}\boldsymbol{H}$ 存在且可逆；

(2) $\lim\limits_{L\to\infty}\frac{1}{L}\boldsymbol{F}^{\mathrm{T}}\boldsymbol{\Delta}=R_{\boldsymbol{F\Delta}}=0$，即 $\boldsymbol{F}$ 和 $\boldsymbol{\Delta}$ 是不相关的。

故矩阵 $\boldsymbol{F}$ 可构造如下：

$$\boldsymbol{F}=\begin{bmatrix} m\cdot T_{\mathrm{s}} & -1 & \dfrac{1}{m\cdot T_{\mathrm{s}}} \\ (m+1)\cdot T_{\mathrm{s}} & -1 & \dfrac{1}{(m+1)\cdot T_{\mathrm{s}}} \\ \vdots & \vdots & \vdots \\ L\cdot T_{\mathrm{s}} & -1 & \dfrac{1}{L\cdot T_{\mathrm{s}}} \end{bmatrix} \tag{5.74}$$

此时的最小二乘估计为

$$\hat{\boldsymbol{\theta}}=(\boldsymbol{F}^{\mathrm{T}}\boldsymbol{\Lambda H})^{-1}\boldsymbol{F}^{\mathrm{T}}\boldsymbol{\Lambda Z} \tag{5.75}$$

上面推导出了该模型参数辨识的最小二乘一次完成算法，该算法原理简单，便于理论研究，但具体使用时不仅占用内存量大，而且不能用于在线辨识。解决这个问题可以用增广的最小二乘、广义的最小二乘或极大似然辨识方法来处理。

假定噪声信号 $\boldsymbol{\Delta}$ 是零均值的白噪声序列，辨识 TRP 激光陀螺温度控制系统参数的递推算法就是每获得一次新的观测数据就修正一次参数估计值，随着时间的推移，便能获得满意的辨识结果。

首先，将式(5.73)的一次完成算法写成

$$\begin{aligned}\hat{\boldsymbol{\theta}}&=(\boldsymbol{H}^{\mathrm{T}}\boldsymbol{\Lambda H})^{-1}\boldsymbol{H}^{\mathrm{T}}\boldsymbol{\Lambda Z}=P(L)\boldsymbol{H}^{\mathrm{T}}\boldsymbol{\Lambda Z}\\&=\Big[\sum_{i=m}^{L-m+1}\boldsymbol{\Lambda}(i)\boldsymbol{h}(i)h^{\tau}(i)\Big]^{-1}\Big[\sum_{i=m}^{L-m+1}\Lambda(i)h(i)Z(i)\Big]\end{aligned} \tag{5.76}$$

定义

$$\boldsymbol{P}^{-1}(k)=\sum_{i=m}^{k}\Lambda(i)h(i)\boldsymbol{h}^{\mathrm{T}}(i)=\boldsymbol{H}_k^{\mathrm{T}}\boldsymbol{\Lambda}_k\boldsymbol{H}_k \tag{5.77}$$

$$\boldsymbol{H}_k=\begin{bmatrix}\boldsymbol{h}^{\mathrm{T}}(m)\\ \boldsymbol{h}^{\mathrm{T}}(m+1)\\ \vdots\\ \boldsymbol{h}^{\mathrm{T}}(k)\end{bmatrix},\ \boldsymbol{\Lambda}_k=\begin{bmatrix}\Lambda(1) & & \mathbf{0}\\ & \Lambda(2) & \\ & & \ddots & \\ \mathbf{0} & & & \Lambda(k)\end{bmatrix} \tag{5.78}$$

由式(5.77)可得

$$\begin{aligned}\boldsymbol{P}^{-1}(k)&=\sum_{i=m}^{k-1}\Lambda(i)h(i)\boldsymbol{h}^{\mathrm{T}}(i)+\Lambda(k)h(k)\boldsymbol{h}^{\mathrm{T}}(k)\\&=P^{-1}(k-1)+\Lambda(k)h(k)\boldsymbol{h}^{\mathrm{T}}(k)\end{aligned} \tag{5.79}$$

令

$$\boldsymbol{Z}_{k-1} = [Z[m \cdot T_s] \quad Z[(m+1) \cdot T_s] \quad \cdots \quad Z[(k-m) \cdot T_s]]^{\mathrm{T}} \tag{5.80}$$

则

$$\begin{aligned}\hat{\boldsymbol{\theta}}(k-1) &= (\boldsymbol{H}_{k-1}^{\mathrm{T}} \Lambda_{k-1} \boldsymbol{H}_{k-1})^{-1} \boldsymbol{H}_{k-1}^{\mathrm{T}} \Lambda_{k-1} \boldsymbol{Z}_{k-1} \\ &= \boldsymbol{P}(k-1)\Big[\sum_{i=m}^{k-1} \Lambda(i) h(i) Z(i)\Big]\end{aligned} \tag{5.81}$$

于是有

$$\boldsymbol{P}^{-1}(k-1)\,\hat{\boldsymbol{\theta}}(k-1) = \sum_{i=m}^{k-m+1} \Lambda(i) h(i) Z(i) \tag{5.82}$$

令

$$\boldsymbol{Z}_k = [Z[m \cdot T_s] \quad Z[(m+1) \cdot T_s] \quad \cdots \quad Z[(k-m+1) \cdot T_s]]^{\mathrm{T}} \tag{5.83}$$

利用式(5.79)和式(5.82)，可得

$$\hat{\boldsymbol{\theta}}(k) = \hat{\boldsymbol{\theta}}(k-1) + \boldsymbol{P}(k) h(k) \boldsymbol{\Lambda}(k)[Z(k) - \boldsymbol{h}^{\mathrm{T}}(k)\,\hat{\boldsymbol{\theta}}(k-1)] \tag{5.84}$$

引进增益矩阵 $\boldsymbol{K}(k)$，定义为

$$\boldsymbol{K}(k) = \boldsymbol{P}(k) h(k) \Lambda(k) \tag{5.85}$$

则式(5.84)可写为

$$\hat{\boldsymbol{\theta}}(k) = \hat{\boldsymbol{\theta}}(k-1) + \boldsymbol{K}(k)[Z(k) - \boldsymbol{h}^{\mathrm{T}}(k)\,\hat{\boldsymbol{\theta}}(k-1)] \tag{5.86}$$

根据矩阵反演公式，由式(5.79)可得

$$\boldsymbol{P}(k) = \left[I - \frac{P(k-1)h(k)\boldsymbol{h}^{\mathrm{T}}(k)}{\boldsymbol{h}^{\mathrm{T}}(k)P(k-1)h(k) + \Lambda^{-1}(k)}\right] P(k-1) \tag{5.87}$$

将式(5.87)代入式(5.85)，整理后得

$$\boldsymbol{K}(k) = \boldsymbol{P}(k-1)\boldsymbol{h}(k)\left[\boldsymbol{h}^{\mathrm{T}}(k)\boldsymbol{P}(k-1)\boldsymbol{h}(k) + \frac{1}{\boldsymbol{\Lambda}(k)}\right]^{-1} \tag{5.88}$$

综合式(5.86)、式(5.87)和式(5.88)便得到温控系统参数辨识的递推算法。

例 5.3　以被控对象 $G(s)=\dfrac{2.7}{3.8s+1}\mathrm{e}^{-1.2s}$ 为例，采用最小二乘递推辨识算法辨识。加权因子取 $\Lambda(k)=1$，采样时间 $T_s=0.2$ s；初始条件取 $\boldsymbol{P}(0)=10^6\boldsymbol{I}$，$\hat{\boldsymbol{\theta}}(0)=[1 \quad 1 \quad 1]^{\mathrm{T}}$。根据式(5.86)、式(5.87)和式(5.88)，在线估计参数 K、T 和 β，源程序代码如下：

```
%最小二乘递推辨识算法辨识一阶加滞后模型程序，在光盘中的文件名为 CH5ex3.m
clear                    %清理工作间变量
%RLS 递推最小二乘辨识
c0=[1 1 1]';             %直接给出被辨识参数的初始值
p0=10^6*eye(3);          %直接给出初始状态 P0，即一个充分大的实数单位矩阵
E=0.00000001;            %相对误差
k=1;
e2=[0.01, 0.01, 0.01];
while norm(e2)>E
  z(k)=2.7*0.2*k-2.7*1.2-3.8*2.7*(1-exp((1.2-0.2*k)/3.8))+0.01*randn(1);
```

```
                            %系统在M序列输入下的输出采样信号
    h1=[0.2*k, -1, -2.7*(1-exp((1.2-0.2*k)/3.8))]'; %为求K(k)做准备
    x=h1'*p0*h1+1;
    x1=inv(x);              %开始求K(k)
    k1=p0*h1*x1;            %求出K的值
    d1=z(k)-h1'*c0;
    c1=c0+k1*d1;            %求被辨识参数c
    e1=c1-c0;               %求参数当前值与上一次的值的差值
    e2=e1./c0;              %求参数的相对变化
    e(:, k)=e2;             %把当前相对变化的列向量加入误差矩阵的最后一列
    c0=c1;                  %新获得的参数作为下一次递推的旧参数
    c(:, k)=c1;             %把辨识参数c列向量加入辨识参数矩阵的最后一列
    p1=p0-k1*h1'*p0;
    p0=p1;                  %给下次用
    k=k+1;
end
c                           %显示被辨识参数
e                           %显示辨识结果的收敛情况
k
kai=c(1, :); byta=c(2, :)./c(1, :); ti=c(3, :);     %分离出k, cta, T
ekai=e(1, :); ebyta=e(2, :); eti=e(3, :);           %分离误差
figure(1);                                  %第1个图形
i=1:k-1;
plot(i, kai, 'k-', i, byta, 'k:', i, ti, 'k--')  %画出各个被辨识参数
legend('k=2.7', 'byta=1.2', 'T=3.8');       %图标注
xlabel('i'); ylabel('k, byta, T');
%title('Parameter Identification with Recursive Least Squares Method')  %图形标题
figure(2);                                  %第2个图形
i=1:k-1;
plot(i, ekai, 'k-', i, ebyta, 'k:', i, eti, 'k--')  %画出各个参数收敛情况
legend('ekai', 'ebyta', 'eti');             %图标注
%title('Identification Precision')          %标题
xlabel('i'); ylabel('error');
```

程序停止运行时，k=570。辨识结果的部分数据截图如图5.12所示。

从图5.12中可看出，在这次辨识过程中，经过前50次的递推辨识，辨识结果快速向真值逼近，也可以计算出经过第50次递推辨识后的相对误差为

$$
\begin{aligned}
e_2 &= [x_1 \quad x_2 \quad x_3] \\
&= \left[\frac{2.6987-2.6988}{2.6988} \quad \frac{3.2369-3.2360}{3.2360} \quad \frac{3.7969-3.7971}{3.7971}\right] \\
&= [-3.7054e-005 \quad 2.7812e-004 \quad -5.2672e-005]
\end{aligned}
$$

```
c =

  Columns 1 through 10

    1.0428    0.6303    1.5850    1.8702    2.1929    2.3735    2.7410    2.3602    2.6685    2.7025
    0.7859    0.9074    1.9560    2.2754    2.6423    2.8506    3.2800    2.8294    3.1984    3.2396
    1.1740    1.4249    2.4798    2.8028    3.1760    3.3892    3.8317    3.3639    3.7502    3.7936

  Columns 11 through 20

    2.7280    2.6721    2.7135    2.7027    2.6830    2.6633    2.6666    2.6717    2.6756    2.6813
    3.2708    3.2018    3.2533    3.2398    3.2149    3.1898    3.1940    3.2006    3.2056    3.2131
    3.8269    3.7527    3.8087    3.7938    3.7662    3.7379    3.7427    3.7502    3.7561    3.7650

  Columns 21 through 30

    2.6742    2.6748    2.6809    2.6833    2.6885    2.6865    2.6877    2.6868    2.6897    2.6909
    3.2038    3.2046    3.2125    3.2157    3.2225    3.2199    3.2215    3.2203    3.2241    3.2257
    3.7538    3.7548    3.7646    3.7686    3.7773    3.7740    3.7761    3.7745    3.7797    3.7819

  Columns 31 through 40

    2.6923    2.6956    2.6961    2.6973    2.6964    2.6974    2.7000    2.6999    2.6997    2.6990
    3.2275    3.2319    3.2325    3.2340    3.2329    3.2341    3.2374    3.2373    3.2371    3.2363
    3.7844    3.7908    3.7917    3.7940    3.7922    3.7942    3.7995    3.7993    3.7990    3.7975

  Columns 41 through 50

    2.6990    2.6988    2.6981    2.6993    2.6981    2.6989    2.6984    2.6980    2.6988    2.6987
    3.2362    3.2359    3.2351    3.2366    3.2351    3.2361    3.2355    3.2350    3.2360    3.2359
    3.7973    3.7969    3.7955    3.7982    3.7953    3.7973    3.7960    3.7951    3.7971    3.7969
```

```
e =

  Columns 1 through 10

    0.0428   -0.3956    1.5146    0.1800    0.1725    0.0824    0.1548   -0.1389    0.1306    0.0127
   -0.2141    0.1545    1.1557    0.1633    0.1613    0.0788    0.1507   -0.1374    0.1304    0.0129
    0.1740    0.2137    0.7403    0.1303    0.1332    0.0671    0.1306   -0.1221    0.1148    0.0116

  Columns 11 through 20

    0.0095   -0.0205    0.0155   -0.0040   -0.0073   -0.0074    0.0012    0.0019    0.0015    0.0021
    0.0096   -0.0211    0.0161   -0.0041   -0.0077   -0.0078    0.0013    0.0020    0.0016    0.0023
    0.0088   -0.0194    0.0149   -0.0039   -0.0073   -0.0075    0.0013    0.0020    0.0016    0.0024

  Columns 21 through 30

   -0.0026    0.0002    0.0023    0.0009    0.0019   -0.0007    0.0005   -0.0003    0.0011    0.0005
   -0.0029    0.0002    0.0025    0.0010    0.0021   -0.0008    0.0005   -0.0004    0.0012    0.0005
   -0.0030    0.0002    0.0026    0.0010    0.0023   -0.0009    0.0006   -0.0004    0.0014    0.0006

  Columns 31 through 40

    0.0005    0.0012    0.0002    0.0004   -0.0003    0.0004    0.0010   -0.0000   -0.0000   -0.0003
    0.0006    0.0014    0.0002    0.0005   -0.0004    0.0004    0.0010   -0.0000   -0.0001   -0.0003
    0.0007    0.0017    0.0002    0.0006   -0.0005    0.0005    0.0014   -0.0001   -0.0001   -0.0004

  Columns 41 through 50

   -0.0000   -0.0001   -0.0002    0.0004   -0.0005    0.0003   -0.0002   -0.0001    0.0003   -0.0000
   -0.0000   -0.0001   -0.0003    0.0004   -0.0005    0.0003   -0.0002   -0.0001    0.0003   -0.0000
   -0.0000   -0.0001   -0.0004    0.0007   -0.0007    0.0005   -0.0004   -0.0002    0.0005   -0.0000
```

图 5.12　辨识结果的部分数据截图

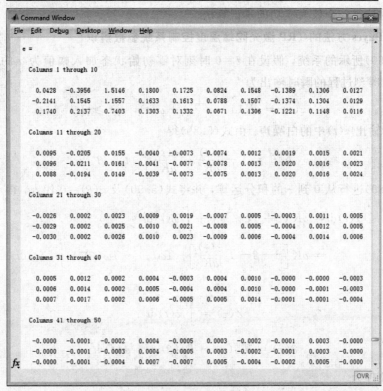

而 e_2 的范数

$$\|e_2\| = \sqrt{x_1^2 + x_2^2 + x_3^2} = 2.8548e - 004 > 0.00000001$$

不满足程序停止条件，故继续执行，直到 $k=570$ 时，满足停机条件，停止运行。辨识结果如图 5.13 所示。

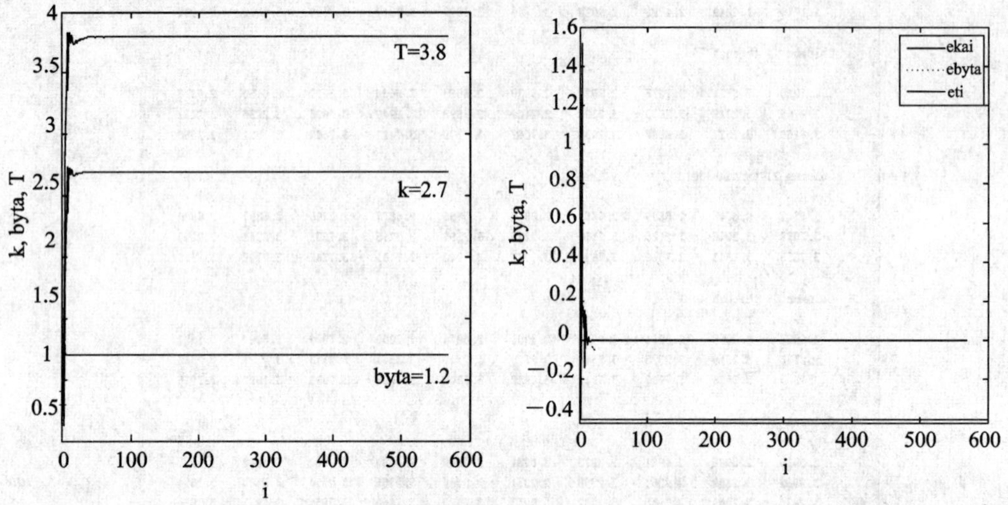

图 5.13 最小二乘法参数辨识结果

实验证明这是一个较为成功的辨识算法。

2. 基于 Bayes 方法的 TRP 激光陀螺温度控制系统参数辨识

对式(5.60)所示的系统，假设在 $t=0$ 时刻对零初始状态加入幅值为 a 的阶跃扰动输入 $u(t)$，在 t 时刻过程的瞬时输出为

$$z(t) = aK(1 - e^{-\frac{t-\beta}{T}}) + \omega(t), \quad t \geqslant \beta \tag{5.89}$$

式中，$\omega(t)$为输出 $z(t)$中的白噪声。由式(5.89)得

$$e^{-\frac{t-\beta}{T}} = 1 - \frac{z(t)}{aK} + \frac{\omega(t)}{aK}, \quad t \geqslant \beta \tag{5.90}$$

对式(5.89)进行从 0 到 τ 的积分运算，并将式(5.90)及 $z(\beta)=0$ 代入，得

$$\begin{aligned}\int_0^\tau z(t)\mathrm{d}t &= aK\left(t + Te^{-\frac{t-\beta}{T}}\right)\Big|_\beta^\tau + \int_0^\tau \omega(t)\mathrm{d}t \\ &= aK\left[\tau - \beta - T\frac{z(\tau)}{aK}\right] + T\omega(\tau) - T\omega(\beta) + \int_0^\tau \omega(t)\mathrm{d}t\end{aligned} \tag{5.91}$$

令

$$Z(\tau) = \int_0^\tau z(t)\mathrm{d}t \tag{5.92}$$

$$\delta(\tau) = T\omega(\tau) - T\omega(\beta) + \int_0^\tau \omega(t)\mathrm{d}t \tag{5.93}$$

式(5.91)可整理为

$$Z(\tau) = aK\left[\tau - \beta - T\frac{z(\tau)}{aK}\right] + \delta(\tau) \tag{5.94}$$

即

$$Z(\tau)=[a\tau \quad -a \quad -z(\tau)]\cdot\begin{bmatrix}K\\ \beta K\\ T\end{bmatrix}+\delta(\tau),\quad \tau\geqslant\beta \tag{5.95}$$

假定采样周期为 T_s，那么对于第 k 时刻，有

$$Z(k\cdot T_s)=[a\cdot k\cdot T_s \quad -a \quad -z(k\cdot T_s)]\cdot\begin{bmatrix}K\\ \beta K\\ T\end{bmatrix}+\delta(k\cdot T_s),\quad kT_s\geqslant\beta \tag{5.96}$$

$\delta(k\cdot T_s)$满足均值为零、方差为 σ_v^2 的高斯分布。

式(5.96)可表示为

$$z(k)=\boldsymbol{h}^{\mathrm{T}}(k)\boldsymbol{\theta}+v(k) \tag{5.97}$$

其中，

$$\begin{cases}\boldsymbol{h}(k)=[akT_s,\ -a,\ -z(kT_s)]^{\mathrm{T}}\\ \boldsymbol{\theta}=[K,\ \beta K,\ T]^{\mathrm{T}}\end{cases} \tag{5.98}$$

由式(5.41)～式(5.59)，可以得到一阶加滞后传递函数模型的 Bayes 方法参数估计算法为

$$\begin{cases}\hat{\boldsymbol{\theta}}(k)=\hat{\boldsymbol{\theta}}(k-1)+\boldsymbol{K}(k)[z(k)-\boldsymbol{h}^{\mathrm{T}}(k)\hat{\boldsymbol{\theta}}(k-1)]\\ \boldsymbol{K}(k)=\boldsymbol{P}(k-1)\boldsymbol{h}(k)[\boldsymbol{h}^{\mathrm{T}}(k)\boldsymbol{P}(k-1)\boldsymbol{h}(k)+\sigma_v^2]^{-1}\\ \boldsymbol{P}(k)=[\boldsymbol{I}-\boldsymbol{K}(k)\boldsymbol{h}^{\mathrm{T}}(k)]\boldsymbol{P}(k-1)\end{cases} \tag{5.99}$$

例 5.4　以被控对象 $G(s)=\dfrac{2.7}{3.8s+1}\mathrm{e}^{-1.2s}$ 为例，应用式(5.99)所述的 Bayes 递推辨识算法，其中，阶跃扰动幅值取 $a=1$，采样时间 $T_s=0.2$ s，$\delta(\tau)$为幅值为 0.01 的白噪声，在线估计参数 K、T 和 β。Bayes 算法辨识一阶加滞后模型程序源代码在光盘中的文件名为 H5ex4.m。

程序停止运行时，$k=363$。Bayes 辨识结果的部分数据截图如图 5.14 所示。

从图 5.14 中可看出，在这次 Bayes 辨识过程中，经过前 38 次的递推辨识，辨识结果快速向真值逼近。辨识结果如图 5.15 所示，从运行结果可以看出，该辨识算法能够达到令人满意的效果。

在例 5.3 和例 5.4 中，辨识的是同一个对象，初始条件也一样，即被辨识参数初始值分别为：$c_0=[1\ 1\ 1]'$、$p_0=10\hat{}6*\mathrm{eye}(3)$、相对误差 $e_2=[0.01,\ 0.01,\ 0.01]$、辨识精度为 0.00000001，噪声均为幅值为 0.01 的服从正态分布的白噪声。但从辨识结果来看，例 5.4 中采用 Bayes 辨识方法，经过 363 次递推辨识，就达到了预定的精度，而在例 5.3 中采用最小二乘递推辨识方法递推辨识了 570 次，达到精度。其实，我们对比式(5.88)和式(5.99)可以发现，在式(5.99)中，系数矩阵 $\boldsymbol{K}(k)$中包含有噪声的数字特征 σ_v^2，也就是说根据噪声的不同可以灵活地调整系数矩阵 $\boldsymbol{K}(k)$，从而在参数辨识过程中加快向真值逼近的速度，而在式(5.88)中没有该项，系数矩阵 $\boldsymbol{K}(k)$不能根据噪声的不同来灵活地调整。因此，在辨识含有噪声的系统时 Bayes 辨识方法比递推最小二乘辨识方法更具优势。

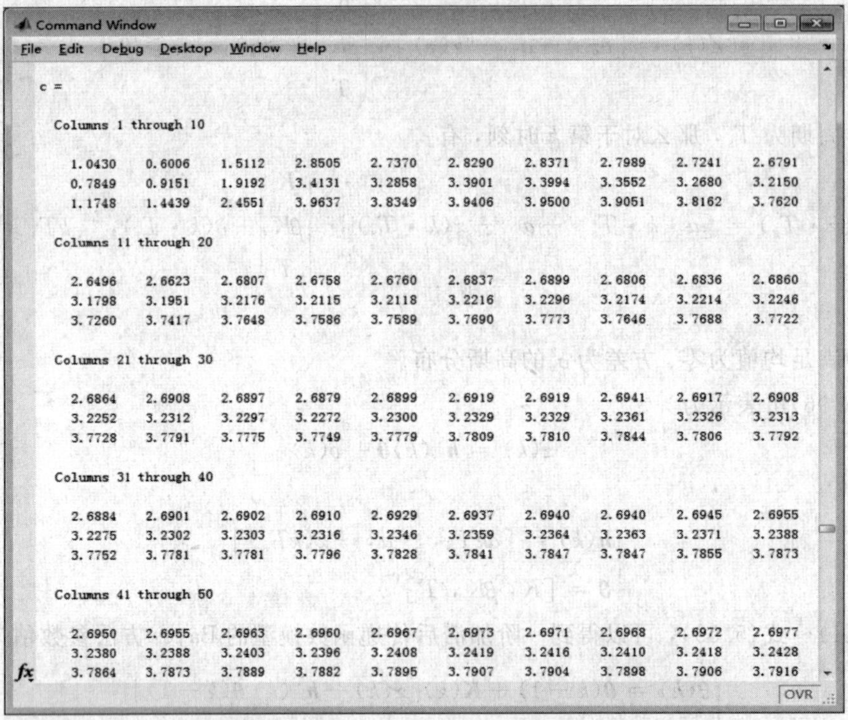

```
Command Window
File  Edit  Debug  Desktop  Window  Help

c =

  Columns 1 through 10

    1.0430    0.6006    1.5112    2.8505    2.7370    2.8290    2.8371    2.7989    2.7241    2.6791
    0.7849    0.9151    1.9192    3.4131    3.2858    3.3901    3.3994    3.3552    3.2680    3.2150
    1.1748    1.4439    2.4551    3.9637    3.8349    3.9406    3.9500    3.9051    3.8162    3.7620

  Columns 11 through 20

    2.6496    2.6623    2.6807    2.6758    2.6760    2.6837    2.6899    2.6806    2.6836    2.6860
    3.1798    3.1951    3.2176    3.2115    3.2118    3.2216    3.2296    3.2174    3.2214    3.2246
    3.7260    3.7417    3.7648    3.7586    3.7589    3.7690    3.7773    3.7646    3.7688    3.7722

  Columns 21 through 30

    2.6864    2.6908    2.6897    2.6879    2.6899    2.6919    2.6919    2.6941    2.6917    2.6908
    3.2252    3.2312    3.2297    3.2272    3.2300    3.2329    3.2329    3.2361    3.2326    3.2313
    3.7728    3.7791    3.7775    3.7749    3.7779    3.7809    3.7810    3.7844    3.7806    3.7792

  Columns 31 through 40

    2.6884    2.6901    2.6902    2.6910    2.6929    2.6937    2.6940    2.6940    2.6945    2.6955
    3.2275    3.2302    3.2303    3.2316    3.2346    3.2359    3.2364    3.2363    3.2371    3.2388
    3.7752    3.7781    3.7781    3.7796    3.7828    3.7841    3.7847    3.7847    3.7855    3.7873

  Columns 41 through 50

    2.6950    2.6955    2.6963    2.6960    2.6967    2.6973    2.6971    2.6968    2.6972    2.6977
    3.2380    3.2388    3.2403    3.2396    3.2408    3.2419    3.2416    3.2410    3.2418    3.2428
fx  3.7864    3.7873    3.7889    3.7882    3.7895    3.7907    3.7904    3.7898    3.7906    3.7916
OVR
```

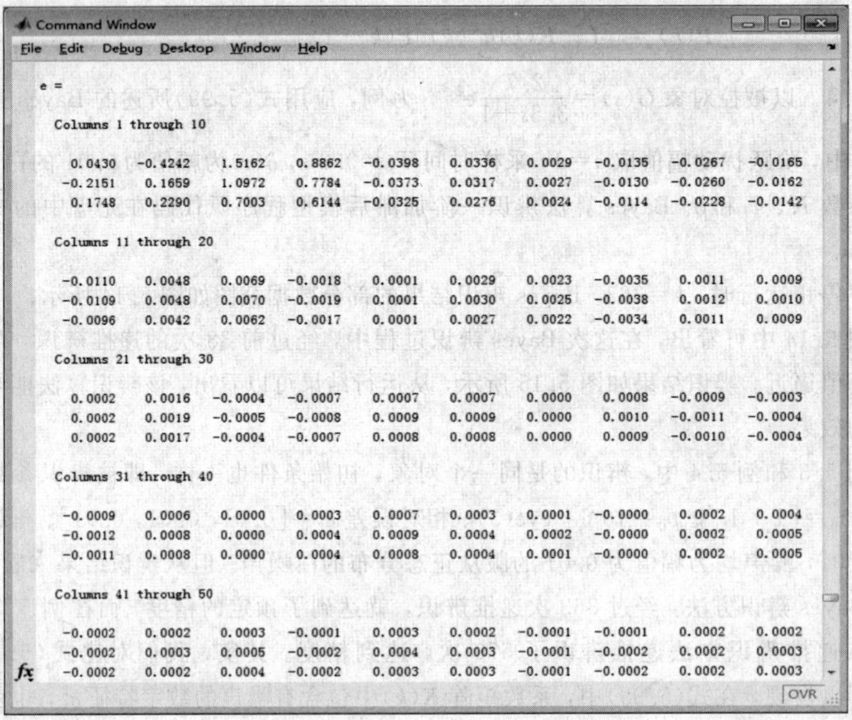

```
Command Window
File  Edit  Debug  Desktop  Window  Help

e =

  Columns 1 through 10

    0.0430   -0.4242    1.5162    0.8862   -0.0398    0.0336    0.0029   -0.0135   -0.0267   -0.0165
   -0.2151    0.1659    1.0972    0.7784   -0.0373    0.0317    0.0027   -0.0130   -0.0260   -0.0162
    0.1748    0.2290    0.7003    0.6144   -0.0325    0.0276    0.0024   -0.0114   -0.0228   -0.0142

  Columns 11 through 20

   -0.0110    0.0048    0.0069   -0.0018    0.0001    0.0029    0.0023   -0.0035    0.0011    0.0009
   -0.0109    0.0048    0.0070   -0.0019    0.0001    0.0030    0.0025   -0.0038    0.0012    0.0010
   -0.0096    0.0042    0.0062   -0.0017    0.0001    0.0027    0.0022   -0.0034    0.0011    0.0009

  Columns 21 through 30

    0.0002    0.0016   -0.0004   -0.0007    0.0007    0.0007    0.0000    0.0008   -0.0009   -0.0003
    0.0002    0.0019   -0.0005   -0.0008    0.0009    0.0009    0.0000    0.0010   -0.0011   -0.0004
    0.0002    0.0017   -0.0004   -0.0007    0.0008    0.0008    0.0000    0.0009   -0.0010   -0.0004

  Columns 31 through 40

   -0.0009    0.0006    0.0000    0.0003    0.0007    0.0003    0.0001   -0.0000    0.0002    0.0004
   -0.0012    0.0008    0.0000    0.0004    0.0009    0.0004    0.0002   -0.0000    0.0002    0.0005
   -0.0011    0.0008    0.0000    0.0004    0.0008    0.0004    0.0001   -0.0000    0.0002    0.0005

  Columns 41 through 50

   -0.0002    0.0002    0.0003   -0.0001    0.0003    0.0002   -0.0001   -0.0001    0.0002    0.0002
   -0.0002    0.0003    0.0005   -0.0002    0.0004    0.0003   -0.0001   -0.0002    0.0002    0.0003
fx -0.0002    0.0002    0.0004   -0.0002    0.0003    0.0003   -0.0001   -0.0002    0.0002    0.0003
OVR
```

图 5.14　Bayes 辨识结果的部分数据截图

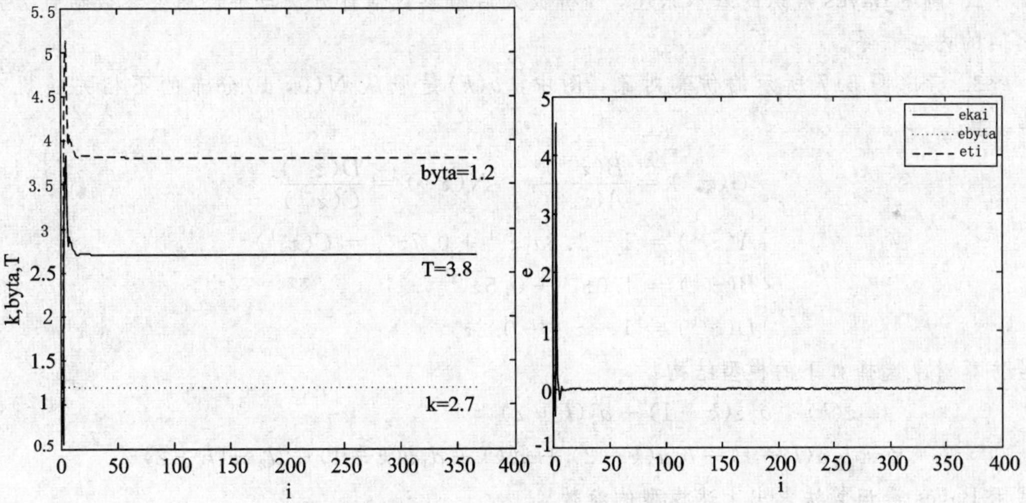

图 5.15　Bayes 方法辨识结果

5.3 小　结

梯度校正参数辨识的基本思想是从给定的初始值开始，沿着准则函数的负梯度方向修正模型参数的估计值，直到准则函数达到最小值。在确定性问题的梯度校正参数估计中，权矩阵的选择至关重要。若选择 Lyapunov 最佳权矩阵，则参数估计值将以最快的速度收敛于真值。

Bayes 辨识方法的基本思想是把要估计的参数看做随机变量，然后设法通过观测与该参数相关的其它变量，以此来推断这个参数。极大后验参数估计方法就是把后验概率密度函数 $p(\boldsymbol{\theta}|\boldsymbol{D}^k)$达到极大值作为估计准则。在该准则下求得的参数估计值称做极大后验估计。极大后验估计与极大似然估计有着密切的联系，但是它们的基本出发点又是不一样的。极大似然估计立足于直接极大化数据的条件概率密度函数；而极大后验估计则是基于极大化参数 $\boldsymbol{\theta}$ 的后验概率密度函数，它同时考虑了参数 $\boldsymbol{\theta}$ 的先验概率知识。

条件期望参数估计方法直接以参数 $\boldsymbol{\theta}$ 的条件数学期望作为参数估计值。不管参数 $\boldsymbol{\theta}$ 的后验概率密度函数采用什么形式，条件期望参数估计总是无偏一致估计。但是，条件期望参数估计在计算上存在着很大的困难。

最小二乘模型的极大后验参数估计和条件期望参数估计的结果是一致的。但是，这并不能说明两种参数估计方法对所有问题的估计结果都是一致的。一般来说，当 k 比较小时，这两种方法的估计结果是不同的；当 k 比较大时，它们就没有差别了，两者的估计结果将趋于一致。

习　题

1. 简述梯度校正参数辨识的基本原理。

2. 简述 Bayes 辨识的基本原理，分析极大后验参数估计方法与条件期望参数估计方法之间的内在联系。

3. 考虑图 5.7 所示的仿真对象，图中，$v(k)$是服从 $N(0,1)$分布的不相关随机噪声。且

$$G(z^{-1})=\frac{B(z^{-1})}{A(z^{-1})},\quad N(z^{-1})=\frac{D(z^{-1})}{C(z^{-1})}$$

$$\begin{cases}A(z^{-1})=1-1.5a_1z^{-1}+0.7z^{-2}=C(z^{-1})\\B(z^{-1})=1.0z^{-1}+0.5z^{-2}\\D(z^{-1})=1-z^{-1}+0.2z^{-2}\end{cases}$$

若仿真对象选择如下的模型结构：

$$\begin{aligned}&z(k)+a_1z(k-1)+a_2(k-2)\\&=b_1u(k-1)+b_2u(k-2)+v(k)+d_1v(k-1)+d_2(v(k-2)\end{aligned}$$

试用 Bayes 辨识算法求出上述模型的参数。

第 6 章　神经网络辨识及其改进的 BP 网络应用

对于参数易变的非线性复杂系统的模型辨识，前面讨论的古典辨识方法和现代辨识方法显得无能为力，而神经元网络则可以对这类系统进行辨识。因此，本章讨论神经网络模型辨识问题。第 1～3 节介绍神经网络辨识的基本概念、神经网络模型辨识中的常用结构以及辨识中常用 BP 网络训练算法等。BP 算法在系统辨识中得到了最广泛的应用，但一般 BP 网络训练时会出现很多问题，诸如训练速度较慢或精度不高等。因此，第 4 节讨论改进的 BP 网络训练算法，其中包括四种改进算法及其它网络训练技巧。第 5 节是神经网络辨识的 MATLAB 仿真举例，其中包括对开发的具有噪声二阶系统辨识的 MATLAB 程序剖析、对多维非线性辨识的 MATLAB 的程序剖析。第 6、7 节分别讨论基于改进遗传算法的神经网络和模糊神经网络(FNN)，并列举遗传神经解耦仿真及实验结果，对开发的 FNN 非线性多变量系统的 MATLAB 解耦仿真程序进行剖析。

6.1　神经网络的概念与特性

神经网络是智能控制技术的三大组成部分(神经网络、模糊控制和专家系统)之一。人工神经元是专家根据生物神经元特点在工程上的应用研究发展起来的，它是神经网络的基本处理单元。不同类型的神经网络有各自的激发函数和学习方法。由于神经网络对非线性具有较强的跟踪或自适应能力，因此，神经元网络作为一种新技术引起了人们的巨大兴趣，并越来越多地用于辨识和控制领域。

6.1.1　人工神经元模型

人工神经元是神经网络的基本处理单元。它是对生物神经元的简化和模拟。图 6.1 表示一种简化的神经元结构。

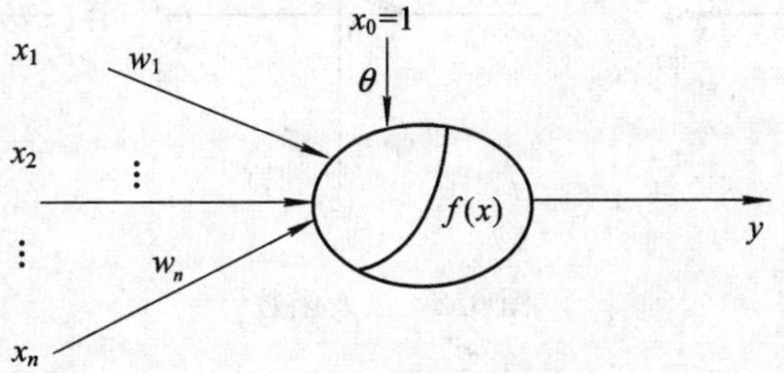

图 6.1　神经元结构模型

由图 6.1 可见，神经元是一个多输入、单输出的非线性元件，其输入输出关系可描述为

$$\begin{cases} I = \sum_{j=1}^{n} w_j x_j - \theta \\ y = f(I) \end{cases} \tag{6.1}$$

其中 $x_j(j=1, 2, \cdots, n)$是从其它细胞传来的输入信号，θ为阈值，权系数 w_j表示连接的强度，说明突触的负载。$f(x)$称为激发函数或作用函数，其非线性特性可用阈值型、分段线性型和连续型激发函数近似。

为了方便，有时将$-\theta$也看成是对应恒等于 1 的输入 x_0的权值，这时式(5.1)的和式变成：

$$I = \sum_{j=0}^{n} w_j x_j \tag{6.2}$$

其中，$w_0=-\theta$，$x_0=1$。

6.1.2 激发函数

常用的激发函数如图 6.2 所示。图中(a)和(b)为阈值型函数；(c)为饱和型函数；(d)是双曲型函数或称为对称的 Sigmoid 函数 $f(x)=\tanh(x)=\frac{1-e^{-I}}{1+e^{-I}}$；(e)是 Sigmoid 函数 $f(x)=\frac{1}{1+e^{-\beta I}}$，通常情况下$\beta$取 1；(f)是高斯函数 $f(x)=\exp\left[\frac{(I-c)^2}{b^2}\right]$，$c$ 是高斯函数中心值，c 为 0 时函数以纵轴对称，b 是高斯函数尺度因子，b 确定高斯函数的宽度。

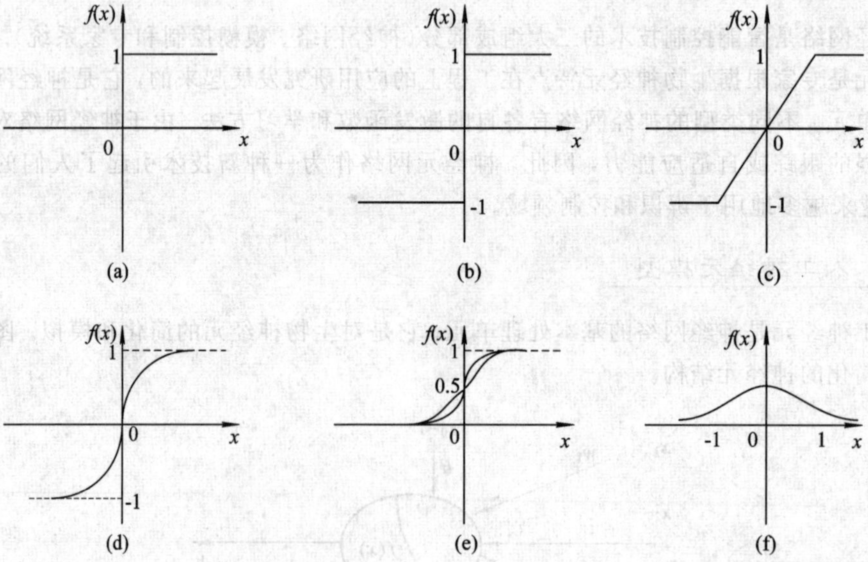

图 6.2 激发函数

6.1.3 神经网络模型分类

神经网络是由大量的神经元广泛连接成的网络。根据连接方式的不同，神经网络可以

分为三大类，即无反馈的前向网络、反馈网络和自组织网络，如图 6.3 所示。前向网络有输入层、隐含层（简称隐层，也称中间层）和输出层，隐层可以有若干层，每一层的神经元只接受前一层神经元的输出。而相互结合型网络的神经元相互之间都可能有连接，因此，输入信号要在神经元之间反复往返传递，从某一初态开始，经过若干次的变化，渐渐趋于某一稳定状态或进入周期振荡等其它状态。

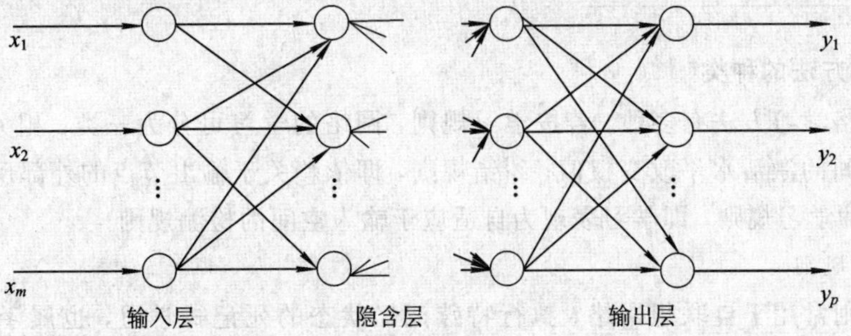

(a) 前向网络

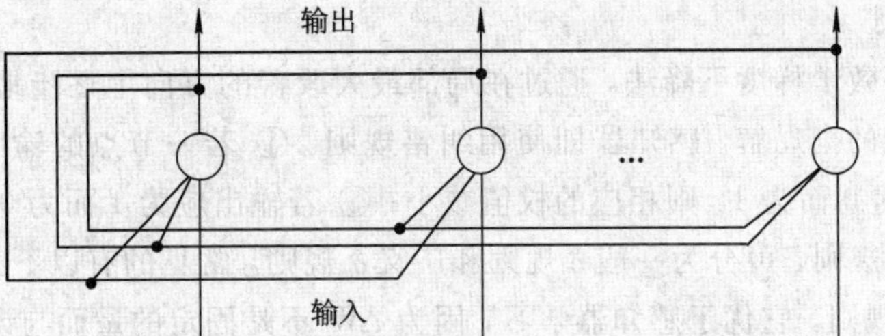

(b) 反馈型神经网络结构

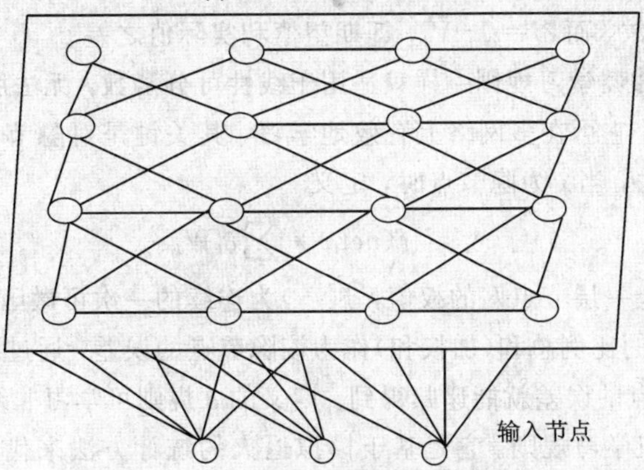

(c) 自组织特征影射神经网络

图 6.3　三种不同连接方式的网络

迄今为止，约有四十种神经网络模型，其中有代表性的是：具有反向传播 BP (Back Propagation)的网络；径向基函数 RBF(Radial Basis Function)；GMDH(The Group Method of Data Handling)网络；感知器；CG(Cohen 和 Grossberg 提出的反馈网络模型)网络；盒中脑(BSB)模型；Hopfield 神经网络；BCM(Boltzman Mechine/Cauchy Machine)网络；CP (Counter Propagation)网络；Madaline 网络；自适应共振理论(ART)，它包括 ART1 和 ART2；雪崩网络；双向联想记忆(BAM)；学习矩阵(LRN)；神经认识机；自组织映射

(SOM)；细胞神经网络(CNN)；交替投影神经网络(APNN)；小脑模型(CMAC)等。从信息传递的规律来看，这些已有的神经网络可以分成三大类，即前向网络(Feedforward NN)、反馈网络(Feedback NN)和自组织网络(Self-organizing NN)。常用的BP网络是一种具有反向传播的前向网络。

6.1.4 神经网络学习方法

1. 学习方法的种类

神经网络学习方法有多种。若按学习规则，网络的学习可分为三类：相关规则，即仅仅根据连接间的激活水平改变权值；纠错规则，即依赖关于输出节点的外部反馈来改变权系数；无教师学习规则，即学习表现为自适应于输入空间的检测规则。

1) 相关规则

相关规则常用于自联想网络，执行特殊记忆状态的死记式学习，也属于无教师的学习。Hopfied网络就是如此，所采用的是修正的Hebb规则。

2) 纠错规则

从方法上等效于梯度下降法，通过在局部最大改善的方向上逐步地进行修正，力图达到表示函数功能的全局解。感知器即使用纠错规则：① 若一节点的输出正确，一切不变；② 若输出本应为0而为1，则相应的权值减小；③ 若输出应为1而为0，则权值增加。

对于δ学习规则，可分为一般δ规则和广义δ规则，常见的有以下三种。

(1) δ学习规则。它优于感知器学习，因为ΔW不是固定的量而与误差成正比，即

$$\Delta W_{ij} = \eta\delta_i V_j \tag{6.3}$$

这里η是全局控制系数，而$\delta_i = t_i - V_i$，即期望值和实际值之差。

δ学习规则和感知器学习规则一样只适用于线性可分函数，无法用于多层网络。

(2) 广义δ规则。它可在多网络上有效地学习，其关键是对隐节点的偏差δ如何定义和计算。对于BP算法，当i为隐节点时，定义

$$\delta_i = f(\text{net}_i) * \sum \delta_k W_{ki} \tag{6.4}$$

这里W_{ki}是节点i到上一层节点k的权值，$f(\cdot)$为连续的一次可微函数，将某一隐节点馈入上一层节点的误差的比例总和(加权和)作为该隐节点的误差，通过可观察到的输出节点的误差，下一层隐节点的误差就能递归得到。广义的δ规则可学习非线性可分函数。

(3) Boltzmann机学习规则。它是基于模拟退火的统计方法来代替广义的δ规则。它提供了隐节点的有效学习方法，能学习复杂的非线性可分函数。其主要缺点是学习速度太慢。它基本是梯度下降法。

由此可见，纠错规则基于梯度下降法，因此不能保证得到全局最优解；同时要求大量的训练样本，因而收缩速度慢；纠错规则对样本的表示次序变化比较敏感。

3) 无教师学习规则

在这种学习规则中，关键不在于实际节点的输出怎样与外部的期望输出相一致，而在于调整参数以反映观测事件的分布。例如，自适应共振理论(ART)、自组织特征映射和Klopf的享乐主义神经元都是无教师学习。

这类无教师学习的系统并不在于寻找一个特殊函数表示，而是将事件空间分类成输入活动区域，且有选择地对这些区域响应。它在应用于开发由多层竞争族组成的网络等方面有良好的前景。它的输入可以是连续值，对噪声有较强的抗干扰能力，但对较少的输入样本，结果可能依赖于输入顺序。

在人工神经网络中，学习规则是修正网络权值的一种算法，以获得适合的映射函数或其它系统性能。Hebb 学习规则的相关假设是许多规则的基础，尤其是相关规则；Hopfied 网络和自组织特征映射展示了有效的模式识别能力；纠错规则则使用梯度下降法，因而存在局部极小点问题。无教师学习提供了新的选择，它利用自适应学习方法，使节点有选择地接收输入空间上的不同特性，从而抛弃了普通神经网络学习映射函数的学习概念，并提供了基于检测特性空间的活动规律的性能描写。下面介绍几种常用的学习方法。

2. 常用神经网络的学习方法

1) Hebb 学习方法

基于对生理学和心理学的长期研究，D. O. Hebb 提出了生物神经元学的阶段，即当两个神经同时处于兴奋状态时，它们之间的连接应当加强。这一假设可描述成

$$w_{ij}(k+1) = w_{ij}(k) + I_i I_j \tag{6.5}$$

式中，$w_{ij}(k)$为连接从神经元 i 到神经元 j 的当前权值，I_i、I_j为神经元 i、j 的激活水平。

Hebb 学习方法是一种无教师的学习方法，它只根据神经元连接间的激活水平改变权值，因此这种方法亦称相关规则。

当神经元由式(6.1)描述时，即

$$I_i = \sum_j w_{ij} x_j - \theta_i$$

$$y_i = f(I_i) = \frac{1}{1+\exp(-I_i)} \tag{6.6}$$

则 Hebb 学习方法改写成

$$w_{ij}(k+1) = w_{ij}(k) + y_i y_j \tag{6.7}$$

另外，根据神经元状态变化来调整权值的 Hebb 学习方法称为微分 Hebb 学习方法，可描述为

$$w_{ij}(k+1) = w_{ij}(k) + [y_i(k) - y_i(k-1)][y_j(k) - y_j(k-1)] \tag{6.8}$$

2) 梯度下降法

梯度下降法是一种有教师信号的学习。假设有下列准则函数：

$$J(\boldsymbol{W}) = \frac{1}{2}\varepsilon(\boldsymbol{W}, k)^2 = \frac{1}{2}[Y(k) - \hat{Y}(\boldsymbol{W}, k)^2] \tag{6.9}$$

其中，$Y(k)$代表希望的输出，$\hat{Y}(\boldsymbol{W}, k)$为期望的实际输出，$\boldsymbol{W}$ 是所有权值组成的向量，$\varepsilon(\boldsymbol{W}, k)$为$\hat{Y}(\boldsymbol{W}, k)$对 $y(k)$的偏差。现在的问题是如何调整 $\boldsymbol{W}$ 使准则函数最小。梯度下降法(Gradient Decline Method)可用来解决此问题，其基本思想是沿着 $J(\boldsymbol{W})$的负梯度方向不断修正 $\boldsymbol{W}(k)$值，直至 $J(\boldsymbol{W})$达到最小。这种方法的数学表达式为

$$\boldsymbol{W}(k+1) = \boldsymbol{W}(k) + \mu(k)\left(-\frac{\partial J(\boldsymbol{W})}{\partial \boldsymbol{W}}\right)\bigg|_{\boldsymbol{W}=\boldsymbol{W}(k)} \tag{6.10}$$

其中 μ 是控制权值修正速度的变量，$J(\boldsymbol{W})$的梯度为

$$\left.\frac{\partial J(\boldsymbol{W})}{\partial \boldsymbol{W}}\right|_{\boldsymbol{W}=\boldsymbol{W}(k)} = -\varepsilon(\boldsymbol{W}, k)\left.\frac{\partial \hat{y}(\boldsymbol{W}, k)}{\partial \boldsymbol{W}}\right|_{\boldsymbol{W}=\boldsymbol{W}(k)} \tag{6.11}$$

在上述问题中，把网络的输出看成是网络权值向量$\boldsymbol{W}$的函数，因此网络的学习就是根据希望的输出和实际之间的误差平方最小原则来修正网络的权向量。根据不同形式的$\hat{Y}(\boldsymbol{W}, k)$，可推导出相应的算法：$\delta$规则和 BP 算法。

3) Deta(δ)规则

在 B. WidroW 的自适应线性元件中，自适应线性元件的输出表示为

$$\hat{Y}(\boldsymbol{W}, k) = \boldsymbol{W}^{\mathrm{T}} x(k) \tag{6.12}$$

其中，$\boldsymbol{W}=(w_0, w_1, \cdots, w_n)^{\mathrm{T}}$为权值向量，$\boldsymbol{X}(k)=(x_0, x_1, \cdots, x_n)^{\mathrm{T}}_{(k)}$为 k 时刻的输入模式。

因此准则函数 $J(\boldsymbol{W})$的梯度为

$$\left.\frac{\partial J(\boldsymbol{W})}{\partial \boldsymbol{W}}\right|_{\boldsymbol{W}=\boldsymbol{W}(k)} = -\varepsilon(\boldsymbol{W}, k)\left.\frac{\partial \hat{y}(\boldsymbol{W}, k)}{\partial \boldsymbol{W}}\right|_{\boldsymbol{W}=\boldsymbol{W}(k)} = -\varepsilon(\boldsymbol{W}, k)x(k)\big|_{\boldsymbol{W}=\boldsymbol{W}(k)}$$

当 $\mu(k)=\alpha/\|X\|^2$时，Widrow 的δ规则为

$$\boldsymbol{W}(k+1) = \boldsymbol{W}(k) + \frac{\alpha}{\|x_k\|^2}\varepsilon(\boldsymbol{W}(k), k)x(k) \tag{6.13}$$

这里 α 是控制算法和收缩性的常数，实际中往往取 $0.1<\alpha<1.0$。

为了便于计算，δ规则可以表示为下面的形式：

$$\boldsymbol{W}(k+1) = \boldsymbol{W}(k) + \eta\varepsilon(\boldsymbol{W}(k), k)x(k) \tag{6.14}$$

或

$$\boldsymbol{W}(k+1) = \boldsymbol{W}(k) + \eta(1-\alpha)\varepsilon(\boldsymbol{W}(k), k)X(k) + \alpha(\boldsymbol{W}(k) - \boldsymbol{W}(k-1)) \tag{6.15}$$

其中，$0.01\leqslant\eta\leqslant10.0$，$\alpha$ 取 0.9。

4) BP 算法

误差反向传播算法(Back-propagation Algorithm)简称 BP 算法。1974 年，Webos 在他的论文中提出了一种 BP 学习理论，1985 年又发展了 BP 网络训练算法。BP 网络不仅有输入层节点和输出层节点，而且有隐层节点(可以是一层或多层)。其作用函数通常选用连续可导的 Sigmoid 函数：

$$f(x) = \frac{1}{1+\exp(-x)} \tag{6.16}$$

在系统辨识中常用的是一种典型的多层并行网，即多层 BP 网。这是一种正向的、各层相互全连接的网络。对于输入信号要经过输入层，向前传递给隐层节点。经过激发(作用)函数后，把隐层节点的输出传递到输出节点，再经过激发函数后才给出输出结果。如果输出层得不到期望的输出，则转入反向传播，将误差信号沿原来的连接通路返回。通过修改各层神经网络的权值，使过程的输出 y_{p}和神经网络模型的输出 y_{m}之间的误差信号最小为止。BP 算法是梯度下降法的改进算法，将在 6.3.2 节中讨论 BP 网络时展开讨论。

5) 竞争式学习

竞争式学习属于无教师学习方式。这种学习方式是利用不同层间的神经元发生兴奋性连接，以及同一层内距离很近的神经元间发生同样的兴奋性连接，而距离较远的神经元产

生抑制性连接。在这种连接机制中引入竞争机制的学习方式称为竞争式学习。其本质在于神经元网络中高层次的神经元对低层次的神经元的输入模式进行识别。竞争式机制的思想源于人的大脑的自组织能力，所以将这神经网络称为自组织神经网络(自适应共振网络模型(Adaptive Resonance Theory，ART)。自组织神经网络要求是识别与输入最匹配的节点，定义距离 $d_j=\sum_{i=0}^{N-1}(u_i-w_{ij})^2$ 为接近距离测度，具有最短距离的节点选作胜者。它的权值向量经修正 $\Delta w_{ij}=a(u_i-w_{ij})(i\in N_c)$，$\Delta w_{ij}=0(i\notin N_c)$，使该节点对输入更敏感，其中 N_c是 N 个输入变量中距离半径较小或接近于 0 的部分。

6.1.5　神经元网络的特点

神经元网络作为一种新技术迅速发展，并越来越多地用于复杂系统的辨识和控制领域，是因为与传统的辨识和控制技术相比，神经元网络具有以下主要特性：

(1) 非线性特性。神经元网络在理论上可以趋近任何非线性的映射。对于非线性复杂系统的建模、预测，神经元网络比其它方法更实用与经济。

(2) 平行分布处理。神经元网络具有高度平行的结构，这使其本身可平行实现，故较其它常规方法有更大程度的容错能力。

(3) 硬件实现。神经元网络不仅可以平行实现，而且一些制造厂家已经用专用的 VLSI 硬件来制作神经元网络。

(4) 学习和自适应性。利用系统实际统计数据，可以对网络进行训练。受适当训练的网络有泛化能力，即当输入出现训练中未提供的数据时，网络也有能力进行辨识。神经元网络还可以在线训练。

(5) 数据融合。网络可以同时对定性定量的数据进行操作。在此方面，网络正好是传统工程(定量数据)和人工智能领域(符号数据)信息处理技术之间的桥梁。

(6) 多变量系统。神经元网络能处理多输入信号，且可以具有多个输出，故适用于多变量系统。

从辨识和控制理论观点来看，神经元网络处理非线性的能力是最有意义的。

6.2　神经网络模型辨识中的常用结构

模型辨识中有正向建模和逆向建模的结构。正向建模又分为串－并辨识结构及并联辨识结构；逆向建模又分为直接逆向辨识结构和特殊逆向辨识结构。为了在模型辨识中能选准结构，下面分析它们各自的优缺点。

在系统辨识中有一个重要问题是系统的可辨识性，即给定一个特殊的模型结构，被辨识的系统是否可以在该结构内适当地被表示出来。因此，必须预先给予假设(如果采用神经网络方法对系统进行辨识)，即所有被研究的系统都属于所选神经网络可以表示的一类，根据这个假设，对同样的初始条件和任何特定输入，模型和系统应产生同样的输出。因此，辨识的系统就是根据系统过程的输出误差，利用网络的算法调节神经网络的参数，直到模型参数收敛到它们的期望值。如果神经元网络训练过程要表示系统正向动态，则这种建模方法就叫做正向辨识建模。其结构图如图 6.4 所示。

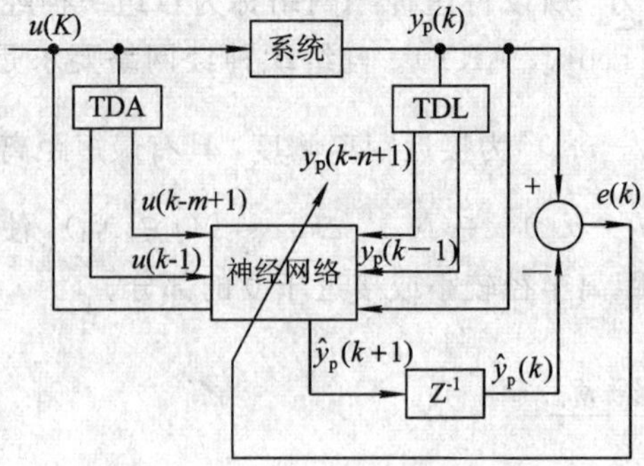

图 6.4　正向建模(串一并辨识)结构图

图 6.4 中，TDL 代表具有抽头的延时线，神经元网络与过程平行，系统与神经网络的预估误差用作网络的训练信号，这种结构也称为串一并辨识模型。学习的方法是有监督的。教师信号(即系统的输出)直接向神经网络提供目标值。通过网络将预估误差直接反传进行训练。假定被辨识系统具有以下形式：

$$y_p(k+1) = f[y_p(k),\ y_p(k-1),\ \cdots,\ y_p(k-n+1);\ u(k),\ u(k-1),\ \cdots,\ u(k-m+1)] \tag{6.17}$$

式(6.17)是非线性的离散时间差分方程，$y_p(k+1)$代表在时间 $k+1$ 时刻系统的输出。它是给神经网络提供的教师信号，它取决于过去 n 个输出值、过去 m 个输入值。这里只考虑系统的动态部分，还没有计入系统所承受的扰动。为了系统建模，可将神经网络的输入输出结构选择得与要建模的系统(6.17)相同，用 y_m表示网络的输出，则神经网络模型为

$$y_m(k+1) = \hat{y}_p(k+1) = \hat{f}[y_p(k),\ y_p(k-1),\ \cdots,\ y_p(k-n+1);\ u(k),\ u(k-1),\ \cdots,\ u(k-m+1)] \tag{6.18}$$

$\hat{f}$表示网络输入一输出的映射。注意输入到网络的量包括了实际系统的过去值。很明显，在这个结构中利用神经网络输入，再加入系统的过去值，扩大了输入空间。但这实质上完成了基于当前最新观测数据对于系统输出的一步超前预报，所以称为一步预报模型。在这种串一并联辨识模型的建立过程中，神经网络的训练等同于静态非线性函数的逼近问题。因为系统是输入有界和输出有界的，所以在辨识过程中所用的信息也是有界的。而且在模型(神经网络)中不存在反馈，因此可以保证辨识系统的稳定性。用这种方法得到的模型，通过自身输出反馈构成一个系统，也可以预测被测对象未来的输出，但只有当对象具有较强的收缩特性时，才能保证模型和系统之间的误差趋近于零。

如果将图 6.4 神经网络模型输入中的 y_p换成 y_m，模型的输入是由过程的输入和模型自身的输出反馈构成的，则正向建模的并联连接结构如图 6.5 所示。其模型的输出可写成以下的形式：

$$y_m(k+1) = \hat{f}[y_m(k),\ y_m(k-1),\ \cdots,\ y_m(k-n+1);\ u(k),\ u(k-1),\ \cdots,\ u(k-m+1)] \tag{6.19}$$

式中的$\hat{f}$表示网络输入一输出的映射。在这种情况下，输入到网络的量包括了神经网络模

型的过去值。虽然神经网络模型内部还是静态函数，但整体上构成一个动态系统。在训练时通过对网络的参数调整，使模型动态映射到输出，从而逼近被测系统的非线性变化轨线。这种并联辨识的模型在输入作用下，可以得到更好的输出预测。在这种意义下，我们称该模型为常时段预测模型。这种结构的模型比图 6.4 所示的模型对非线性特性有更好的逼近能力。图 6.5 是一种常用形式。

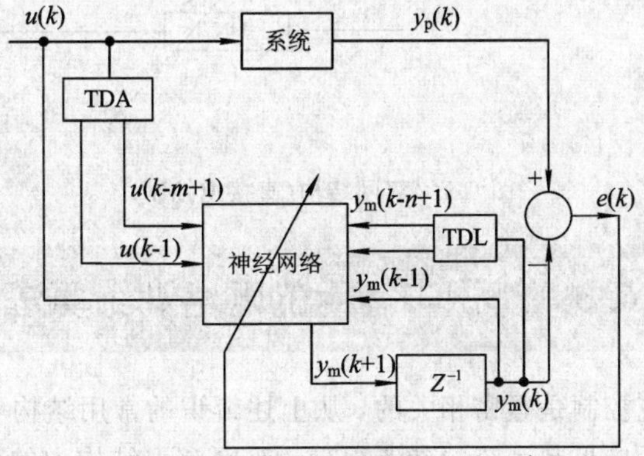

图 6.5　正向建模(并联辨识)结构图

除了上述正向建模(串一并辨识、并联辨识)结构外，还有逆向建模结构。在逆向建模中，有直接逆向辨识和特殊逆向辨识结构。直接逆向辨识建模结构如图 6.6 所示。由此图可见，待辨识系统的输出作为神经网络(NN)的输入，NN 输出与系统的输入比较，用其误差来训练 NN，因而 NN 将通过学习建立系统的逆模型。由于这种学习不是目标导向的，在实际工作中，系统的输入 $u(k)$通常是经过调节器得到的，不可能预先定义，因此采用图 6.7 所示的双网辨识结构。对于被辨识系统，网络 NN_1 和 NN_2 的权值同时调节，$e_2=u-v$ 是两个网络的训练信号。当 e_1 接近 0 时，网络 NN_1 和 NN_2 将是系统逆模型的一个好的近似。这里要求 NN_1 和 NN_2 是相同结构的网络，即网络的输入层、隐层和输出层神经元节点的数目相同。当网络训练好以后，网络 NN_1 相当于一个前馈控制器，使系统的输出 $y(k)$ 和期望值接近一致，即 e_1 接近于 0，网络 NN_2 是系统的逆模型。这种双网结构又称为神经网络的直接逆控制。

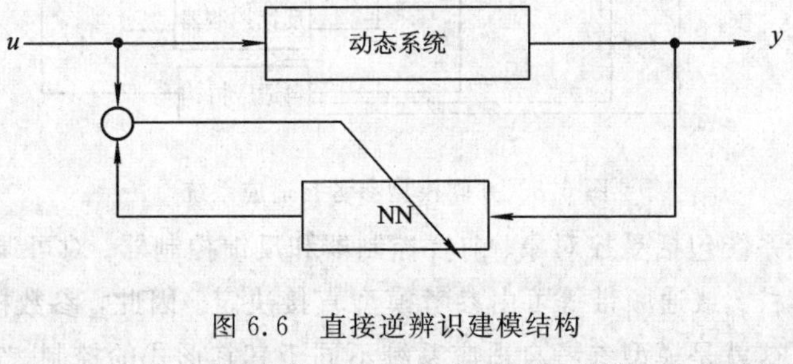

图 6.6　直接逆辨识建模结构

另外，如果把图 6.7 所示的双网辨识结构稍作改动，即用 NN_1 的输出 $u(k)$ 作 NN_2 的输入，NN_2 的输出和系统的输出 $y(k)$ 比较之差来调节 NN_2 的权值；用系统的输出 $y(k)$ 和系统输出期望值 $y_d(k)$ 之差来调整 NN_1 的权值。这样的网络结构被称为正一逆建模结构，NN_2 变为正向辨识建模网络，则 NN_1 是逆控制器。

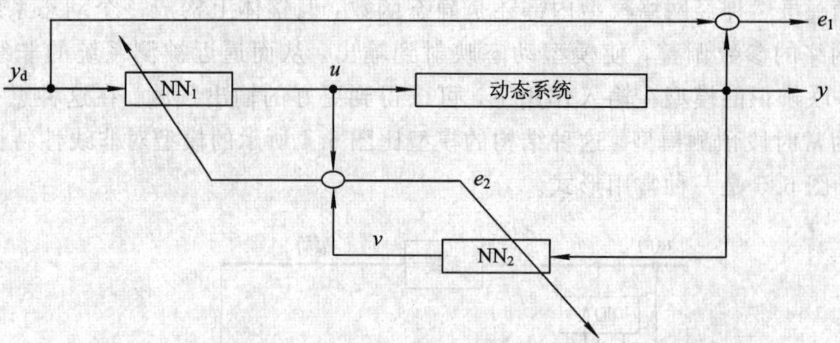

图 6.7 双网结构(直接逆控制)

6.3 辨识中常用的网络训练算法

系统辨识和自适应控制是紧密相关的，从上述辨识的常用结构可以看出，正向建模中被辨识系统类似于自适应控制系统的参考模型；双网辨识结构中的系统输出期望值 $y_d(k)$ 也类似于参考模型的输出。因此，本节首先讨论模型参考自适应系统的基本结构；其次对在系统辨识中常用的 BP 网络训练算法进行较详细的描述。

6.3.1 自适应控制系统基本结构

自适应控制系统是一种高性能复杂控制系统。它既不同于一般的反馈控制系统，也不同于确定性最优控制系统和随机最优控制系统。要阐明自适应控制系统的概念，必须明确它与最优控制系统的区别。这种区别主要在于所研究的对象和要解决的问题不同。模型参考自适应系统是最常用的一种自适应系统，它是由参考模型、可调系统和自适应机构三个部分组成的。常见的一种结构为并联模型参考自适应系统，如图 6.8 所示。

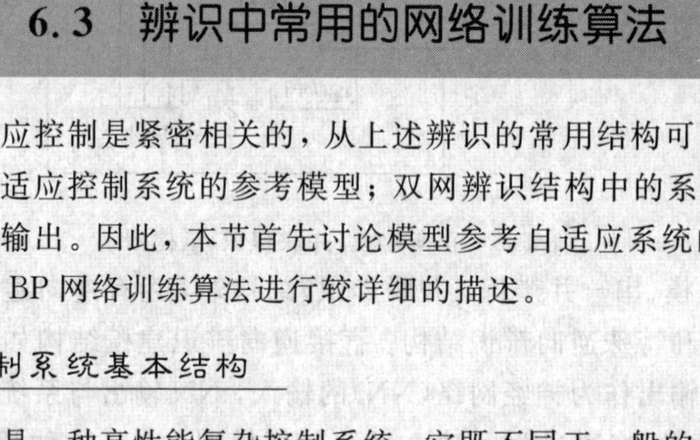

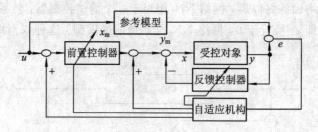

图 6.8 并联模型参考自适应系统

图 6.8 中可调系统包括受控对象、前置控制器和反馈控制器。对可调系统的工作要求，如时域指标 $\delta_p\%$、ξ、t_s或通频带等可由参考模型直接决定。因此，参数模型实际上是一个理想的控制系统，这就是模型参考自适应系统不同于其它形式的控制，它无需进行性能指标变换。参考模型与可调系统两者性能之间的一致性由自适应机构保证，所以，自适应机构的设计十分关键，性能一致性程度由状态向量

$$\boldsymbol{e}_x = x_m - x \tag{6.20}$$

或输出误差向量

$$e_y = y_m - y \tag{6.21}$$

来度量，式中的 x_m、y_m和 x、y 分别为参考模型与受控系统的状态和输出。只要误差向量 $\boldsymbol{e}$ 不为零，自适应机构就按减小偏差方向修正或更新控制律，以便使系统性能指标达到或接近希望的性能指标。具体实施时，可更新前置和反馈控制器参数，也可直接改变加到输入端的信号，前者称为参数自适应方案，后者称为信号综合自适应方案。

适当变更参数模型和可调系统的相对位置，便可得到其它结构形式的模型参考自适应控制系统，如图 6.9 所示。无论这些结构的形式有多大的差异，对它们进行分析与综合的方法都是基本相同的。

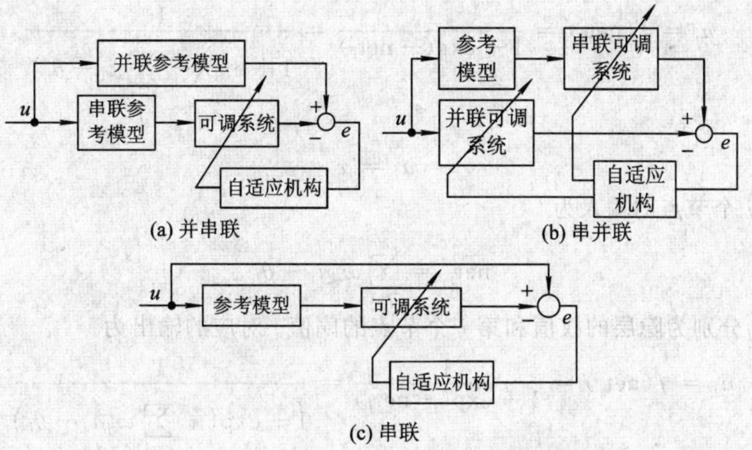

图 6.9　其它形式的模型参考自适应系统

6.3.2　辨识中常用的 BP 网络训练算法

在非线性系统模型辨识中，常用的是一种典型的多层并行网，即多层 BP 网络。其激发函数通常选用连续可导的 Sigmoid 函数：

$$f(x) = \frac{1}{1 + \exp(-x)} \tag{6.22}$$

在被辨识的模型特性在正负区间变化时，激发函数选用对称的 Sigmoid 函数(又称双曲函数)：

$$f(x) = \text{than}(x) = \frac{1 - \exp(-x)}{1 + \exp(-x)} \tag{6.23}$$

设三层 BP 网络如图 6.10 所示，输入层有 M 个节点，输出层有 L 个节点，而且隐层只有一层，具有 N 个节点。一般情况下 $N>M>L$。

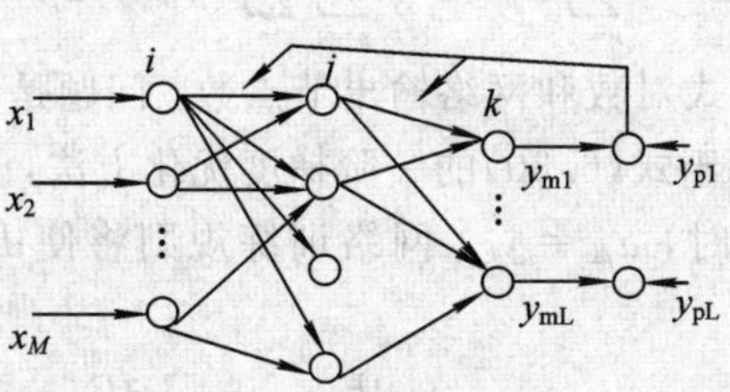

图 6.10　三层 BP 网络

设输入层神经节点的输出为 $a_i(i=1, 2, \cdots, M)$，隐层节点的输出为 $a_j(j=1,2,\cdots,N)$，输出层神经节点的输出为 $y_k(k=1, 2, \cdots, L)$，神经网络的输出向量为 $\boldsymbol{y}_{\mathrm{m}}$，期望的网络输出向量为 $\boldsymbol{y}_{\mathrm{p}}$。下面讨论一阶梯度优化方法，即 BP 算法。

1. 网络各层神经节点的输入输出关系

输入层第个 i 节点的输入为

$$\mathrm{net}_i = \sum_{i=1}^{M} x_i + \theta_i \tag{6.24}$$

式中，$x_i(i=1, 2, \cdots, M)$为神经网络的输入，θ_i为第个 i 节点的阈值。对应的输出为

$$a_i = f(\mathrm{net}_i) = \frac{1}{1+\exp(-\mathrm{net}_i)} = \frac{1}{1+\exp\left(-\sum\limits_{i=1}^{M} x_i - \theta_i\right)} \tag{6.25}$$

也可简化为

$$a_i = x_i$$

隐层第 j 个节点的输入为

$$\mathrm{net}_j = \sum_{j=1}^{N} w_{ij} a_i + \theta_j \tag{6.26}$$

式中，w_{ij}、θ_j分别为隐层的权值和第 j 个节点的阈值。对应的输出为

$$a_j = f(\mathrm{net}_j) = \frac{1}{1+\exp(-\mathrm{net}_j)} = \frac{1}{1+\exp\left(-\sum\limits_{j=1}^{N} w_{ij} a_i - \theta_j\right)} \tag{6.27}$$

输出层第 k 个节点的输入为

$$\mathrm{net}_k = \sum_{k=1}^{L} w_{jk} a_j + \theta_k \tag{6.28}$$

式中，w_{jk}、θ_k分别为输出层的权值和第 k 个节点的阈值。对应的输出为

$$y_k = f(\mathrm{net}_k) = \frac{1}{1+\exp(-\mathrm{net}_k)} = \frac{1}{1+\exp\left(-\sum\limits_{k=1}^{L} w_{jk} a_j - \theta_k\right)} \tag{6.29}$$

2. BP 网络权值调整规则

定义每一样本的输入输出模式对的二次型误差函数为

$$E_p = \frac{1}{2}\sum_{k=1}^{L}(y_{pk} - a_{pk})^2 \tag{6.30}$$

则系统的误差代价函数为

$$E = \sum_{k=1}^{P} E_p = \frac{1}{2}\sum_{p=1}^{P}\sum_{k=1}^{L}(y_{pk} - a_{pk})^2 \tag{6.31}$$

式中，P 和 L 分别为样本模式对数和网络输出节点数。问题是如何调整连接权值使误差代价函数 E 最小。下面讨论基于式(6.30)的一阶梯度优化方法，即最速下降法。

(1) 当计算输出层节点时，$a_{pk} = y_k$，网络训练规则将使 E 在每个训练循环按梯度下降，则权系数修正公式为

$$\Delta w_{jk} = -\eta \frac{\partial E_p}{\partial w_{jk}} = -\eta \frac{\partial E}{\partial w_{jk}} \tag{6.32}$$

为了简便，式中略去了 E_p的下标。式中，net_k 指输出层第 k 个节点的输入网络；η 为按梯度

搜索的步长，$0<\eta<1$。于是

$$\frac{\partial E}{\partial w_{jk}}=\frac{\partial E}{\partial \mathrm{net}_k}\frac{\partial \mathrm{net}_k}{\partial w_{jk}}=\frac{\partial E}{\partial \mathrm{net}_k}a_j \tag{6.33}$$

定义输出层的反传误差信号为

$$\delta_k=-\frac{\partial E}{\partial \mathrm{net}_k}=-\frac{\partial E}{\partial y_k}\frac{\partial y_k}{\partial \mathrm{net}_k}=(y_{pk}-y_k)\frac{\partial}{\partial \mathrm{net}_k}f(\mathrm{net}_{jk})=(y_{pk}-y_k)f'(\mathrm{net}_k) \tag{6.34}$$

对式(6.29)两边求导，有

$$f'(\mathrm{net}_k)=f(\mathrm{net}_k)(1-f(\mathrm{net}_k))=y_k(1-y_k) \tag{6.35}$$

将式(6.35)代入式(6.34)，可得

$$\delta_k=y_k(1-y_k)(y_{pk}-y_k),\quad k=1,2,\cdots,L \tag{6.36}$$

(2) 当计算隐层节点时，式(6.30)中，$a_{pk}=a_j$，则权系数修正公式为

$$\Delta w_{ij}=-\eta\frac{\partial E_p}{\partial w_{ij}}=-\eta\frac{\partial E}{\partial w_{ij}} \tag{6.37}$$

为了简便，式中略去了 E_p 的下标，于是

$$\frac{\partial E}{\partial w_{ij}}=\frac{\partial E}{\partial \mathrm{net}_j}\frac{\partial \mathrm{net}_j}{\partial w_{ij}}=\frac{\partial E}{\partial \mathrm{net}_j}a_i \tag{6.38}$$

定义隐层的反传误差信号为

$$\delta_j=-\frac{\partial E}{\partial \mathrm{net}_j}=-\frac{\partial E}{\partial a_j}\frac{\partial a_j}{\partial \mathrm{net}_j}=-\frac{\partial E}{\partial a_j}f'(\mathrm{net}_j) \tag{6.39}$$

其中

$$\begin{aligned}-\frac{\partial E}{\partial a_j}&=-\sum_{k=1}^{L}\frac{\partial E}{\partial \mathrm{net}_k}\frac{\partial \mathrm{net}_k}{\partial a_j}=\sum_{k=1}^{L}\left(-\frac{\partial E}{\partial \mathrm{net}_k}\right)\frac{\partial}{\partial a_j}\sum_{j=1}^{N}w_{jk}a_j\\&=\sum_{k=1}^{L}\left(-\frac{\partial E}{\partial \mathrm{net}_k}\right)w_{jk}=\sum_{k=1}^{L}\delta_k w_{jk}\end{aligned} \tag{6.40}$$

又由于 $f'(\mathrm{net}_j)=a_j(1-a_j)$，所以隐层的误差反传信号为

$$\delta_j=a_j(1-a_j)\sum_{k=1}^{L}\delta_k w_{jk} \tag{6.41}$$

为了提高学习速率，在输出层权值修正式(6.32)和隐层权值修正式(6.37)的训练规则上再加一个“势态项”(Momentum Term)，输出层权值和隐层权值修正式为

$$\begin{cases}w_{jk}(k+1)=w_{jk}(k)+\eta_k\delta_k a_j+\alpha_k(w_{jk}(k)-w_{jk}(k-1)) & \text{输出层}\\ w_{ij}(k+1)=w_{ij}(k)+\eta_j\delta_j a_i+\alpha_j(w_{ij}(k)-w_{ij}(k-1)) & \text{隐层}\end{cases} \tag{6.42}$$

式中，η、α 均为学习速率系数。η 为各层按梯度搜索的步长；α 是各层决定过去权值的变化对目前权值变化影响的系数，又称为记忆因子。

下面给出在系统模型辨识中 BP 反向传播训练的步骤：

(1) 置各层权值和阈值的初值，$\boldsymbol{w}_{jk}$、$\boldsymbol{w}_{ij}$、$\boldsymbol{\theta}_j$ 为小的随机数阵；给误差代价函数 ε 赋值；设置循环次数 R。

(2) 提供训练用的学习资料：输入矩阵 $\boldsymbol{x}_{ki}$ ($k=1, 2, \cdots, R$; $i=1, 2\cdots, M$)，经过系统后可得到目标输出 y_{pk}，经过神经网络后可得到 y_k，对于每组 k 进行步骤(3)～(5)。

(3) 按式(6.29)计算网络输出 y_k，按式(6.27)计算隐层单元的状态 a_j。

(4) 按式(6.36)计算输出层训练误差值 δ_k，按式(6.41)计算隐层训练误差值 δ_j。

(5) 按式(6.42)修正输出层权值和隐层权值 w_{jk} 和 w_{ij}。

(6) 当每次经过训练后，判断指标是否满足精度要求，即判断误差代价函数式(6.30)是否达到 $E \leqslant \varepsilon$。若满足要求，则转到步骤(7)；否则，再判是否到达设定的循环次数 $k=R$。若循环次数等于 R，则转到步骤(7)，否则，转到步骤(2)，重新读取一组样本，继续循环训练网络。

(7) 停止。

BP 模型把一组样本的 I/O 问题变成一个非线性的优化问题，使用了优化中最普通的梯度下降法，用迭代运算求解权系数，相应于学习记忆问题。加入隐节点使优化问题的可调参数增加，从而可得到更精确的解。如把这种神经网络看做从输入到输出的映射，则这种映射是一个高度非线性的映射。如输入节点个数为 m，输出节点个数为 L，则网络是从 $R^m \rightarrow R^L$ 的映射。即

$$F: R^m \rightarrow R^L, \quad Y = F(X) \tag{6.43}$$

式中，X、Y 分别为样本集合和输出集合。

6.4 改进的 BP 网络训练算法

虽然 BP 网络有其重要的意义，但在实际应用中存在不少问题：

(1) 学习算法的收敛速度很慢。因为 BP 算法是以梯度下降法为基础的，只具有线性收敛速度，虽通过引入“势态项”增加了一定程度的二阶信息，但对算法的性质并无根本的改变。

(2) 学习因子和记忆因子 η、α 没有一种选择的规则，若选得过大，则会使训练的过程引起振荡；若选得过小，则会使训练的过程更加缓慢。

(3) 网络对初始值的敏感性。同一 BP 网络，不同的初值会使网络的收敛速度差异很大。若初值权值离极小点很近，则收敛速度较快；若初值权值远离极小点，则收敛速度极慢。另外，若输入初值不合适，训练起始段就会出现振荡。

(4) 网络的隐层节点个数的选择尚无理论指导，而是根据经验选取。

(5) 从数学上看 BP 算法是一个非线性的优化问题，这就不可避免地存在局部极小问题。

近年来人们对 BP 算法做了大量的研究改进工作，主要包括以下几个方面：

(1) 提高学习速率方法的研究。Jacobs、Tullenaere、Lengelle 等在这个研究中做了大量的工作。他们主要是根据学习进展情况(一般指训练误差)在训练过程中改变学习因子。采用这种方法改进的 BP 算法，其好处是不增加额外的计算量，通过调整学习因子基本上可保证算法的收敛，但还是不能令人满意。

(2) 利用目标函数的二阶导数信息对网络训练精度的改进。Kramer、Battit、Patrick 等在这方面做了大量研究。这种方法主要是利用指标函数二阶信息，即二阶导数矩阵(Hessian)或是对二阶导数矩阵的近似，这样构成其具有超线性收敛的算法。这种研究是以非线性优化理论为基础，是将 BP 多层网的训练问题归结为一个非线性的规划问题。这样一来，优化理论中的各种优化算法(如共轭梯度法、变尺度法、Newton 法及其对这些算法

的改进算法)都可以用来对非线性的规划问题求解。但这种算法的应用带来了一些实际问题。BP 多层网本身就是一种并行处理结构，要采用这种改进的算法，就必须将网络的权值展开构成一个权向量来进行各种向量、矩阵运算，或者构成一个矩阵近似指标函数，该阵是关系权值向量的 Hessian 阵。这对于多层网的并行处理能力有较大影响。有些研究者将二阶信息应用到某一层或者某一节点。这在一定程度上对网络训练的精度有所改进，但又使运算工作量增加，从而影响了训练速度。

以上两种改进算法为提高神经网络的训练速度和精度的研究奠定了基础。在(1)的研究中，如果再考虑如何提高网络的抗干扰措施和一些对并行网的综合管理，将会得到更加理想的效果。在(2)的研究中，虽然二阶导数信息使计算的复杂性增加，但网络训练的有效性可提高一到两个数量级，因此，对非线性程度不太严重、并行算法要求不太高且被测系统过渡过程较慢的情况，二阶算法是可用的。

6.4.1 基于降低网络灵敏度的网络改进算法

1. 神经网络灵敏度的定义

BP 网络学习算法的收敛速度很慢的主要原因是由于 BP 网络是一种全反传式的前向网络，即只要误差反传信号存在，网络所有层的权值就会统统修正，从而造成了学习时间的拖延。在上述改进 BP 算法(1)提高学习速率方法研究的基础上，若在神经网络的误差反传权值修正时增加一个协调器，该协调器将全反传式网络变成局部反传式的网络，就会使网络学习速率大大提高。协调器的协调方法要靠对网络灵敏度的分析来决定。神经网络的灵敏度是指作为辨识器或控制器的神经网络对各种变化和扰动的自学习、自调整、自适应的能力。因此，根据文献[48]和[50]，对作为神经网络的灵敏度作如下定义。

定义 6.1 Δy_m^i是由信号的各种变化及扰动引起的网络输出变化，$|\Delta\varepsilon|$为网络输入、权值变化及被辨识系统变化引起的综合误差，对第 i 样本，神经网络辨识器的灵敏度定义为

$$S_m^i(\cdot)=\frac{\mathrm{MSE}(\Delta y_m^i)}{|\Delta\varepsilon|} \tag{6.44}$$

式中，MSE(Mean Square Error)为方差。

2. 降低神经网络灵敏度的方法

据前分析，这里提出一种在系统辨识中用于降低神经网络灵敏度的方法，用定理 6.1 来描述。

定理 6.1 在网络输入扰动、网络参数变化或被辨识系统参数变化时，根据系统在被辨识过程中的误差，动态地控制神经网络各层权值，特别是最末一级隐层到输出层的权值矩阵(即输出层的权值矩阵)修正，可以使网络输出的均方差 $\mathrm{MSE}(\Delta y_m^i)$快速减小，从而使网络灵敏度 $S_m^i(\cdot)$降低。

证明 根据文献[54]，设一个三层 BP 网络辨识器，网络的输入层、隐层(含 $b-1$ 级)、输出层节点数分别为 m、n、p，则网络输入层到第一级隐层(即第一级隐层)的权值矩阵 $\boldsymbol{w}_{1ij}$ 为 $n\times m$ 维矩阵；第二级隐层的权值矩阵 $\boldsymbol{w}_{2ij}$ 为 $n\times n$ 维矩阵；依此类推，最末一级隐层的权值矩阵 $\boldsymbol{w}_{(b-1)ij}$ 为 $n\times n$ 维矩阵；输出层的权值矩阵 $\boldsymbol{w}_{bij}$ 为 $p\times n$ 维矩阵；对第 j 个输入 x_j 的网络输出分量 y_{mj} 可写成：

$$y_{mj}=f_j\Big(\sum_{i=1}^{n}w_{bij}\cdots f_j\Big(\sum_{i=1}^{n}w_{3ij}f_j\Big(\sum_{i=1}^{n}w_{2ij}f_j\Big(\sum_{i=1}^{m}w_{1ij}x_j+\theta_{1j}\Big)+\theta_{2j}\Big)+\theta_{3j}\Big)+\cdots+\theta_{bj}\Big) \tag{6.45}$$

由于激发函数 Sigmoid 连续可微，由于作为辨识器的神经网络的输入到输出共经过了 b 级 Sigmoid 函数，因此网络输出对各层权值的微分为

$$\frac{\partial y_{mj}}{\partial \boldsymbol{w}_{1ij}}=y_{mj}(1-y_{mj})\sum_{i=1}^{n}\boldsymbol{w}_{bij}a_{(b-1)j}(1-a_{(b-1)j})\cdots \times\sum_{i=1}^{n}\boldsymbol{w}_{3ij}a_{2j}(1-a_{2j})\sum_{i=1}^{n}\boldsymbol{w}_{2ij}a_{1j}(1-a_{1j})x_j \tag{6.46}$$

式中，a_{1j} 为网络第一级隐层节点的输出，a_{2j} 为第二级隐层的输出，$a_{(b-1)j}$ 为最末级隐层的输出。

$$\frac{\partial y_{mj}}{\partial \boldsymbol{w}_{2ij}}=y_{mj}(1-y_{mj})\sum_{i=1}^{n}\boldsymbol{w}_{bij}a_{(b-1)j}(1-a_{(b-1)j})\cdots \times\sum_{i=1}^{n}\boldsymbol{w}_{3ij}a_{2j}(1-a_{2j})a_{1j} \tag{6.47}$$

$$\vdots$$

$$\frac{\partial y_{mj}}{\partial \boldsymbol{w}_{bij}}=y_{mj}(1-y_{mj})a_{(b-1)j} \tag{6.48}$$

从式(6.46) 到式(6.48)可推得，网络的各层权值变化对应的网络输出变化量可写成

$$\Delta y_{mi}\approx\{y_{mj}(1-y_{mi})\sum_{i=1}^{n}\boldsymbol{w}_{bij}a_{(b-1)i}(1-a_{(b-1)i})\cdots \times\sum_{i=1}^{n}\boldsymbol{w}_{3ij}a_{2i}(1-a_{2i})\sum_{i=1}^{n}\boldsymbol{w}_{2ij}a_{1i}(1-a_{1i})x_j\}\Delta\boldsymbol{w}_{1ij} \tag{6.49}$$

$$\Delta y_{mi}\approx\{y_{mi}(1-y_{mi})\sum_{i=1}^{n}\boldsymbol{w}_{bij}a_{(b-1)i}(1-a_{(b-1)i})\cdots \times\sum_{i=1}^{n}\boldsymbol{w}_{3kj}a_{2i}(1-a_{2i})a_{1i}\}\Delta\boldsymbol{w}_{2ij} \tag{6.50}$$

$$\vdots$$

$$\Delta y_{mi}\approx\{y_{mi}(1-y_{mi})a_{(b-1)i}\}\Delta\boldsymbol{w}_{bij} \tag{6.51}$$

由于 $0<y_{mi}<1$，$0<a_{1i}<1$，…，$0<a_{(b-1)i}<1$，从式(6.49)～(6.51)可见，当权值矩阵 $\boldsymbol{w}_{bij}$ 变化一个单位时，网络的输出 y_{mi} 的变化最大不超过 0.25；当 $\boldsymbol{w}_{(b-1)ij}$ 变化一个单位时，系统的输出 y_{mi} 的变化最大不超过$(0.25)^2=0.0625$；以此类推，$\boldsymbol{w}_{(b-q)ij}$ 变化一个单位，系统的输出 y_{mi} 的变化最大不超过$(0.25)^{q+1}$；当 $q=b-1$ 时，$\boldsymbol{w}_{(b-q)ij}$ 即为 $\boldsymbol{w}_{1ij}$，$\boldsymbol{w}_{1ij}$ 变化一个单位，系统的输出 y_{mi} 的变化最大不超过$(0.25)^b$。由于 $\boldsymbol{w}_{1ij}$ 经过了 b 级 Sigmoid 函数的作用，它对网络输出的影响最小，而 $\boldsymbol{w}_{bij}$ 只经过了一级 Sigmoid 函数的作用，因此它对网络输出的影响最大。

从而可见，神经网络输出层的权值阵 $\boldsymbol{w}_{bij}$ 的元素值的大小对网络输出影响最大，所以，当网络参数变化或系统参数变化时，动态地控制网络各层特别是输出层的权值修正，可以使网络输出的均方差 $\mathrm{MSE}(\Delta y_m^i)$快速减小，从而使网络灵敏度 $S_m^i(\cdot)$降低。

3. 基于降低网络灵敏度的 BP 网络改进算法

根据定理 6.1，基于降低网络灵敏度的 BP 网络改进算法可描述为：

(1) 在常规 BP 学习算法的基础上，在网络的误差反向传播信号线上增加一个协调器，该协调器控制各层权值的修正。

(2) 当网络的综合误差$|\Delta\varepsilon|$(包括网络输出和被辨识系统的输出误差的绝对值$|e|$(又称动态的训练误差))较大时，协调器控制网络输出层的权值阵 w_{bij} 增大，使网络输出迅速变化。

(3) 当训练误差为 $10\% \leqslant |e| < 20\%$时，协调器控制网络输出层的权值阵 w_{bij} 减小，同时停止其它层权值的修正，使网络灵敏度 $S_m^i(\cdot)$降低，以免网络输出过冲，造成反向误差。

(4) 当训练误差$|e| < 10\%$时，协调器控制，只允许靠近网络输入层的第一或二级隐层权值修正，同时停止网络输出层的权值阵 w_{bij} 和其它级隐层权值的修正，网络灵敏度 $S_m^i(\cdot)$再降低，使网络输出和被辨识系统的输出误差达到允许值。

上述基于降低网络灵敏度的 BP 网络改进算法，动态地将全局反向传播式网络变成局部反传式的网络，可以使网络学习速率大大提高。

6.4.2 提高一类神经网络容错性的理论和方法

1. 神经网络容错性概述

从神经网络诞生以来，人们就一直以为人工神经网络理应具有如同生物神经网络的容错力。换言之，神经网络应具有较高的可靠性，某些能力损伤后可通过学习恢复，具有容错编码的能力，具有空间上、时间上的容错力。但遗憾的是，要使人工神经网络获得良好的容错能力并非易事，还有一大片空白值得研究。对 BP 网络容错能力研究最早的是 1992 年 Emmerson 和 Damper 所作的研究。Emmerson 通过实验表明，隐层节点多的网络并不一定比隐层节点少的网络具有更强的容错力。但是，另一种称作“倍增”隐节点的方法可以提高网络的容错力。例如，针对某具体问题采用 3—4—2 三层 BP 网络进行训练，训练成功后，将网络的结构改为 3—8—2，同时将隐层的权值阵由 4×3 改成 8×3 维，其权值均是原权值的 1/2，从而保持映射关系不变。这种网络的容错能力可望得到改善，但增加隐节点，势必使计算量增大而影响训练速度，更何况隐节点不能无限制地增加。这一方法并没有从理论上予以证明[M. D. Emmerson, R. I. Dammper, 1993]。与 Emmerson 几乎同时发表这方面文章的还有 Neti、Schneider 等，他们把对于一个已知结构的网络寻求最大容错能力的问题化为求解有约束的非线性优化问题，且从仿真过程找到了近似解，并指出一定程度上增加隐节点可使得到的解更精确，但这一方法需要复杂繁琐的计算。

Holmstron(1992)从理论上证明了对样本对进行一定程度的噪声污染可以提高网络的泛化能力。之后 Minnix 通过实验的方法证明噪声污染也可以提高网络的容错能力。Alan Murry 和 Peter Edwards(1994)指出，在 BP 网络训练过程中有意对权值加一扰动项(如白噪音)，可以明显地提高泛化能力、降低灵敏度、提高容错能力。

文献[50](1997)给出了容错神经网络的数学模型，并针对控制中的神经元网络，定义了相关的评价函数。我们将其思想引深到辨识所用的神经网络中。

定义 6.2 设某一给定的三层神经网络的输入为 X，对应的输出为 Y。当神经网络发生故障 f 时，神经网络的实际输出为 Y^f，则

$$E_f = \frac{1}{2}\|Y - Y^f\|^2 \tag{6.52}$$

式中，$\|Y-Y^f\|^2$ 表示正常时和故障情况下网络输出的差值的二范数。式(6.52)为神经网络对故障 f 的容错评价函数，它反映了在故障 f 发生的情况下，网络执行正常功能的能力。

模型 1 对于上述给定其拓扑结构的神经网络，设其训练样本集为 $T=\{(X_t, Y_t | t=1, 2, \cdots, q)\}$，若存在适当的权值矩阵 $\boldsymbol{w}^* = w^*(x_{ij}^*, v_{ij}^*, \alpha_i^*, \theta_i^*)$，显然，网络权值要受到网络输入、扰动和学习因子的影响，$E_1(w) = \frac{1}{2}\sum_{j=1}^{h}\sum_{i=1}^{q}\|Y_t - Y_t^f\|^2$ 取极小，即

$$E_1(\boldsymbol{w}^*) = \min_{w} E_1(w) = \min \frac{1}{2}\sum_{j=1}^{h}\sum_{i=1}^{q}\|Y_t - Y_t^f\|^2 \tag{6.53}$$

则神经网络($\boldsymbol{w}^*$)即为容错神经网络。

模型 2 同模型 1 的设定，若使函数

$$E_1(w) = \frac{1}{2}\sum_{i=1}^{q}\|Y_t - Y_t^o\|^2 + \frac{1}{2}\sum_{j=1}^{h}\sum_{i=1}^{q}\alpha_f\|Y_t - Y_t^f\|^2 \tag{6.54}$$

取极小，即

$$E_1(\boldsymbol{w}^*) = \min E_1(w) = \min\left[\frac{1}{2}\sum_{i=1}^{q}\|Y_t - Y_t^o\|^2 + \frac{1}{2}\sum_{j=1}^{h}\sum_{i=1}^{q}\alpha_f\|Y_t - Y_t^f\|^2\right] \tag{6.55}$$

则神经网络($\boldsymbol{w}^*$)即为容错神经网络。式中，Y_t 为教师信号；Y_t^o 为神经网络在无故障下对应输入 X_t 的输出；Y_t^f 为神经网络在故障 f 发生的情况下对应输入 X_t^f 的实际输出，$f=1, 2, \cdots, h$；α_f 为加权因子，$0<\alpha_f<1$。

文献[56]在综述了神经网络容错性的进展后指出，迄今为止所有关于提高神经网络容错性的方法都仅仅只能通过实验证明，学术界既没有衡量神经网络容错性的一般标准，更没有关于对已知提高容错性方法的证明，这在一定程度上阻碍了寻找更多提高容错性方法的进程。

2. 一种提高控制系统神经网络容错性的方法

前述“倍增”法和“噪声污染”法都是提高神经网络容错性的有效方法，但会使神经网络训练过程的计算工作量大增，从而影响训练速度。可以证明，增加网络的层数(对 BP 网来讲，就是增加隐层的级数)可以提高网络的容错能力，但也会影响训练速度。在此基础上，文献[52]探讨了一种提高用于系统辨识中神经网络容错性的方法，用定理 6.2 来描述。

定理 6.2 在神经网络(设网络的输入、隐层(含 $b-1$ 层)、输出层节点数分别为 m、n、p)作辨识器时，当神经网络发生故障时，动态控制网络权值阵的乘积结构为

$$[\boldsymbol{w}_{bij}\boldsymbol{w}_{(b-1)ij}\cdots\boldsymbol{w}_{3ij}\boldsymbol{w}_{2ij}\boldsymbol{w}_{1ij}] \tag{6.56}$$

若网络发生故障，要设法使其乘积和(这里“乘积”指网络各层权值矩阵的乘积，“和”是指该乘积结果所得的矩阵所有元素之和)尽量小，这是提高网络容错性的一种方法。

证明 网络输出 y_{mj} 对网络输入分量 x_j 的微分为

$$\frac{\partial y_{mj}}{\partial x_j}=y_{mj}(1-y_{mj})\sum_{i=1}^{n}w_{bij}a_{(b-1)j}(1-a_{(b-1)j})\cdots\times\sum_{i=1}^{n}w_{3ij}a_{2j}(1-a_{2j})\sum_{i=1}^{n}w_{2ij}a_{1j}(1-a_{1j})w_{1ij} \tag{6.57}$$

从而有

$$\Delta y_{mj}\approx\{y_{mj}(1-y_{mj})\sum_{i=1}^{n}w_{bij}a_{(b-1)j}(1-a_{(b-1)j})\cdots\times\sum_{i=1}^{n}w_{3ij}a_{2j}(1-a_{2j})\sum_{i=1}^{n}w_{2ij}a_{1i}(1-a_{1j})w_{1ij}\}\Delta x_j \tag{6.58}$$

从定理 6.2 可知，输入变化 Δx_j 经过 Sigmoid 函数级数越多的权值阵对网络输出的影响越小。显见，若式(6.58)的网络输入变化一个单位，则经过

$$[w_{bij}w_{(b-1)ij}\cdots w_{2ij}w_{1ij}(0.25)^b] \tag{6.59}$$

的传递才可得到网络输出最大可能的变化 Δy_{mj}。因此，网络输入 $\boldsymbol{x}_i$ 的变化对输出的影响不仅取决于与神经网络隐层的层数有关的常数 b 的大小，而且取决于权值阵的乘积的结构 $w_{bij}w_{(b-1)ij}\cdots w_{2ij}w_{1ij}$。如果这个乘积和的绝对值很小，接近零，则 x_j 的变化将几乎不会影响输出的变化。当网络发生故障时，控制 $w_{bij}w_{(b-1)ij}\cdots w_{2ij}w_{1ij}$ 结构使其乘积和尽量小，这样故障对网络的输出影响最小。另外，无论故障发生在网络的哪一部位，一旦检测到故障，控制该乘积和为最小，都可抑制故障对输出的影响。所以，在如 BP 网络一类的神经网络系统辨识中，只要动态控制网络权值阵的乘积结构$[w_{bij}w_{(b-1)ij}\cdots w_{3ij}w_{2ij}w_{1ij}]$，则可使式(6.53)取得尽可能小的值，从而提高网络容错能力。

6.4.3　提高神经网络收敛速度的赋初值算法

1. 网络初值的概念

神经网络的初始值对网络的训练速度有很大影响。在系统辨识中，理想的初始值可以使网络模型较快地跟踪被辨识系统而收敛到其最优解，甚至还可以避免一些局部极值点的影响。但在一般情况下，人们给权值初值赋以较小的随机数。从激发函数敏感区的分布情况来看，小的权值可保证敏感区有一定的宽度，但这又使网络的输出在一定范围内里变化缓慢，必须经过一段时间的训练之后才能表现出一些被测系统的特性。如果这些随机数与被测系统的神经网络模型的最优解相差甚大，或者当样本点不在原点附近分布或被测系统的非线性特性较严重时，这种赋初值的方法会使网络的训练速度很慢，甚至只能收敛到局部极值上。

在这方面，也有学者作过研究。Wessel 和 Barnard(1992)以模式分类问题为背景专门讨论了用初始化的方法避免极小点的问题。他们的基本方法是：设法使隐层节点的中、小超平面穿越样本所在的区域，并且各隐层节点的方向应有尽可能大的差异。Nguyen 等人从多层反馈网在频域中的特性出发，提出一种初始化的方法，其目的是使初始网络能够具有逼近任意函数的结构。Denoeux 等人(1993)提出一种基于典型值的初始化方法，这种方法利用样本集中的一些典型值，对输入向量作了一种变换，使得样本输入落在一个球面上，从而使网络选取合理的初始值。1997 年文献[50]针对双曲正切作用函数也提出了基于敏感区分布网络初始化的方法，目的是设法使网络处于一个良好的初始状态。

以上这些初始化方法的研究多是基于对网络逼近的经验提出的。在以上学者研究的启发下，2001 年文献[49]提出一种赋初值的算法，这种算法是针对 BP 网络中最常用的 Sigmoid 激发函数，综合考虑了网络抗干扰性和敏感区的分布情况，较全面地对多层并行网所有权值和阈值进行了设计。

2. Sigmoid 函数 $f(\cdot)$敏感区的分布

这里针对三层(输入层、隐层和输出层)且具有多个隐层的前向网络来分析网络的敏感区的分布情况，设网络有 m 个输入节点 $x_i(i=1, 2, \cdots, m)$，第一隐层有 n 个隐层节点 H_i $(i=1, 2, \cdots, n)$。一个隐层节点的函数关系可表示为

$$H = f(\boldsymbol{wx}+\theta) = f(\text{net}),\ \text{net} = \boldsymbol{wx}+\theta \tag{6.60}$$

式中，$\boldsymbol{x}$ 为该节点的输入向量，$\boldsymbol{w}$ 为权值矩阵，θ 为阈值。这里考虑激发函数为 Sigmoid 函数，激发函数 $f(\cdot)$的作用使得隐层节点的输出限制在(0, 1)。由式(6.60)可见，隐节点的输出是对输入向量的加权和，然后经非线性饱和变换形成的，故其输出等值面是一簇平行超曲面。当某隐节点的输出值为 a 时，式(6.60)可写成

$$H = f(\boldsymbol{wx}+\theta) = \frac{1}{1+\mathrm{e}^{-(\boldsymbol{wx}+\theta)}} = a \tag{6.61}$$

则有

$$\boldsymbol{wx} = \ln\left(\frac{a}{1-a}\right) - \theta \tag{6.62}$$

给出以下定义：

定义 6.3 一个隐节点的输出值为 a 的等值超平面定义为等值超平面 p_a，等值超曲面簇为 $P=\{P_a, a\in(0, 1)\}$，隐层节点的起始超平面为 P_0：

$$P_a = \left\{x \in R^m: \boldsymbol{h}_w x = \frac{\ln\left(\frac{a}{1-a}\right)-\theta}{\|\boldsymbol{w}\|}\right\} \tag{6.63}$$

$$P_0 = \left\{x \in R^m: \boldsymbol{h}_w x = \frac{-\theta}{\|\boldsymbol{w}\|}\right\} \tag{6.64}$$

式中，$\boldsymbol{h}_w = \frac{\boldsymbol{w}}{\|\boldsymbol{w}\|}$表示隐层节点权值向量 $\boldsymbol{w}$ 的方向上的单位向量，称为隐层节点方向。从原点出发方向为 $\boldsymbol{h}_w$ 的直线与 P_0 的交点 X_0 称为隐层节点的起始面中心点，可表示为式(6.65)，在二维情况下，P_a的分布如图 6.11 所示。

$$X_0 = \boldsymbol{h}_w\left(\frac{-\theta}{\|\boldsymbol{w}\|}\right) \tag{6.65}$$

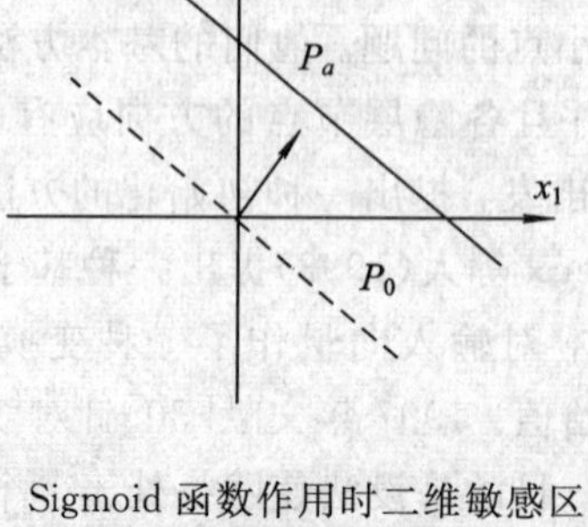

图 6.11 Sigmoid 函数作用时二维敏感区示意图

对任意一种激发函数，都可以用类似的方法找到其敏感区的分布。如果激发函数取双曲(对称型的 Sigmoid)函数 $f(x)=(1-e^{-x})/(1+e^{-x})$，则在这种函数作用下，隐层输出限制在(−1, 1)范围内，因此敏感区是以水平等值超平面 P_0为对称中心。若一个隐层节点输出为 α，则 P_0位于等值超平面(P_a, P_{-a})中心。

由于 Sigmoid 函数在 $t=0$ 附近变化最大，即函数 $f(\cdot)$在其值为 0.5 附近变化最明显，故其函数的导数 $f(\cdot)$在 $t=0$ 即零水平等值超平面 P_0上取极大值，所以在靠近 P_0区域节点输出变化较明显。也就是说，靠近 P_0区域是隐层节点映射特性的敏感区。

定义 6.4　一个隐层节点的 a 水平敏感区域 A_a定义为节点输出在(0, a)范围内的输入区域，可定义为

$$A_a = \{x \in R^m: 0 < f(\boldsymbol{wx} + \theta) < a\} \tag{6.66}$$

一个隐层节点的 a 水平饱和区域 B_a定义为节点输出值与饱和值相差小于 a 的输入区域，并表示为

$$B_a = \{x \in R^m: f(\boldsymbol{wx} + \theta) \geqslant a\} \tag{6.67}$$

在饱和区域 B_a内，节点的输出几乎是不变的。

中心超曲面的位置及敏感区域的宽度是由隐层节点的权值和阈值来决定的。从式(6.62)、式(6.63) 可推出 a 水平敏感区域 A_a的宽度 G_a可表示为

$$G_a = \frac{\ln\left(\dfrac{a}{1-a}\right)}{\|\boldsymbol{w}\|} \tag{6.68}$$

从而可见，隐层节点敏感区的宽度取决于$\|\boldsymbol{w}\|$。当$\|\boldsymbol{w}\|$太大时，敏感区域非常窄，隐层节点主要工作在饱和区；当$\|\boldsymbol{w}\|$太小时，敏感区域比较宽，这时隐层节点的泛化能力较强。

以上所讨论的是网络隐层的一个隐层节点的敏感区。在隐层中，每一个节点都有各自的敏感区域。这些敏感区域的延伸方向是由隐层节点的方向决定的。每个隐层节点的敏感区域的等值超平面可能是相交的，也可能是平行的，又因为每个隐层节点的敏感区域具有无限延伸的特性，这使得各隐层节点之间形成了一种相互交叠、相互耦合的复杂关系。这种关系给网络训练带来了一定影响，因此必须协调各隐层节点的作用才能在辨识中使模型无误地跟踪被辨识系统。

3. 提高网络收敛速度的赋初值算法

考虑到网络抗干扰特性，网络输出层的权值和阈值对网络输出影响最大；同时考虑到网络激发函数的敏感区分布，这种赋初值算法[55]分两步进行：第一步对网络的输入到最末一级隐层之间的所有权值和阈值进行设计；第二步对输出层权值和阈值进行设计。

第一步，对网络输入到最末一级隐层之间的所有权值和阈值进行设计。

设被辨识系统的离散输入样本集为 $X=\{x_1, x_2, \cdots, x_q\}$，隐层节点的数目为 n，即 $H=h_j(j=1, 2\cdots, n)(q\gg n)$，初始化的算法如下：

(1) 在样本集中任意取两个不同的样本点并称之为 x_{h1}、x_{h2}，通过测试所辨识系统的输出得到相应的 y_{h1}、y_{h2}，若 $y_{h1}=y_{h2}$，则另选一个样本，最终要保证 $y_{h1}\neq y_{h2}$。

(2) 根据所选的样本值计算隐层节点的方向：

$$\boldsymbol{h}_w = \frac{\boldsymbol{w}}{\|\boldsymbol{w}\|} = \frac{x_{h2} - x_{h1}}{\|x_{h2} - x_{h1}\|} \tag{6.69}$$

(3) 根据所选的样本值计算隐层节点敏感区的宽度：

$$G_a = \frac{\ln\left(\frac{a}{1-a}\right)}{\|\boldsymbol{w}\|} = k_h \|x_{h2} - x_{h1}\| \tag{6.70}$$

式中，k_h为[1，4]之间的随机数。

(4) 计算第 i 隐层节点上的权值(隐层节点的输出 a 一般取 0.95 左右)：

$$w_i = \|w_i\| \cdot h_w = \frac{\ln \frac{a}{1-a}}{G_a} \cdot h_w \tag{6.71}$$

(5) 该隐层节点的中心为 $x_{h0}=(x_{h1}+x_{h2})/2$，该隐层节点的阈值为

$$\theta_i \in -\left(w_i, \frac{(x_{h1}+x_{h2})}{2}\right) \tag{6.72}$$

(6) 重复步骤(1)～(5)直到求出 n 对权值、阈值。即

$$\begin{cases} \boldsymbol{w}^{1h} = \boldsymbol{w}_{1ij} = [w_1 \quad w_2 \quad \cdots \quad w_n]^{\mathrm{T}} \\ \boldsymbol{\theta}^{1h} = \boldsymbol{\theta}_{1i} = [\theta_1 \quad \theta_2 \quad \cdots \quad \theta_n]^{\mathrm{T}} \end{cases} \tag{6.73}$$

(7) 如果网络输入的节点数 $m>1$，这时网络的输入到第一隐层的权值阵 $\boldsymbol{w}_{1ij}$ 是 $n\times m$ 维的矩阵。步骤(1)～(6)已经求出了 $\boldsymbol{w}_{1ij}$ 的第一列，其它 $m-1$ 列可以用重复求 $\boldsymbol{w}_{1ij}$ 的第一列的过程求取，但注意样本值不要重复；或者按照 $\boldsymbol{w}_{1ij}$ 的第一列的数量级随机取值，但注意不要取相同数值。

(8) 如果网络隐层的级数大于 1，则根据前面对网络抗干扰性的分析结果，越靠近网络输出的权值，其变化对网络的输出影响越大。因此，第二隐层的权值阵的绝对值应小于第一隐层的权值阵，即 $\boldsymbol{w}_{2ij}<\boldsymbol{w}_{1ij}$ 或 $\boldsymbol{w}^{2h}<\boldsymbol{w}^{1h}$。又考虑到隐层节点敏感区，故第二隐层的权值用以下方法求得：

$$\begin{aligned} \boldsymbol{w}^{2h} = \boldsymbol{w}_{2ij} &= k_{hi}[(\boldsymbol{w}_{1ij})_1] \cdot [(\boldsymbol{w}_{1ij})_1]^{\mathrm{T}} \\ &= k_{hi}[w_1 \quad w_2 \quad \cdots \quad w_n]^{\mathrm{T}} \cdot [w_1 \quad w_2 \quad \cdots \quad w_n] \end{aligned} \tag{6.74}$$

式中，$k_{hi}\in(0.2, 0.6)$，$(\boldsymbol{w}_{1ij})_1$是第一隐层的权值阵 $\boldsymbol{w}_{1ij}$ 的第一列子阵。这样求出的 $\boldsymbol{w}^{2h}$ 是小于第一层权值阵 $\boldsymbol{w}_{1ij}$ 的 $n\times n$ 矩阵。由于 $\boldsymbol{w}_{1ij}$ 考虑了隐层节点敏感区的分布，因此用式(6.74)求取的 $\boldsymbol{w}^{2h}$ 既保证了隐层节点敏感区有一定的宽度，又对提高网络的抗干扰性有一定的促进作用。

无论网络有多少级隐层，第 $k(k>1)$级隐层的权值阵都可用下式求取：

$$\begin{aligned} \boldsymbol{w}^{kh} = \boldsymbol{w}_{kij} &= k_{hi}[(\boldsymbol{w}_{(k-1)ij})_1] \cdot [(\boldsymbol{w}_{(k-1)ij})_1]^{\mathrm{T}} \\ &= k_{hi}[w_{(k-1)1} \quad w_{(k-1)2} \quad \cdots \quad w_{(k-1)n}]^{\mathrm{T}} \cdot [w_{(k-1)1} \quad w_{(k-1)2} \quad \cdots \quad w_{(k-1)n}] \end{aligned} \tag{6.75}$$

式中，$(\boldsymbol{w}_{(k-1)ij})_1$是第 $k-1$ 级隐层权值 $w^{(k-1)h}$的第一列子阵。对应的阈值阵为

$$\boldsymbol{\theta}^{kh} = \boldsymbol{\theta}_{ki} \in -\left\{(\boldsymbol{w}_{kij})_{1i}, \frac{x_{h\tau} + x_{h(\tau+1)}}{2}\right\} \tag{6.76}$$

式中，$i=1, 2, \cdots, n$，$(\boldsymbol{w}_{kij})_{1i}$ 是第 k 级隐层权值阵 $\boldsymbol{w}^{kh}$ 的第一列子阵的第 i 个元素，$(x_{h\tau}+x_{h(\tau+1)})/2$ 为符合初始化的算法中(1)的两个不同样本的中心点。

第二步，对网络输出层权值和阈值进行设计。

由于网络输出层权值 w^o 的变化对网络输出影响最大，在已知网络输入到最末一级隐层之间的权值和阈值初值的情况下(这些值第一步已全部求出)，从网络输入的变化又可以

直接得到最末一级隐层的输出 a^{nh}。据此，基于网络抗干扰性和最小二乘法对网络输出层 w^o 的权值进行设计，算法如下：

(1) 选择样本集中的特殊点，如局部极大点、局部极小点、关键性的过渡点，并求出这些样本的平均值点：

$$x_s = \frac{1}{q}\sum_{i=1}^{q} x_i \tag{6.77}$$

式中，q 为特殊样本点的个数。若网络的激发函数选对称型 Sigmoid 函数，则该平均值可取为零。

(2) 求出这些特殊点和均值点 x_s 的差值，用这些差值组成一个特殊样本集：

$$\Delta X = \{\Delta x_i (i = 1, 2, \cdots, q)\} \tag{6.78}$$

(3) 若将特殊样本集中的一个变量加入到网络输入，则得到一组相应最末一级隐层的输出：

$$(\boldsymbol{a}^{nh})_1 = [a_{1j} \quad a_{2j} \quad \cdots \quad a_{nj}]^{\mathrm{T}} \tag{6.79}$$

如果将特殊样本集中的每一个变量都分别加入到网络，则可得到：

$$\boldsymbol{a}^{nh} = \begin{bmatrix} a_{11} & a_{12} & \cdots & a_{1q} \\ a_{21} & a_{22} & \cdots & a_{2q} \\ \vdots & \vdots & & \vdots \\ a_{n1} & a_{n2} & \cdots & a_{nq} \end{bmatrix} \tag{6.80}$$

(4) 根据特殊样本集可找到对应的期望值和期望平均值的误差值，并称之为 $\boldsymbol{y}^t$：

$$\boldsymbol{y}^t = \begin{bmatrix} y_{11} & y_{12} & \cdots & y_{1q} \\ y_{21} & y_{22} & \cdots & y_{2q} \\ \vdots & \vdots & & \vdots \\ y_{p1} & y_{p2} & \cdots & y_{pq} \end{bmatrix} \tag{6.81}$$

式中，p、n 分别是网络输出的个数和隐层节点的个数。

(5) 误差 $\boldsymbol{y}^t$ 可表示为 $\boldsymbol{y}^t = y(1-y) \cdot \boldsymbol{a}^{nh} \cdot \Delta \boldsymbol{w}^o$，其中 y、$\Delta \boldsymbol{w}^o$ 分别为网络的输出和输出层权值的变化。在最大可能情况下，$y(1-y) \approx 0.25$，$\Delta \boldsymbol{w}^o \approx \boldsymbol{w}^o$，从而有：

$$y(1-y) \cdot \boldsymbol{w}^o \cdot \boldsymbol{a}^{nh} = 0.25 \cdot \boldsymbol{w}^o \cdot \boldsymbol{a}^{nh} = \boldsymbol{y}^t \tag{6.82}$$

在上式中，$\boldsymbol{a}^{nh}$、$\boldsymbol{y}^t$ 是已求出的矩阵，从而可以求出 w^o 矩阵。但 $\boldsymbol{a}^{nh}$ 不是方阵，无法求其逆阵，因此，取

$$\boldsymbol{A} = [\boldsymbol{a}^{nh}][\boldsymbol{a}^{nh}]^{\mathrm{T}} \tag{6.83}$$

从而得到的 $\boldsymbol{A}$ 是 $n \times n$ 阶的方阵，只要适当地调整隐层权值便可保证 $\boldsymbol{A}$ 的逆阵存在，则网络输出层的权值阵和阈值阵分别为

$$\boldsymbol{w}^o = 4\boldsymbol{y}^t \cdot [\boldsymbol{a}^{nh}]^{\mathrm{T}} \cdot [\boldsymbol{A}]^{-1} \tag{6.84}$$

$$\boldsymbol{\theta}^o = \in - \left\{ (\boldsymbol{w}^o)_1, \frac{x_{hk} + x_{h(k+1)}}{2} \right\} \tag{6.85}$$

式中，$(\boldsymbol{w}^o)_1$ 为输出层的 $p \times n$ 维权值矩阵 $\boldsymbol{w}^o$ 的第一列子阵。

4. 应用实例

现采用这种赋初值算法对交流电动机转差角频率 $\Delta\omega$ 和定子电流 I_1 的非线性特性辨识的神经网络进行初始化，$\Delta\omega$ 和 I_1 的非线性特性描述为

$$I_m = I_1 \sqrt{\frac{r'^2_2 + (\Delta\omega L'_2)^2}{r'_2 + (\Delta\omega(L'_2 + L_m))^2}} \tag{6.86}$$

式中，r'_2、L'_2、L_m分别为实际运行中动态的转子等效电阻和电感，为保证磁场恒定，认为磁场电流 I_m为定值。针对 250 W 交流电动机动态实测数据，以 $\Delta\omega$ 为自变量，对应测得 I_1特殊点上的样本集为 $X=[0.56\quad 0.48\quad 0.26\quad 0.17\quad 0.395\quad 0.475\quad 0.535]$，该样本是在额定电压 $U_e=220$ V，变负载，即改变和交流电动机同轴连接的直流发电机电枢上所接的可变电阻箱，转速范围为 500～1420 r/min，分别测得正转和反转情况下的定子电流 I_1(A)，并取其 1/3。神经网络选用“2-6-1”型 3 层网。现根据样本集，利用提高网络训练速度的初始化方法求神径网络输入到隐层之间的权值 $\boldsymbol{w}_{ij}$ 和阈值 $\boldsymbol{\theta}_i$ 的初值 $\boldsymbol{w}_{ijc}$ 和阈值 $\boldsymbol{\theta}_{ic}$。从所选网络知，$\boldsymbol{w}_{ij}$ 和 $\boldsymbol{\theta}_i$分别为 6×2 和 6×1 的矩阵。从式(6.69)求得 $\boldsymbol{w}_{ijc}$ 第一列值的方向为 $\boldsymbol{h}_w=[-\quad -\quad -\quad +\quad +\quad +]^T$；取 $a=0.95$，从式(6.70)求得敏感区的宽度 $\boldsymbol{G}_a=[0.32\quad 0.88\quad 0.36\quad 0.90\quad 0.32\quad 0.24]^T$；从式(6.71)求得 $\boldsymbol{w}_{ijc}$ 的第一列 $\boldsymbol{w}_1=[-9.2012\quad -3.3459\quad -8.1789\quad 3.2716\quad 9.2012\quad 12.2683]^T$；另取一组特殊样本值重复上述过程，并利用式(6.72)、式(6.73)求得 $\boldsymbol{w}_{ijc}$ 和阈值 $\boldsymbol{\theta}_{ic}$ 分别为

$$\begin{cases} \boldsymbol{w}_{ijc} = [w_1 \quad w_2] = \begin{bmatrix} -9.2012 & -3.3459 & -8.1789 & 3.2716 & 9.2012 & 12.2683 \\ -10.1324 & -5.3268 & -4.2426 & 2.8886 & 13.6686 & 2.2683 \end{bmatrix}^T \\ \boldsymbol{\theta}_{ic} = [0.8022 \quad 0.6668 \quad 1.02323 \quad -0.3718 \quad -0.9612 \quad -1.0682]^T \end{cases} \tag{6.87}$$

神经网络输出层的权值、阈值的初值计算过程从略。利用从电机实际运转统计的 60 组样本和计算的初值，采用 6.4.1 节基于降低网络灵敏度的网络改进的 BP 算法，对交流电动机转差角频率 $\Delta\omega$ 和定子电流 I_1的关系式(6.86)非线性特性进行辨识，结果权值 $\boldsymbol{w}_{ij}$ 和阈值 $\boldsymbol{\theta}_i$ 的终值 $\boldsymbol{w}_{ijz}$ 和阈值 $\boldsymbol{\theta}_{iz}$ 为

$$\begin{cases} \boldsymbol{w}_{ijz} = \begin{bmatrix} 121.5773 & 137.3318 & 130.4885 & 125.5352 & -146.5570 & 137.0994 \\ 123.5773 & 134.0118 & 130.3985 & 125.5252 & -146.3570 & 137.0994 \end{bmatrix}^T \\ \boldsymbol{\theta}_{iz} = [1.1345 \quad 0.9015 \quad 0.9924 \quad 1.0803 \quad -0.7212 \quad 0.8772]^T \end{cases} \tag{6.88}$$

当网络的权值和阈值初值赋随机小数时

$$\begin{cases} \boldsymbol{w}_{ijc} = [0.01 \quad 0.01;\ 0.02 \quad 0.10;\ 0.11 \quad 0.02;\ 0.01 \quad 0.00;\ 0.01 \quad 0.10;\ 0.03 \quad 0.02] \\ \boldsymbol{\theta}_{ic} = [0.30 \quad 0.18 \quad 0.10 \quad 0.22 \quad 0.12 \quad 0.24]^T \end{cases} \tag{6.89}$$

利用相同的 60 组样本和随机初值，仍采用 6.4.1 节基于降低网络灵敏度的网络改进的 BP 算法对该非线性特性进行辨识，结果权值 $\boldsymbol{w}_{ij}$ 和阈值 $\boldsymbol{\theta}_i$ 的终值与式(6.88)数量级几乎相同，但辨识速度明显不如前者。它们的辨识误差均方值 E 见表 6.1。

表 6.1 两种赋初值法辨识误差均方值 E 比较

方法 \ k	1	4	10	18	24	30	36	44	52	60
新赋初值法 E	0.017	0.002	0.01	0.00	0.00	0.00	0.00	0.00	0.00	0.00
随机初数法 E	0.115	0.005	0.008	0.003	0.002	0.002	0.001	0.001	0.001	0.001

比较新赋初值算法和随机小数初始化的辨识过程：在 P4－1.8G 的计算机上，用 MATLAB 的 m 软件编程进行辨识，前者所用的时间为 $t_s=5.6$ s，而后者时间为 $t_s=7.5$ s；从表 6.1 可知，新赋初值算法辨识误差均方值 E 比随机初值辨识的 E 也有所减小；另外，采用这种赋初值算法对多谷点、多峰值的多变量非线性函数进行辨识，由于新赋初值算法的样本包括了非线性特性的特殊点，因而可避免网络收敛于局部极小点。综上可见，新赋初值算法不仅能使网络的收敛速度有一定提高，辨识误差有所下降，且可避免局部极小点。

6.4.4　其它网络训练技巧

BP 算法在系统辨识中得到了最广泛的应用，但由于 BP 算法是基于梯度下降法的思想，常常具有多个局部极小点，因此 BP 训练时会出现很多问题，诸如不收敛、训练速度慢或精度不高等。为了克服这些问题，除了上面讨论的几种改进算法之外，下面基于 Caudill 在 1991 年提出的 BP 网络学习窍门，加之笔者在训练非线性函数和系统辨识中时的体会，介绍一些 BP 训练技巧，希望对读者在神经网络系统辨识时有一定帮助。

(1) 重新给网络的权值初始化。有时由于网络的权值的初始化选得不合适，BP 算法将无法获得满意的结果，此时不仿重新设置网络权值的初值，让训练重新开始。注意权值初值不能给得太大。

(2) 给权值加扰动。在训练中，给权值加扰动，有可能使网络脱离目前局部最小点的陷阱，但仍然保持网络训练已得到的结果。如果知道网络权值的分布范围，如－5～5，则加上约 10%的扰动，即在权值上加－0.5～0.5 的随机数。

(3) 在网络学习的样本中适当加噪声，这是一种加快训练速度和提高抗噪声能力的行之有效的方法。在学习样本中加点噪声，可避免网络依靠死记的办法来学习，因为这种情况下所有的样本将不同(虽然有些样本相似)。

(4) 学习可有允许误差。当网络的输出和样本之间的差小于给定的误差范围时，则停止对网络权值的修正。采用对网络学习宽容的做法，可加快网络的学习速度。另外还可采取自适应的办法，即允许误差在训练开始取大点，然后随着训练逐渐减小。

(5) 网络的隐层级(层)数不能太多。网络的隐层级数尽量保持在一级，在无法达到目标时隐层可增加级数。因为在 BP 算法中，误差是通过输出层向输入层反向传播的，隐层级数越多，反向传播误差在靠近输入层时就越不可靠，这样用不可靠的误差来修正权值，其效果是可以想象的。另外，隐层级数多必然计算工作量大，影响训练速度。

(6) 隐层的节点数不能太多。网络的输入层和输出层的节点个数是根据所训练函数或所辨识的实际系统的具体情况而定的。在能保证训练精度的前提下，网络隐层的节点个数一定不能太多，只要保证隐层节点大于输入层节点即可，否则会影响训练速度。

6.5　神经网络辨识的 MATLAB 仿真举例

6.5.1　具有噪声二阶系统辨识的 MATLAB 程序剖析

下面针对具有随机噪声的二阶系统采用 MBP 算法进行辨识，举例说明辨识编程方法。

例 6.1　对具有随机噪声的二阶系统的模型辨识，进行归一化以后系统的参考模型差

分方程为

$$y(k)=a_1y(k-1)+a_2y(k-2)+b_1u(k-1)+b_2u(k-2)+\xi(k) \qquad (6.90)$$

式中，$a_1=0.3366$，$a_2=0.4134$，$b_1=0.28$，$b_2=0.12$，$\xi(k)$为随机噪声。由于神经网络的输出最大为 1，所以被辨识的系统应先归一化，这里归一化系数为 2。利用图 6.5 正向建模(并联辨识)结构，神经网络选用 3-9-9-1 型，即输入层 i、隐层 j 包括 2 级，输出层 k 的节点个数分别为 3、9、9、1 个；采用 MATLAB 的 m 软件编程来说明对具有随机噪声的二阶系统的模型辨识方法；采用 6.4.1 节所述的改进 BP 算法(Modified Bach Propagationm，MBP)，在常规的 BP 网络中增加协调器；激发函数采用 Sigmoid 函数。

解　(1) 编程如下（附带光盘有相同程序 FLch6NNeg1，可直接在 MATLAB 环境下运行）：

```
%初始化：w10ij 表示第一隐层权值 w1ij(k-2)，w11ij 表示 w1ij(k-1)；w120ij 表示第二
%隐层权值 w2ij(k-2)，w121ij 表示 w21ij(k-1)；w20j 表示输出层权值 w3ij(k-2)，w21j
%表示 w3ij(k-1)；q 表示隐层阈值；p 表示输出层阈值；置归一化系数 f1=5 等
w10ij=[.01 .01 .02；.1 .11 .02；.01 0 .1；.11 .01 .02；.1 .1 .02；.11 .1 .1；
      .1 .1 .1；0 .1 .1；.1 0 .1]；
w11ij=[.1 .2 .11；.02 .13 .04；.09 .08 .08；.09 .1 .06；.1 .11 .02；.06 0 .1；
      .1 .1 .1；0 .1 0；.1 .1 .1]；
w20j=[.01；.02；.1；.2；.1；.1；.1；.1；.1]；w21j=[0；0.1；.1；.02；0；.1；.1；.1；.1]；
q0j=[.9 .8 .7 .6 .1 .2 .1 .1 .1]；q120j=q0j；q11j=[.5 .2 .3 .4 .1 .2 .1 .1 .1]；
    q12j=q11j；
w121ij=w20j*q0j；w120ij=w20j*q11j；
f1=5；q2j=0；p0=.2；k1=1；p1=.3；w=0；xj=[1 1 1]；a1=[1 1 1 1]；n=100；e1=0；
e0=0；e2=0；e3=0；e4=0；yo=0；ya=0；yb=0；y0=0；y1=0；
y2=0；y3=0；u=0；u1=0；u2=0.68；u3=.780；u4=u3-u2；k1=1；kn=28；e3=.055；
z1=0；z12=0；q123j=0；t2j=0；o12j=0；r=0；r1=0；s=0.1；d2j=0；
%+++++++++++++++++++++++++++++++++%初始化结束
v1=randn(40，1)；            %产生 40 个随机数，v1 代表噪声 ξ(k)
for m=1：40                  %训练 40 次开始
s1=0.1*v1(m)
yn=.3366*y2+.4134*y1+0.28*u2+0.12*u1+s*s1；   %读被辨识系统模型(即取教师
                                                信号)
y1=y2；y2=yn；yp=yn；         % yn=y(k)；y2=y(k-1)；y1=y(k-2)
u0=u1；u1=u2；ya(m)=yn；
for k=1：n                   %每个采样点训练 n 次开始
% 计算第一隐层输出
for i=1：9
  x1=[w11ij(i，1)*xj(：，1)]+[w11ij(i，2)*xj(：，2)]+[w11ij(i，3)*xj(：，3)]；
  x=x1+q11j(：，i)；o=1/[1+exp(-x)]；o11j(i)=o；end
% 计算第二隐层输出
for i=1：9
```

```
for j=1:9
  z1=z1+w121ij(i,j)*o11j(:,j); end
  z=z1+q12j(:,i); o=1/[1+exp(-x)]; o12j(i)=o; end
%计算输出层的输出
for i=1:9
  yb=yb+w21j(i,:)*o12j(:,i); end
  yi=yb+p1; y=1/[1+exp(-yi)];
%计算目标值和神经网络输出误差
e0=e1; e1=e2; e2=[(yp-y).^2]/2; e(k)=e2;
xj1=e2; xj2=e1; xj3=e0; xj=[xj1 xj2 xj3];
%修改第一隐层权值
for i=1:9
d1=o11j(:,i)*[1-o11j(:,i)]* d2j*w21j(i,:);        %计算第一隐层误差反传信号
do=o11j(:,i)*d1; qw=q11j(:,i)-q0j(:,i);
q2j=q11j(:,i)+.8*do+.4*qw; q3j(:,i)=q2j;
for j=1:3
dw=w11ij(i,j)-w10ij(i,j);
w12ij=w11ij(i,j)+.8*do *xj(j)+.6*dw;
w13ij(i,j)=w12ij; end
end
w10ij=w11ij; w11ij=w13ij; q0j=q11j; q11j=q3j;         %递推存储
%修改第二隐层权值
for i=1:9
d1=o12j(:,i)*[1-o12j(:,i)]* d2j*w21j(i,:);        %计算第二隐层误差反传信号
do=o12j(:,i)*d1; qw=q12j(:,i)-q120j(:,i);
t2j=q12j(:,i)+.8*do+.4*qw; q123j(:,i)=t2j;
for j=1:9
dw=w121ij(i,j)-w120ij(i,j);
w122ij=w121ij(i,j)+.8*do *o11j(j)+.6*dw; w123ij(i,j)=w122ij; end
end
w120ij=w121ij; w121ij=w123ij; q120j=q12j; q12j=q123j;
%修改网络输出层权值
if m<4, r=0.2; r1=0.0001 ; else, r=0.14; r1=0.005; end  %协调器的作用
% if e2<=0.006, r=0.0; r1=0.0; else break; end
for i=1:9                                             %修改输出层权值
d2j=y*(1-y)*(yp-y);                                   %计算输出误差反传信号
dw=w21j(i,:)-w20j(i,:);
w22j=w21j(i,:)+r*d2j *o12j(i)+.4*dw+r1*e2; w23j(i,:)=w22j; end
w20j=w21j; w21j=w23j; ph=p1-p0; p2=p1+.96*(yp-y)+.58*ph+r1*e2;
p0=p1; p1=p2; u=y;
if e2<=0.005 break; else, end
```

```
end                         %每个采样点训练 n 次结束
ya(m)=yp*f1; e3(m)=e2; ym(m)=y*f1; v(m)=s1; m6=m;
end                         %训练 40 次结束
  w11ij=w13ij               %在 MATLAB 主界面上打印出第一隐层权值
  w121ij=w123ij             %在 MATLAB 主界面上打印出第二隐层权值
  w21j=w23j                 %在 MATLAB 主界面上打印出输出层权值
m1=m;
% grapher
subplot(3, 1, 1), m=1: m6;
plot(m, ya, m, ym, 'rx'), xlabel('k'), ylabel('ya and ym')
%title('Identified model by MBP algorithm'),
legend('ya', 'ym');         %图标注
end
subplot(3, 1, 2), m=1: m6;
plot(m, e3), xlabel('k'), ylabel('e') end
subplot(3, 1, 3), m=1: m6; plot(m, v), xlabel('k'), ylabel('v'), end
```

(2) 辨识结果。辨识结果如图 6.12 所示，图中 ya 表示被辨识系统的输出，ym 表示神经网络的输出，即由改进 MBP 算法辨识的系统模型的输出。在程序中 ya 和 ym 已用归一化系数还原到原系统值。error 表示辨识过程中的训练误差，最大动态辨识误差小于 5‰。random noise 表示系统的随机噪声。各层权值如下(由于辨识中给系统加了随机噪声，故辨识结果各层权值并非唯一)：

w11ij =

0.2351	0.4852	0.2452
−0.1004	0.1593	0.0695
0.2097	0.1995	0.0497
0.0603	0.2356	0.1206
0.1002	0.1254	0.0205
−0.0153	−0.1505	0.0997
0.0997	0.0995	0.0997
−0.0003	0.0995	−0.1503
0.0997	0.2495	0.0997

w21j =

−0.0253
0.1347
0.0814
−0.1186
−0.0853
0.0814
0.0814
0.0814
0.0814

w121ij =

0.0150	0.0170	0.0130	0.0090	0.0009	0.0019	0.0010	0.0009	0.0010
0.0289	0.0331	0.0250	0.0170	0.0011	0.0031	0.0011	0.0012	0.0011
0.1489	0.1691	0.1290	0.0890	0.0091	0.0191	0.0091	0.0091	0.0091
0.2999	0.3399	0.2599	0.1798	0.0197	0.0397	0.0197	0.0197	0.0198
0.1500	0.1700	0.1300	0.0900	0.0099	0.0199	0.0099	0.0099	0.0099
0.1489	0.1691	0.1290	0.0890	0.0091	0.0191	0.0091	0.0091	0.0091
0.1489	0.1691	0.1290	0.0890	0.0091	0.0191	0.0091	0.0091	0.0091
0.1489	0.1691	0.1290	0.0890	0.0091	0.0191	0.0091	0.0091	0.0091
0.1489	0.1691	0.1290	0.0890	0.0091	0.0191	0.0091	0.0091	0.0091

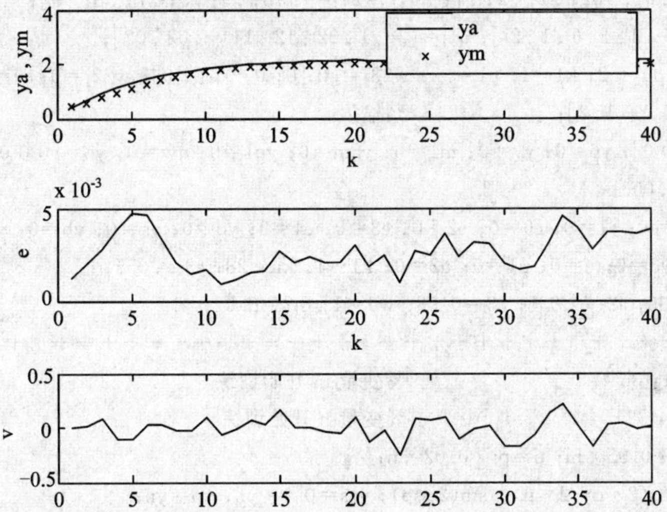

图 6.12　MBP 算法对具有随机噪声的二阶系统辨识结果

6.5.2　多维非线性辨识的 MATLAB 程序剖析

以上采用改进的 BP 神经网络(MBP)对具有随机噪声的二阶系统进行辨识，下面对二维非线性函数进行辨识并学习跟踪。同理，采用 MBP 可以辨识多维非线性函数或系统。

例 6.2　现以二维非线性函数 $y_p=\cos(2\pi k_1 m+2\pi k_2 n)\times\sin(2\pi k_2 n)$ 为样本，即 y_p 为教师信号(参考模型的输出)，其中 $0<m<36$，$0<n<36$；利用图 6.5 正向建模(并联辨识)结构图，神经网络选用 3-6-1 型，即输入层 i、隐层 j、输出层 k 的节点个数分别为 3、6、1 个；采用 MATLAB 的 m 软件编程来说明用神经网络对多维非线性函数的辨识方法。

解　由于样本幅值是正负变化的，因此，激发函数采用对称的 Sigmoid 函数(双曲函数)，即

$$f(x)=\frac{1-\exp(-x)}{1+\exp(-x)}=\tanh(x) \tag{6.91}$$

采用 6.4.1 节改进的 BP 算法，即 MBP 算法，由协调器来协调各层权值修正；另外，在修正权值时考虑积累误差。隐层和输出层的修正权值式为

$$w_{ij}(k+1)=w_{ij}(k)+a_1\partial_j x_i+a_2[w_{ij}(k)-w_{ij}(k-1)]+a_3 w \tag{6.92}$$

$$w_{jk}(k+1)=w_{ij}(k)+b_1\partial_k o_j+b_2[w_{ij}(k)-w_{ij}(k-1)]+b_3 w \tag{6.93}$$

式中，w 为积累误差。也可修正阈值；若不修正阈值，则重新调整系数。

(1) 编程如下(附带光盘有相同程序 FLch6NNeg2，可直接在 MATLAB 环境下运行)：

```
%初始化：w10ij 表示 ωij(k−2)；w11ij 表示 wij(k−1)；w20j 表示 wjk(k−2)；w21j 表示
%wjk(k−1)；
% q 和 p 为阈值
w10ij=[.001 .001 .002；.001 .001 .02；.01 0 .001；.001 .001 .002；.001 0 .002；
     .0011 .001 .001]；
w11ij=[−.1 −.02 .11；−.21 .10 −.19；−.14 .15 −.16；.14 −.13 .17；−.13.12. 21；
      −.16 −.23 .13]；
```

```
w20j=[.01; .02; .1; .2; .1; .1]; w21j=[.18; .9; .9; .7; .8; .9];
q0j=[.5 .8 .4 .6 .1 .2 ]; q1j=[-.1 .02 .12 .14 -.02 .02];
q2j=0; p0=.2; k1=1; p1=.2; w23j=[0; 0; 0; 0; 0; 0]; w22j=0; w=0; w0=0;
xj=[0.5 0.3 0.2];                    %输入
ya=[0 0 0]; yp=0; yy=0; m1=0; yam=0; yp1=0; qw=0; yo=[0 0 0]; ya1=0;
error=0.0001;
n=1; q=0; e1=0; e0=0; e2=0; e3=0; e4=0; yo=0; ya=0; yb=0; y0=0; y1=0;
y2=0; y3=0; u=0; u1=0; u2=0; k1=1; kn=28; e3=.055;
a1=0.036; a2=0.036; a3=0.08; w0=1; dj2=0.01;
%+++++++++++++++++++++++++++++++++++++%初始化结束
for m=1: 36                          %变量 m 开始训练
for n=1: 36                          %变量 n 开始训练
  q=pi*0.05*m; p=pi*0.02*n;
  yn=cos(2*q+2*p)*sin(2*p); yzs=0.1*yn; yp=yn;
for k=1: 6                           %对样本的一次采样值 yp 训练 k 次开始
for i=1: 6                           %计算隐层输出
  x1=[w11ij(i, 1)*xj(:, 1)]+[w11ij(i, 2)*xj(:, 2)]+[w11ij(i, 3)*xj(:, 3)];
  x=x1+q1j(:, i); o=tanh(x); o1j(i)=o;
end
%计算输出层的输出
for i=1: 6
  yb=yb+w21j(i, :)*o1j(:, i); end
  yi=yb+p1; y=tanh(yi);
%计算目标值和神经网络输出误差
  e0=e1; e1=e2; e2=[(yp-y).^2]/2;
%修正权值
for i=1: 6                           %修正隐层权值
  d1=[1-o1j(:, i)]*dj2*w23j(i, :); do=o1j(:, i)*d1; %计算隐层误差反传信号
  q3j(:, i)=q1j(i);
for j=1: 3
  dw=w11ij(i, j)-w10ij(i, j);
if e2<0.05, a1=0; a2=0; a3=0; else, a1=0.02; a2=0.05; a3=0.0005;
  end;                               %协调器根据训练误差动态变化学习因子
  w12ij=w11ij(i, j)+a1*do*xj(j)+a2*dw+a3*w; w13ij(i, j)=w12ij; end
end                                  %修正隐层权值结束
  w10ij=w11ij; w11ij=w13ij; q0j=q1j; q1j=q3j;   %递推暂存隐层权值和阈值
  w=yp-y; w0=w; w=0.36*w0+(yp-y); %计算积累误差 w
if e2<0.004, w=0.78*w; end  %协调器根据训练误差动态变化学习因子
for i=1: 6                           %修正输出层权值
  d2j=y*(1-y)*(yp-y);         %计算输出层误差反传信号
  dw=w21j(i, :)-w20j(i, :);
  w22j=w21j(i, :)+0.132*d2j*o1j(i)+0.26*dw; +0.0016*w;    %增加积累误差 w
  w23j(i, :)=w22j;
```

```
end
  w20j=w21j; w21j=w23j;
  ph=p1-p0; p2=p1+.3*(yp-y)+.102*ph; p0=p1; p1=p2;
if e2<=0.005 break; else end          %判断误差
end                                   %对样本的一次采样值训练 k 次结束
  ypp(m, n)=yn;                       %存储二维非线性样本
  yom(m, n)=y;                        %存储神经网络辨识结果
  e3(m, n)=e2;                        %存储训练误差
end                                   %变量 n 训练结束
  m2=m
  end                                 %变量 m 训练结束
  w11ij=w13ij                         %句末无";",可直接在 MATLAB 主界面下观察隐层权值
  w21j=w23j                           %可直接在 MATLAB 主界面下观察输出层权值
%绘图
subplot(2, 2, 1);
%plot3(m, n, ypp);                    %也可用此语句绘制样本的三维图
mesh(ypp)                             %绘制样本的三维图
xlabel('m'), ylabel('n'), zlabel('ypp'),          %三维坐标
%title('Identified model by inp. algorithm'),     %图题
subplot(2, 2, 2); mesh(yom)
xlabel('m'), ylabel('n'), zlabel('yom');
subplot(2, 1, 2); mesh(e3)
xlabel('m'), ylabel('n'), zlabel('e3');
```

(2) 辨识结果。对二维非线性函数 $y_p = \cos(2\pi k_1 m + 2\pi k_2 n) \times \sin(2\pi k_2 n)$ 的辨识结果如图 6.13 所示，图中 ypp 为样本，yom 为辨识结果，e3 为训练误差。

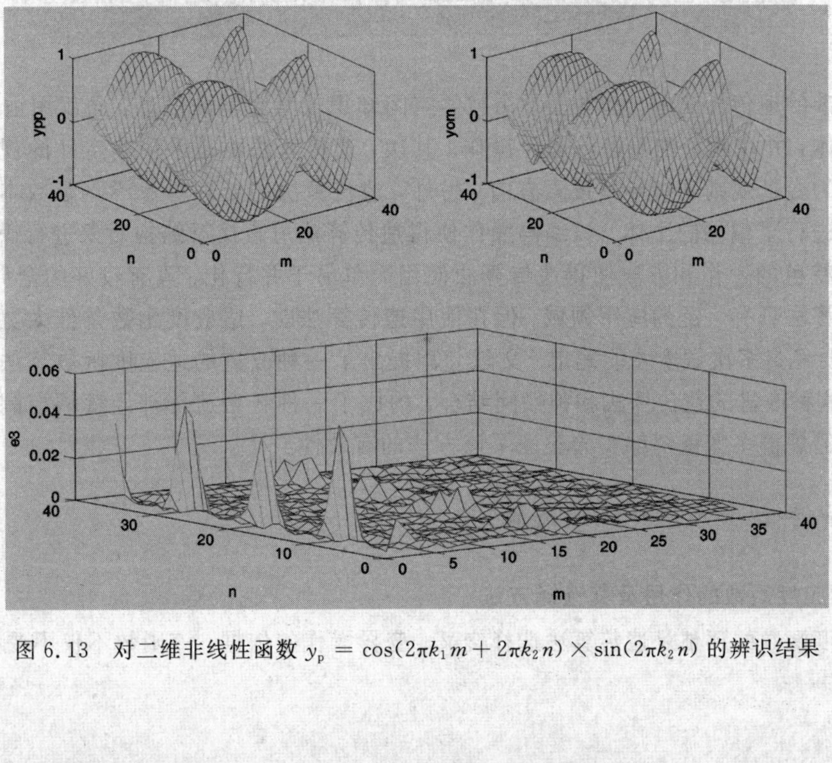

图 6.13　对二维非线性函数 $y_p = \cos(2\pi k_1 m + 2\pi k_2 n) \times \sin(2\pi k_2 n)$ 的辨识结果

(3) 结论。在程序设计和调试过程中，注意以下技巧：

① 只要在程序中增加类似 m 或 n 的循环语句，便可用神经网对三维或三维以上的非线性函数训练，也可以用于复杂系统两个以上独立变量、任意维非线性动态参数的辨识。

② 程序中除了 for、end、else 和 mesh 语句外，一般应在语句末加分号。程序在 m2＝m、w11ij＝w13ij 和 w21j＝w23j 句末不加分号，目的有两个，一是用 m2＝m 动态地显示程序执行的状态及程序每次循环所花的时间，二是在程序运行结束显示隐层和输出层的权值：

```
w11ij =                                              w21j =
          -0.0091     0.0758     0.2083                   0.8293
          -0.1206     0.1949    -0.0924                   1.5274
          -0.0159     0.2657    -0.0485                   0.3184
           0.2347    -0.0319     0.2698                  -0.9167
          -0.0142     0.2308     0.3182                   0.6995
          -0.0755    -0.1381     0.2257                   1.5786
```

③ 调整修正因子 a_1、a_2、a_3 和 b_1、b_2、b_3，直到方差最小、收敛时间最短为止。

④ 一旦修正因子、循环次数 m 和 n 确定，调整第三层内循环 k 的次数，就可以明显地改变训练精度和程序运行速度，k＝20，最大方差 e3max＝0.01，程序运行时间 ts＝14 s；k＝6，e3max＝0.032，ts＝12 s；k＝3，e3max＝0.08，ts＝10 s；k＝2，e3＝0.22，ts＝9 s。

⑤ 程序中，语句"if e2＜0.05，a1＝0；a2＝0；a3＝0；else，a1＝0.02；a2＝0.05；a3＝0.005；end；"是指协调器根据训练误差动态变化学习因子，如果在这条语句前加"%"(即不要这条语句)，训练误差将成倍增加。这种改进 BP 网络比一般的 BP 网络在 m、n、k 相同的情况下平均收敛速度约提高两秒，且训练精度明显提高。

6.6　基于改进遗传算法的神经网络及其应用

在标准的遗传算法中，基本上不用搜索空间知识或其它辅助信息，而仅用适应度函数来评估个体，并在此基础上进行遗传操作。其次，遗传算法不是采用确定性的规则，而是采用概率的变迁规则来指导其搜索方向。另外，遗传算法的处理对象不是参数本身，而是对参数集进行了编码的个体。该编码操作使得遗传算法可直接对结构对象进行操作。由于以上具有特色的操作和方法使得遗传算法使用简单易于并行化，具有较好的全局搜索性，因此遗传算法具有广泛的应用领域。但在使用遗传算法时，适应度函数条件太宽松，不易设定，常要经过多次试凑才能确定。文献[57]提出了一种改进的适应度函数算法，在此基础上，将这种改进的遗传算法和神经网结合，构成了一种新型遗传神经解耦控制器。仿真和和实际的炉群多变量解耦实验验证了该方法的有效性。

6.6.1　一种适应度函数的改进算法

1. 适应度函数的作用及其选择方法

适应度函数的评估是遗传算法选择交叉、变异操作的依据。该函数不仅不受连续可微的限制，而且其定义域可以任意设定。对于适应度函数的唯一要求是对于输入来说，目标函数有正的输出。传统的适应度函数可采用以下方法变换：

$$f(x)=\begin{cases}C_{\max}-g(x) & g(x)<C_{\max}\\0 & \text{其它情况}\end{cases}\tag{6.94}$$

式中的 $C_{\max}$ 可采用多种方式选择，$C_{\max}$ 可以是一个合适的输入值，也可以是在进化过程中目标函数 $g(x)$ 的最大值或当前群体中的最大值。从式(6.94)分析，$C_{\max}$ 条件太宽松，不易设定。在遗传算法中，对同目标函数 $g(x)$，若由不同的技术人员来设，结果会多种多样，差异甚大，无法判断哪种结果最合理，从而直接影响到遗传操作。

为防止遗传算法中的随机漫游现象，可通过放大相应的适应度函数的值来提高个体的竞争力。这种对适应度函数的调节称为定标。自从 De Jong 开始引入适应度函数定标以来，定标已成为进化过程中竞争水平的重要标志。定标有以下形式：

线性定标表示为

$$f_x(x)=af(x)+b\tag{6.95}$$

式中，$f_x(x)$ 为定标后的适应度函数，a 和 b 可通过多种途径设置，但必须满足原适应度函数 $f(x)$ 是定标后的适应度函数 $f_x(x)$ 的平均值，或定标后的适应度函数的最大值是原适应度函数的指定倍数。除此之外，还有 σ 截断定标法、乘幂定标法等都是适应度函数的定标方法。无论以上哪种适应度函数的设定及其定标形式，均有其不确定的参数，如 $C_{\max}$、a、b、σ 等都需要在实际遗传操作中多次摸索或试凑才能确定。特别是 $C_{\max}$，在遗传操作中无规律可寻，给遗传算法在工程中的应用带来了很大不便。

2. 适应度函数的改进设计与算法

1) 适应度函数的改进设计

为了克服传统的遗传算法中适应度函数的不确定性，并且让适应度函数 $f(x)$ 随着输入空间的个体的变化而变化，从而使适应度函数能合理地评价个体，进一步完成选择、交叉、变异的操作，这里构造以下改进适应度函数：

$$f(x)=\begin{cases}C^{*}-g(x) & g(x)<C^{*}\\0 & \text{其它情况}\end{cases}\tag{6.96}$$

$$\begin{cases}C^{*}=\|g_m(x)-E[g(x)]\|_2+E[g(x)]^{*}\\g_m(x)=\max\limits_{x\in X}\{g(x)\}\end{cases}\tag{6.97}$$

式中，g_m 是当前输入空间的个体的最大值，$E[g(x)]$ 是 n 个目标函数的均值。这里利用 g_m 和 $E[g(x)]$ 之差的欧氏范数再加上 $E[g(x)]$ 作为 C^{*}，并以此取代式(6.94)中当前合适的输入值 $C_{\max}$，这样不仅能保证适应度函数 $f(x)$ 为非负值，且使 $f(x)$ 随着输入空间的个体的变化而变化。在遗传算法中，对同目标函数 $g(x)$，若由不同的技术人员来设，结果会统一，从而由该适应度函数 $f(x)$ 来牵制遗传操作，使得遗传操作趋于更合理。

2) 适应度函数改进算法

改进适应度函数将作为遗传神经解耦控制器的一个子程序，求取子程序的步骤如下：

(1) 从主程序中读个体 x_i，计算目标函数 $g_i(x)$。

(2) 求 $g_i(x)$ 的均值，计算 $\mathrm{sum}=\mathrm{sum}+g_i(x)$，并求 $E[g_i(x)]=\mathrm{sum}/i$。

(3) 判断 $g_m(x)<g_i(x)$？若是，则 $g_m(x)=g_i(x)$；否则，直接转步骤(4)。

(4) 根据式(6.97)计算

$$C^* = \|g_m(x) - E[g(x)]\|_2 + E[g(x)]$$
$$g_m(x) = \max_{x \in X}\{g_m(x)\}$$

(5) 根据式(6.96)，求取适应度函数 $f(x)$。

(6) 返回主程序。

6.6.2 一种改进的遗传神经解耦方法

将式(6.96)、式(6.97)改进适应度函数用于遗传操作，该遗传算法和 BP 神经网络结合，构成一种改进适应度函数的遗传神经解耦控制器。这种控制器既继承了遗传算法有“较好的全局搜索性”，又发扬了神经网络“对非线性有较强的逼近能力”的特点，因此可以用于复杂的非线性多变量系统控制。该控制器的算法如下：① 对神经网络的权值、阈值、反传误差 ε、循环次数 M 赋值；② 按式(6.100)计算神经网络的输出；③ 调用改进适应度函数的遗传算法子程序，按式(6.98)、式(6.99)，修正神经网络权值；④ 判断反传误差是否小于等于 ε，若是，则转⑥；⑤ 判断循环次数是否等于 M，若是，则转⑥，否则，转②；⑥ 结束。

改进适应度函数的遗传算法主程序中包括：① 根据要解决实际问题被控量相应的动态调节系数或要逼近的函数的自变量，通过编码，产生初始群体；设定目标函数 $g(x)$；赋终结条件值。② 调用改进适应度函数 $f(x)$求取子程序。③ 执行选择、交叉、变异遗传操作。④ 统计结果，群体更新；计算种群大小和遗传操作的概率式(6.99)。⑤ 将二进制的码译成十进制的数，输出结果解决实际问题。⑥ 判断终结条件是否到。若否，则转②；若到，则结束。

将系统的解耦控制误差作为被控量。为防止遗传算法操作中个体太长、计算量大的问题，这里采用单神经元解耦控制的方案，输入 $\boldsymbol{x}_j(i)$为三维列向量，它们分别是误差 $e(i)$、误差的变化率 $\Delta e(i)$及误差关系式 $e(i)-2e(i-1)+e(i-2)$，由遗传算法操作来完成权值矩阵 $\boldsymbol{w}(i)$的修正，$\boldsymbol{w}(i)=[w_1 \quad w_2 \quad w_3 \quad \theta]^{\mathrm{T}}$，其中$w_1 \quad w_2 \quad w_3$分别是三个输入量到单神经元的权值，$\theta$为单神经元的阈值，若认为权值在$-16\sim+16$之间，则对三个权值和阈值各用 4 位二进制码串表示，依次连接在一起形成一个应用于遗传算法的个体，该个体为 16 位的二进制码串。各连接权的字符串值和实际权值之间有如式(6.98)所示的关系，其阈值也有相同的关系。

$$\begin{aligned} w_i(i, j) &= w_{\min}(i, j) + \frac{\text{binreplace}(i)}{2^l - 1} \times [w_{\max}(i, j) - w_{\min}(i, j) + 1] \\ &= -16 + \frac{o_i}{15} \times 33 \end{aligned} \tag{6.98}$$

式中，binreplace(i)是经过遗传操作后，权值或阈值的 4 位二进制码对应的十进制数，并用 o_i代替。目标函数选均方差值，即 $g(x)=g(e)=1/2\times[e(i)-e(i-1)]^2$，适应度函数采用改进适应度函数的求取子程序计算。

在执行选择、交叉、变异遗传操作时，选择继承的概率，即评价各个权值和阈值，对应适应度函数的选择概率为

$$P_s = \frac{f(x_i)}{\sum_{j=1}^{N} f_j(x)} \tag{6.99}$$

式中，N 为群体中包含个体的个数，选 $N=60$，对该个体为 16 位的二进制码串进行一点交叉。在实际训练中，将选择概率较大的 20%，即前 12 个个体直接遗传给下一代。选择概率小于 0.001 的个体随机异变 16 位中的任意位。只有选择概率大于 0.001 同时处在 13 以后的个体码串进行一点交叉。这样进行遗传操作后，再利用式(6.98)将该个体为 16 位的二进制码串译成相应的权值和阈值。然后经过 Sigmoid 函数激励：

$$\begin{cases} y_o(i) = \dfrac{1}{1+\mathrm{e}^{-\mathrm{net}(i)}} \\ \mathrm{net}(i) = \displaystyle\sum_{j=1}^{3} w_j(i) \times x_j(i) - \theta_i \\ u(i) = K \times y_o(i) \end{cases} \tag{6.100}$$

式中，$y_o(i)$是单神经元的输出，θ_i为第 i 次遗传操作时单神经元的阈值，$u(i)$是直接加在被控对象上的输入值。

6.6.3　遗传神经解耦仿真、实验及结论

针对多变量燃烧系统的其中一个子系统，其离散模型为

$$y_i(i) = F[y_i(i-1)y_i(i-2), u(i), u(i-1)] + d \times y_{i\pm1}(i-1) \tag{6.101}$$

式中，$y_{i\pm1}(i-1)$为相邻的燃烧点即其它子系统对该子系统的影响，据统计，其为幅值约是$y_i(i)$的 1/10 的非线性函数[56]。针对上述多变量燃烧系统，对于两个相邻的子系统，利用 MATLAB 语言(离线仿真用 MATLAB 编程)和 C 语言结合(在实测时及控制接口用 C 编程)，两个相邻的子系统给定温度分别为 yp1=90℃，yp2=60℃，先用常规的 PI 算法解耦控制，并令式(6.101)的 d=0.08 的噪声来模拟子系统间的耦合，仿真结果如图 6.14 所示。然后在同样的耦合条件下，采用改进适应度函数的遗传神经解耦控制器，仿真结果如图 6.15 所示。

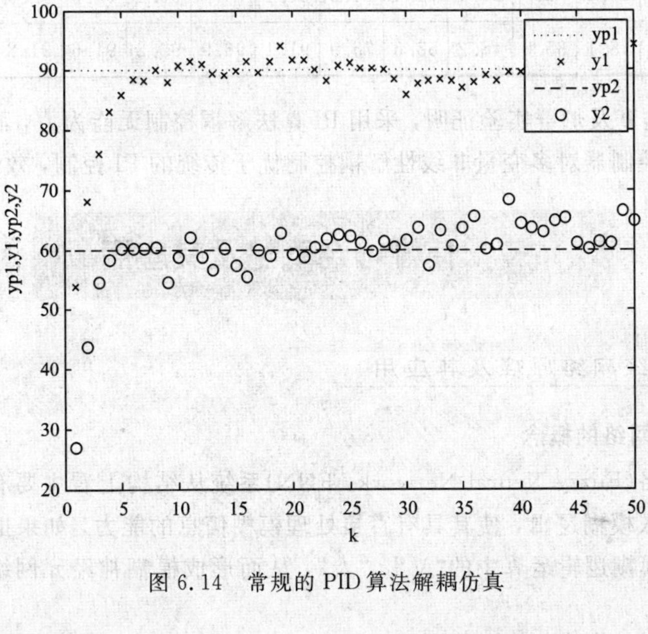

图 6.14　常规的 PID 算法解耦仿真

图中两个耦合子系统的给定温度为 yp1 和 yp2，对应的输出为 y1 和 y2。图 6.15 下方的 v 随机噪声曲线是模仿子系统之间的耦合信号，代替相邻的燃烧点即其它子系统对该子系统的影响，分别加在各子系统中。在同样给定下，采用改进适应度函数的遗传神经解耦控制器能对多变量非线性系统解耦控制，表 6.2 是两个实际相邻燃烧子系统(控制板通过固态继电器控制两个 300 W 电炉加热两个 26 cm^3 的相邻容槽)实测的温度值。

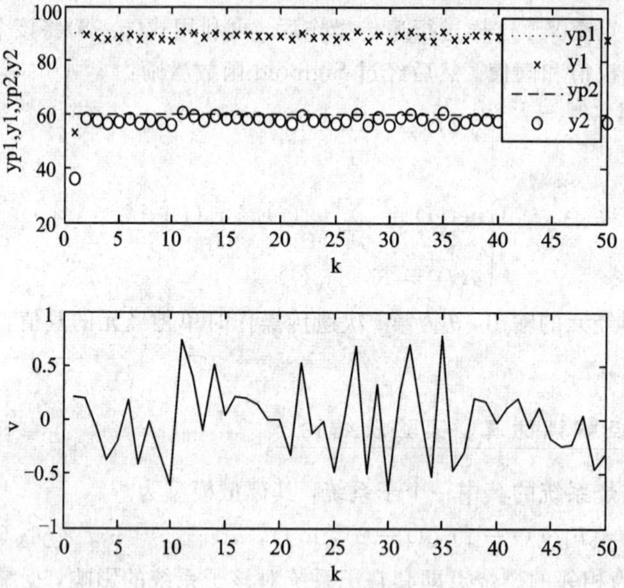

图 6.15　改进遗传神经解耦仿真

表 6.2　两个实际相邻的燃烧子系统在 60℃、90℃ 给定下采用改进遗传神经解耦的实测温度

时间/min	5	10	15	20	25	30	35	40	45	50	60	70	80
子系统 2 温度/℃	14.9	26	39.1	52.4	64.6	67.1	67	66.2	64.6	62.9	62.8	62.4	62
子系统 1 温度/℃	18.1	35.6	48.2	63.6	78.9	91.1	96.9	93.2	91.6	91.8	90.9	91.4	92

以上分析、仿真及炉群实验证明，采用 PI 算法解耦控制无能为力，而改进适应度函数的遗传神经解耦控制器对多变量非线性解耦控制优于传统的 PI 控制，效果良好。

6.7　模糊神经网络及其应用

6.7.1　模糊神经网络原理及其应用

1. 模糊神经网络的概念

模糊神经网络(Fuzzy Neural Network，FNN)系统从结构上看主要有两类：一是在神经网络结构中引入模糊逻辑，使其具有直接处理模糊信息的能力，如果把一般神经网络中的加权求和转为模糊逻辑运算中的“∨”、“∧”，从而形成模糊神经元网络；二是直接利用神经网络的学习功能及映射能力，去等效模糊系统中的各个模糊功能块，如模糊化、模糊推理、模糊判决。另外，还可以把神经网络和模糊控制用在同一个系统中，以发挥各自的特长。如果把 BP 算法和模糊理论结合起来构成上述第一类模糊 BP 神经网络(Fuzzy Back Propagation Neural Network，FBP)，并将这种 FBP 用于对非线性随机函数的学习。仿真结果表明，FBP 对非线性随机函数的学习比用 BP 算法跟踪精度高。

2. FBP 学习非线性的结构框图

FBP 辨识非线性的结构框图如图 6.5 所示的正向建模结构。从该图整体来看，采用了正向建模的并联学习结构，图中 TDL 表示具有抽头的延时块。从学习非线性函数的方法来看，采用前述局部反馈的 BP 算法，并在这种 BP 神经网络结构中引入模糊逻辑，使其具有直接处理模糊信息的能力，这里把一般 BP 网络中的加权求和转为模糊逻辑运算中的"∨"、"∧"，从而形成模糊神经元网络 FBP。

从 FBP 并联学习结构图可知，模糊推理的结果 f_z 表示为

$$f_z[y_{im}(k),\ y_{im}(k-1),\ \cdots,\ y_{im}(k-n+1);\ u(k),\ u(k-1),\ \cdots,\ u(k-m+1),\ e(k)] \tag{6.102}$$

式中，y_{im} 表示各层神经节点的输出。如果选三层 FBP 网，其中输入为两个节点，输入向量为 $\boldsymbol{U}=[u_1\quad u_2]^{\mathrm{T}}$，隐层取二级并取六个神经节点，两级隐层的各神经元节点的输出分别为 y_{1mj} 和 y_{2mj}，输出取一个神经节点，其输出为 y_{3m}，那么，神经网络输入到第一隐层的权值阵 $\boldsymbol{w}_{1ij}$ 为 2×6 阶矩阵，第二隐层的权值阵 $\boldsymbol{w}_{2ij}$ 为 6×6 阶矩阵，输出层的权值阵 $\boldsymbol{w}_{3ij}$ 为 6×1 阶矩阵。这种 FBP 具体算法如下(输入量和各权值先经过模糊化处理)：

(1) 求第一隐层各神经节点的输出

$$\boldsymbol{X}=\boldsymbol{w}_{1ij}\circ\boldsymbol{U}=\begin{bmatrix} w_{111} & w_{112}\\ w_{121} & w_{122}\\ w_{131} & w_{132}\\ w_{141} & w_{142}\\ w_{151} & w_{152}\\ w_{161} & w_{162}\end{bmatrix}\circ\begin{bmatrix}u_1\\ u_2\end{bmatrix}$$

$$=\begin{bmatrix} w_{111}\wedge u_1\vee w_{112}\wedge u_2\\ w_{121}\wedge u_1\vee w_{122}\wedge u_2\\ w_{131}\wedge u_1\vee w_{132}\wedge u_2\\ w_{141}\wedge u_1\vee w_{142}\wedge u_2\\ w_{151}\wedge u_1\vee w_{152}\wedge u_2\\ w_{161}\wedge u_1\vee w_{162}\wedge u_2\end{bmatrix}=\begin{bmatrix}x_1\\ x_2\\ x_3\\ x_4\\ x_5\\ x_6\end{bmatrix} \tag{6.103}$$

式中，$\boldsymbol{w}_{1ij}\circ\boldsymbol{U}$ 表示权值矩阵和输入向量模糊乘法运算，∨、∧分别为模糊逻辑运算中的析取(取大)、合取(取小)。

$$y_{1mj}=\frac{1}{1+\mathrm{e}^{-qx_j}},\quad j=1,\ 2,\ \cdots,\ 6 \tag{6.104}$$

式中，q 是将模糊量 x_j 转化为模拟量(即解模糊化)所加的系数，在调试程序中进行摸索，其大小和各层权值初始值有关。由于该网络的各层权值阵的初始值是根据 6.4.3 节提高神

经网络收敛速度的一种赋初值算法的方法设置的，因此，式(6.104)的 q 调到 5.6396，式(6.105)的 q 调到 6.4778，式(6.106)的 q 调到 0.5163。

(2) 同理，可得第二隐层各神经节点的输出为

$$y_{2mj}=\frac{1}{1+\mathrm{e}^{-q[w_{2ij}\circ y_{1mj}]}},\quad i=1,2,\cdots,6;\ j=1,2,\cdots,6 \tag{6.105}$$

(3) 神经网络的输出层输出为

$$y_{3m}=\frac{1}{1+\mathrm{e}^{-q[w_{3ij}\circ y_{2mj}]}},\quad i=1,2,\cdots,6;\ j=1,2,\cdots,6 \tag{6.106}$$

(4) 根据前述降低一类神经网络灵敏度的理论和方法的研究，在改变网络权值时，针对学习误差的大小分别对各层权值进行修正，将误差全反传的 BP 网络变成局部反传的网络。

3. 验证及结论

用 FBP 算法和 BP 算法分别对非线性随机函数式(6.107)进行学习验证。

$$y_m=a_1u(k)+\frac{d_1\sin(2\pi k)}{a_2}+\frac{b_1\cos(2\pi k)}{b_2}+\xi(k) \tag{6.107}$$

式中，系数 a_1、a_2、b_1、b_2 均随着学习次数 k 的变化而随机变化，$\xi(k)$ 为噪声。用 MATLAB 编程。BP 算法学习结果如图 6.16 所示，FBP 算法的学习结果如图 6.17 所示。

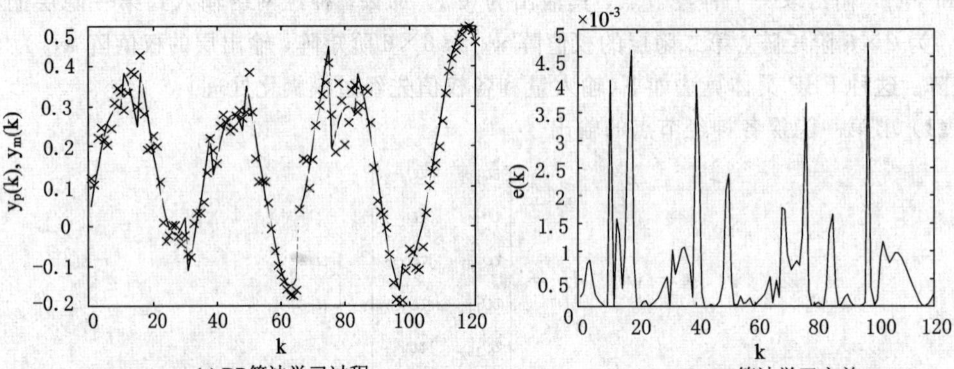

(a) BP算法学习过程　　(b) BP算法学习方差

图 6.16　BP 算法学习结果

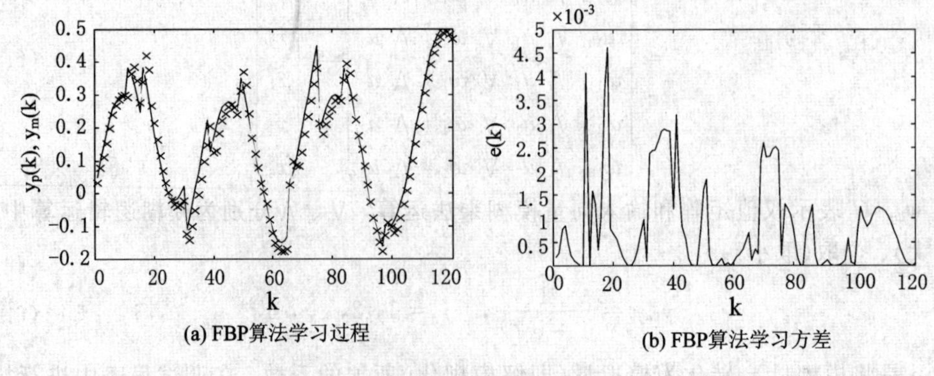

(a) FBP算法学习过程　　(b) FBP算法学习方差

图 6.17　FBP 算法学习结果

图 6.16、图 6.17 中，横轴为学习的次数 k，图(a)中实线为 $y_p(k)$，带"＊"的线为网络输出 $y_m(k)$。

另外，在学习过程中给输入上叠加 0.1 幅值的噪声 $\xi(k)$，用 $\xi(k)$ 的 20 个离散值取均值几乎为 0，说明我们所用的噪声 $\xi(k)$ 是白噪音，因此辨识的置信度为 95%。

对 FBP 的理论分析表明：神经网络中的加权求和转为模糊逻辑运算中的"∨"、"∧"，可以使 FBP 具有直接处理模糊信息的能力，同时避免了加权求和中较大数字的复杂运算。在 FBP 中针对学习误差的大小分别对各层权值进行修正，全反传的 BP 网络变成局部反传 FBP，从而不仅使网络跟踪教师信号的能力加强，而且使学习的速度比一般 BP 算法有所提高。图 6.16 和图 6.17 的仿真结果进一步证明了这一点。

6.7.2　FNN 对非线性多变量系统的 MATLAB 解耦仿真

1. DMFFCNN 的基本模型

针对燃烧系统的非线性多变量耦合特性，文献[50]提出了一种隶属函数型神经网与模糊控制融合的解耦方法(A decoupling method of fuse of fuzzy control and neural network based on membership function，DMFFCNN)，图 6.18 为一种隶属函数型模糊神经网基本模型[50]，该网络的激发函数为正态形函数：

$$f(x) = \exp\left[\frac{-(x-a)^2}{b^2}\right] \tag{6.108}$$

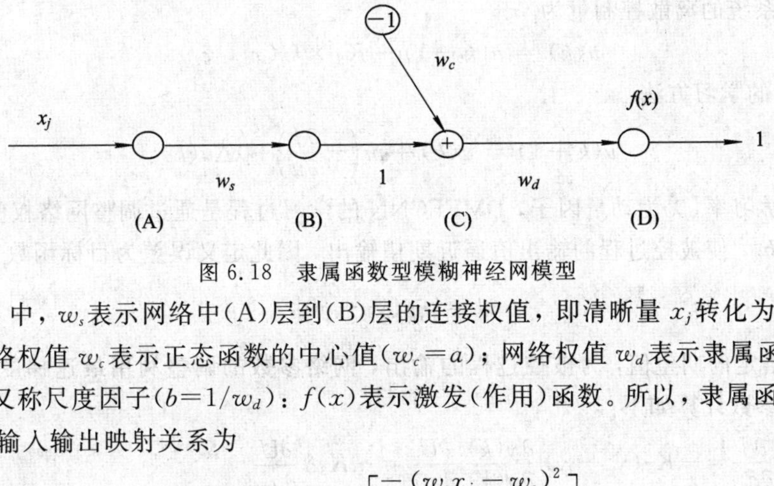

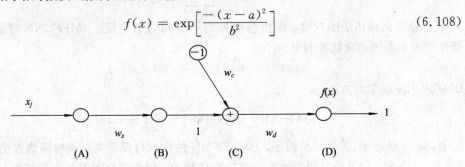

图 6.18　隶属函数型模糊神经网模型

图 6.18 中，w_s 表示网络中(A)层到(B)层的连接权值，即清晰量 x_j 转化为模糊量的量化因子；网络权值 w_c 表示正态函数的中心值($w_c=a$)；网络权值 w_d 表示隶属函数 $\mu(x_j)$ 的分布参数，又称尺度因子($b=1/w_d$)：$f(x)$ 表示激发(作用)函数。所以，隶属函数型模糊神经网模型的输入输出映射关系为

$$\mu_{A_i}(x_i) = \exp\left[\frac{-(w_s x_i - w_c)^2}{(1/w_d)^2}\right] \tag{6.109}$$

2. DMFFCNN 的系统结构与方法

DMFFCNN 系统结构中有两个子系统相互耦合，两个子系统的输出 y_1 和 y_2 相互耦合影响，yd_1 和 y_1 是子系统 1 的给定期望输出和实际输出；图 6.19 较详细地给出了系统 2 的 DMFFCNN 框图。其中 K_1、K_2 为子系统 2 解耦过程输出和给定的误差 E 及其变化率的比例因子，K_3 为 DMFFCNN 的输出和实际系统的控制量之间的比例因子。子系统图 6.19 中的虚线框 DMFFCNN 结构为神经网，其中网络为具有双输入单输出、九个隐层节点的三层网络。第一层为输入层。第二层为语言项层，该层使用的隶属函数类似图 6.18。CS 为网络控制算法反传的输出。用正态形函数作激发函数，根据式(6.103)及式(6.105)，

与输入 x_i 相关的第 j 个节点的输出为

$$y_{ij}(x_1, x_2) = \exp\left[-\frac{1}{2}\left(\frac{(x_1 - a_{1i})^2}{b_{1i}}\right)\right] \times \exp\left[-\frac{1}{2}\left(\frac{(x_2 - a_{2j})^2}{b_{2j}}\right)\right] \tag{6.110}$$

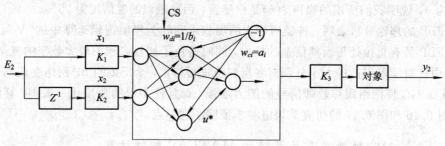

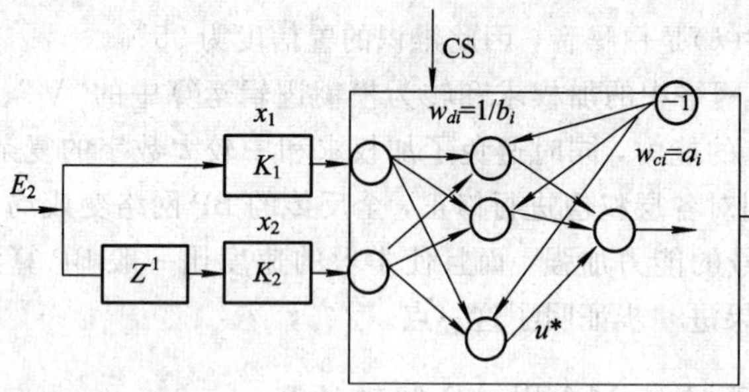

图 6.19 DMFFCNN 系统的结构图

第三层为输出层，先由规则表求出 u^*：

$$\text{IF} \quad x_{1i} \quad \text{is} \quad A_i \quad \text{and} \quad x_{2j} \quad \text{is} \quad B_j \quad \text{THEN} \quad u^* \quad \text{is} \quad C_j \tag{6.111}$$

i 表示 x_1 有 i 个语言项节点，j 表示 x_2 有 j 个语言项节点，a_{1i}、a_{2j} 表示隶属函数的中心位置，b_{1i}、b_{2j} 表示隶属函数的形状参数。输出层将前件与结论连接起来，得到数值型输出为

$$U(x_1, x_2) = \sum_{i\in I}\sum_{j\in J} u^* y_{ij}(x_1, x_2) \tag{6.112}$$

u^* 表示隐层到输出层的权值，即由模糊控制所得到的结论值。DMFFCNN 智能解耦控制器作用到子系统的离散控制量为

$$u(k) = u(k-1) + K_3 \times U(x_1, x_2) \tag{6.113}$$

DMFFCNN 的学习方法：

$$u(k+1) = u(k) + m\left(-\frac{\partial J}{\partial u}\right) + \lambda \Delta u(k) \tag{6.114}$$

式中，m 为学习率，λ 为动量因子，DMFFCNN 的学习过程是通过调整网络权值 u^* 和参数 a_1、b_1、a_2、b_2，使被控过程的输出值逼近期望输出，因此定义误差为目标函数

$$J = \frac{1}{2}(y_d - y)^2 \tag{6.115}$$

其中，y_d 为给定的期望值，为被控过程的输出，网络参数的调整利用最速梯度下降法，学习过程中各参数计算如下：

$$\begin{aligned}\frac{\partial J}{\partial a_{1i}} &= -K_3(y_d - y)\frac{\partial y(k)}{\partial u(k)}\frac{\partial U}{\partial a_{1i}} = -K_3\delta\frac{\partial U}{\partial a_{1i}} \\ &= -K_3\delta\sum_{j\in J} u^* y_{ij}(x_1, x_2)\left(\frac{x_1(k) - a_{1i}}{b_{1i}^2}\right),\ \delta = (y_d - y)\frac{\partial y(k)}{\partial u(k)}\end{aligned} \tag{6.116}$$

$$\frac{\partial J}{\partial b_{1i}} = -K_3\delta\frac{\partial U}{\partial b_{1i}} = -K_3\delta\sum_{j\in J} u^* y_{ij}(x_1, x_2)\left(\frac{(x_1(k) - a_{1i})^2}{b_{1i}^3}\right) \tag{6.117}$$

$$\frac{\partial J}{\partial a_{2j}} = -K_3\delta\frac{\partial U}{\partial a_{2j}} = -K_3\delta\sum_{i\in I} u^* y_{ij}(x_1, x_2)\left(\frac{x_2(k) - a_{2j}}{b_{2j}^2}\right) \tag{6.118}$$

$$\frac{\partial J}{\partial b_{2i}} = -K_3\delta\frac{\partial U}{\partial b_{2i}} = -K_3\delta\sum_{j\in J} u^* y_{ij}(x_1, x_2)\left(\frac{(x_1(k) - a_{2i})^2}{b_{2i}^3}\right) \tag{6.119}$$

$$\frac{\partial J}{\partial u^*} = -K_3\delta\frac{\partial U}{\partial u^*} = -K_3\delta\exp\left[-\frac{1}{2}\left(\frac{x_1 - a_{1i}}{b_{1i}}\right)^2 - \frac{1}{2}\left(\frac{x_2 - a_{2j}}{b_{2j}}\right)^2\right] \tag{6.120}$$

综合式(6.112)～式(6.115)，再考虑式(6.116)～式(6.120)中 u^* 和参数 a_1、b_1、a_2、b_2的变化，便可得到 DMFFCNN 的动态学习算式：

$$u(k+1)=u(k)+m\left\{-K_3\delta\max\left[\frac{\partial J}{\partial a_{1i}},\ \frac{\partial J}{\partial b_{1i}},\ \frac{\partial J}{\partial a_{2j}},\ \frac{\partial J}{\partial b_{2j}},\ \frac{\partial J}{\partial u^*}\right]\right\}+\lambda\Delta u(k) \tag{6.121}$$

在动态学习中，根据式(6.121)进行差分运算，直到目标函数达到设定极小值。从式(6.121)可见，每次学习只取目标函数 J 对上述五个变量求偏导中最大的一个，修正权值也只修正对应的一个变量。这种学习方法比同样层数和节点的全局反馈的 BP 网络程序复杂，但由于是有针对性地修正权值，计算工作量并未增加，因此训练速度有所提高。

例 6.3　具有耦合的两个相邻子系统的差分方程为

$$\begin{cases}y_1(k)=a_{11}y(k-1)+b_{11}u(k-1)+b_{12}u(k-2)+\xi_1(k)+y_{12}(k)\\ y_2(k)=a_{21}y(k-1)+b_{21}u(k-1)+b_{22}u(k-2)+\xi_2(k)+y_{21}(k)\end{cases} \tag{6.122}$$

式中：$\xi_i(k)$为随机噪声；$y_{ij}(k)$为两个相邻子系统之间的耦合；采用隶属函数型神经网与模糊控制融合的解耦方法(DMFFCNN)方法实现解耦控制。

解　分析：NN 作控制器和 NN 作辨识器的主要区别是，前者将 NN 的输出作用给被控系统，系统的输出 y 和理想输出 y_d 比较，后者将 NN 的输出 y_m 和教师信号 y_d 比较，两者均根据比较的差值修正 NN 的权值。

将给定系数代入式(6.122)，编写的程序为 FLch7FNNeg3，因程序太大(有 620 多行)不便写出，附在光盘中并加有注释。在程序中，两个相邻子系统的差分方程写成

```
y2＝0.5＊y1＋2.5＊u2＋2.5＊u1＋n1(：，k)＋0.01＊y12
y22＝0.5＊y12＋1.25＊u22＋1.25＊u12＋n(：，k)＋0.01＊y1
```

式中，n1(：，k)和 n(：，k)分别为用“n＝0.28＊rand(size(time))；”和“n1＝0.3＊rand(size(time))；”产生的两个子系统的随机噪声。程序运行结果如图 6.20 所示。

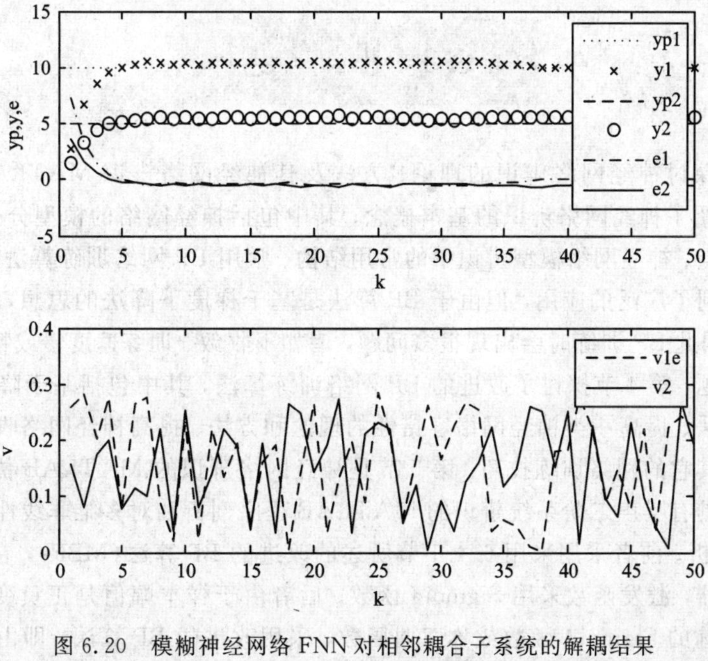

图 6.20　模糊神经网络 FNN 对相邻耦合子系统的解耦结果

两个子系统初始化，给定相同隶属函数型 FNN 的中心值、尺度因子和权值阵如下：

```
a102=[-2 0 2]; a112=[-2 0 2]; a202=[-2 0 2]; a212=[-2 0 2];
            %FNN 隐层的权值阵，即中心值，a1i 和 a2i 是分别对应两个输入 x1 和 x2 的
            %隶属函数的中心值
b102=[1.5 1.5 1.5]; b112=[1.5 1.5 1.5]; b202=[1.5 1.5 1.5]; b212=[1.5 1.5 1.5];
            %尺度因子，b1i 和 b2i 是分别对应两个输入 x1 和 x2 的隶属函数的尺度因子
v02=[-1 -0.5 -0.5; -0.5 0 0.5; 0.5 0.5 1];
v12=[-1 -0.5 -0.5; -0.5 0 0.5; 0.5 0.5 1];
            %FNN 输出层权值阵，v02 表示 w2(k-1)，v12 表示 w2(k)
```

程序运行后 FNN 模型的参数如下：

子系统 1 运行结果 FNN 的中心值、尺度因子和权值阵：

```
a11=-5.4905 0.0016 -0.0039; a21=-0.1085 -0.0010 -0.0001
b11=  0.9576 5.4020   4.3817; b21=   5.4539   7.0620   3.6550
v3 =
     -1.7100    -1.2100   -1.2100
     -1.2100    -0.7100   -0.2100
     -0.2100    -0.2100    0.2900
```

子系统 2 运行结果 FNN 的中心值、尺度因子和权值阵：

```
a112=-3.7450 -0.0031 0.2719; a212=-2.5444 0.0007 0.2126
b112=  0.2495    1.4999 3.7133; b212=-0.1431 1.5000 3.4497
v12 =
     -1.5411    -1.0411   -1.0411
     -1.0411    -0.5411   -0.0411
     -0.0411    -0.0411    0.4589
```

6.8 小　　结

本章主要探讨神经网络辨识的理论、方法及其神经网络辨识 MATLAB 仿真。在第1～3 节中，介绍了神经网络辨识的基本概念，其中包括神经网络的模型分类、激发函数、学习方法及特点、神经网络模型辨识中的常用结构、常用 BP 网络训练算法等。BP 算法在系统辨识中得到了广泛的应用，但由于 BP 算法是基于梯度下降法的思想，常常具有多个局部极小点，因此 BP 训练时会出现很多问题，诸如不收敛、训练速度慢或精度不高等。为了克服这些问题，第 4 节探讨了改进的 BP 网络训练算法，其中包括基于降低网络灵敏度的网络改进算法、提高一类神经网络容错性的理论和方法、提高神经网络收敛速度的一种赋初值算法及其它的网络训练技巧。第 5 节是神经网络辨识的 MATLAB 仿真举例，其中包括对开发的具有噪声二阶系统辨识的 MATLAB 程序剖析和对多维非线性辨识的 MATLAB 的程序剖析。前者采用采用 6.4.1 节所述的改进的 BP 算法(MBP)，在常规的 BP 网络中增加协调器，激发函数采用 Sigmoid 函数；后者由于样本幅值是正负变化的，因此激发函数采用对称的 Sigmoid 函数或称双曲函数，采用改进的 BP 算法，即由协调器来协调

各层权值修正，并在修正权值时考虑积累误差。第 6、7 节分别讨论基于改进遗传算法的神经网络和模糊神经网络及其应用，并列举了遗传神经解耦仿真及实验结果、FNN 对非线性多变量系统的 MATLAB 解耦仿真编程方法及其开发的程序。

习　题

1. 生物神经元模型的结构功能是什么？

2. 人工神经元模型的特点是什么？

3. 人工神经网络的特点是什么？如何分类？

4. 常用的神经网络学习算法有哪几种？

5. BP 算法的特点是什么？

6. 增大权值是否能够使 BP 学习变慢？

7. 系统参考模型为 $y(k)=-1.2y(k-1)+0.7y(k-2)+u(k-1)+0.5u(k-2)+0.1\xi(k)$，$\xi(k)$ 为幅值小于 1 的随机噪声，试分别采用 3—6—1 型 BP 神经网络和改进型的 MBP 网络辨识系统的模型，编写系统模型辨识程序，打印出程序运行结果，并分析采用常规 BP 算法和 MBP 算法辨识该系统模型的收敛速度和辨识精度。

8. 模糊神经网络控制系统原理结构如图 6.21 所示，图中 y_d 为系统期望输出（单位阶跃信号），y 为系统输出，被控对象的传递函数为

$$G(s)=\frac{K_1}{T_1 s+1}e^{-\tau s}=\frac{22}{1600s+1}e^{-480s}$$

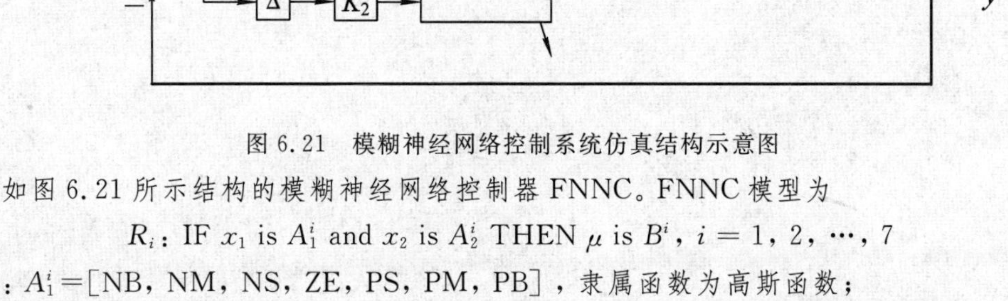

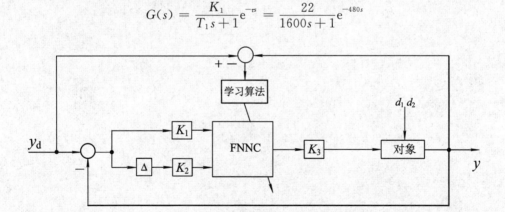

图 6.21　模糊神经网络控制系统仿真结构示意图

设计如图 6.21 所示结构的模糊神经网络控制器 FNNC。FNNC 模型为

$$R_i\text{: IF } x_1 \text{ is } A_1^i \text{ and } x_2 \text{ is } A_2^i \text{ THEN } \mu \text{ is } B^i,\ i=1,2,\cdots,7$$

其中：$A_1^i=[\text{NB, NM, NS, ZE, PS, PM, PB}]$，隶属函数为高斯函数；

$A_2^i=[\text{NB, NM, NS, ZE, PS, PM, PB}]$，隶属函数为高斯函数。

各变量论域：

$$X_1=[-E,+E]=[-3,+3],\ X_2=[-\dot{E},+\dot{E}]=[-1.5,+1.5]$$

$$U=[-u,+u]=[-0.5,+0.5],\ K_1=w_{s1}=\frac{n}{e}=\frac{6}{3}=2$$

$$K_2 = w_{s2} = \frac{n}{\Delta e} = \frac{6}{1.5} = 4, K_3 = K_n = \frac{u}{n} = \frac{0.5}{6}$$

初值：

$$\boldsymbol{w}_c(0) = \{-6, -4, -2, 0, 2, 4, 6\}, w_d(0) = \{1\} w_{s1}(0) = 2; w_{s2}(0) = 4$$

在对系统施加慢时变扰动 $d_1 = c_1 \sin(0.0314k)$ 和随机噪声干扰 $d_2 = c_2\,\mathrm{randn}(M, 1)$ 的情况下，试求系统输出 y，试用 MATLAB 语言编写系统计算机仿真程序，并打印出仿真结果。

第 7 章　小脑模型神经网络辨识及其应用

迄今为止，约有四十多种神经网络模型，其中有代表性的在前面已提及。虽然 CMAC 网络没有被算在有代表性的行列中，但它是 Albus 于 1972 年专门为控制机器人的多自由度而提出的。实际上，CMAC 网络可以学习多种非线性函数，且其迭代次数比常规的 BP 网络少得多。本章首先介绍 CMAC 的特点，在此基础上，探讨基于改进的 CMAC 算法，包括干式变压器卷线机跑偏信号谐波分析算法和采用改进的 CMAC 网络学习多维函数的算法，并给出了开发的程序及其程序剖析。

7.1　CMAC 网络的特点

正常人的大脑是由大约 10^{10}～10^{12} 个神经元组成的，神经元有着相似的结构。每个细胞体有大量的树突(输入端)和轴突(输出端)，不同神经元的轴突与树突互连的结合部为突触，突触决定神经元之间的连接强度和作用性质，而每个神经元胞体本身是一非线性输入/输出单元，其非线性特性可用阈值型、分段线性型和连续型函数近似，如 Sigmoid、tanh 或高斯函数。小脑存在多层的神经元和大量的互连接。当小脑接受到许多来自各种传感器(如肌肉、四肢、关节、皮肤等)的不同信号后，它利用负反馈进行广泛的选择(滤波)，使得输入活动仅限制在最活跃神经的一个最小子集，而大多数的神经将受到限制，也即最活跃的神经抑制了不太活跃的神经。人们对此进行深入研究，便得出了一个数学上的描述，这就是 Albus 于 1972 年提出的小脑模型连接控制器(Cerebellar Model Articulation Controller，CMAC)。它把多维离散的输入空间经过映射形成复杂的非线性函数，具有三个特性：一是利用散列编码(Hashing Coding)进行多对少的映射，压缩查表的规模；二是通过对输入分布信号的测量值编码，提供输出响应的泛化和插补功能；三是通过有监督的学习过程，训练合适的非线性函数。学习过程就是在查表过程中修正地址及每个地址所对应的权值。近年来，国内外专家们采用各种频率分析开拓新的研究方法解决实际问题。如波多黎各大学的 Aceros Moreno Cesar A、Sanchez、William D. 等利用离散的线性调频傅里叶变换和标度频率分析有效、省时地解决了复杂的大数据量的数学计算问题[35]；多伦多大学的 Ramirez Abner、Gomez Pablo 等提出了基于数字拉氏变换的电磁暂态频率分析方法，并用电力系统的实际应用事例证明了方法的有效性[36]。

CMAC 网络的结构图如图 7.1 所示。图中 S 为 n 维输入状态空间，其为随机表格；A 为概念存储器，它实际是散列编码的地址表；P 中的 a_1，a_2，…，a_n 为实际存储器的联想单元，w_1，w_2，…，w_n 为权值表。从 S 到 A 是由大到小的映射，从 A 到 P 又是存储压缩映射。从而可见，CMAC 实质是一个智能式的自适应查表技术，也可以描述成一个计算装置，它接受一个输入向量 $\boldsymbol{S}=(S_1, S_2, \cdots, S_n)$，产生一个输出向量 $\boldsymbol{P}=f(S)$。为了对给定输入状态 $\boldsymbol{S}$ 计算输出向量，进行了二次映射：

$$f: \boldsymbol{S} \rightarrow A, \quad g: A \rightarrow P \tag{7.1}$$

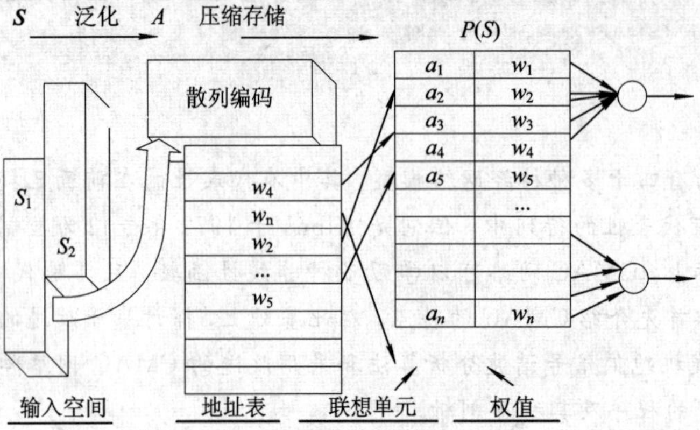

图 7.1 CMAC 神经网络结构

在图 7.1 中，若输入向量元素 n 的个数为 2，即输入 $\boldsymbol{S}_1$、$\boldsymbol{S}_2$，则它们激活概念存储器 A 中两个交叠的联想单元集合 A_1、A_2。如果希望 $\boldsymbol{S}_2$ 的输出响应与 $\boldsymbol{S}_1$ 的输出响应有共同之处，那么交叠就具有有利的性质。因为对 $\boldsymbol{S}_1$ 的正常响应已经记存，对 $\boldsymbol{S}_2$ 就能采取非常相近的响应而不必为 $\boldsymbol{S}_2$ 再调整权值，这种性质称为泛化(Generalition)。在实际应用中，希望输入空间中两个相近的输入能够产生交叠的映射(泛化)。而对于两个相距较远的输入能产生各自独立的响应。CMAC 网的映射过程就能保证实现这种要求。对于任何给定的输入，映射函数 f 指向几(如 M)个地址表 A 中的存储地址，这些地址处在联想单元中，称之为激活的联想单元。在某一具体的非线性函数学习过程中，激活的联想单元数目 M 是 CMAC 设计的一个固定参数。一般满足

$$|M| = 0.01|A_{\mathrm{p}}| \tag{7.2}$$

式中，A_{p} 为地址表中的总元素，

例如，输入二维向量 $\boldsymbol{S}=(\boldsymbol{S}_1, \boldsymbol{S}_2)$，其中 $0<\boldsymbol{S}_1\leqslant 5$，$0<\boldsymbol{S}_2\leqslant 6$)，这里选联想单元的个数为 $M=4$，首先产生两个映射，即 $\boldsymbol{S}_1\rightarrow A_1$，$\boldsymbol{S}_2\rightarrow A_2$，如表 7-1 所示。

表 7.1 $\boldsymbol{S}_1\rightarrow A_1$ 及 $\boldsymbol{S}_2\rightarrow A_2$ 的映射关系

$\boldsymbol{S}_1$	A_1				$\boldsymbol{S}_2$	A_2			
1	A	B	C	D	1	a	b	c	d
2	E	B	C	D	2	e	b	c	d
3	E	F	C	D	3	e	f	c	d
4	E	F	G	D	4	e	f	g	d
5	E	F	G	H	5	e	f	g	h
6					6	i	f	g	h

在表 7.1 中，联想单元的个数 M 反映了概念存储器(散列编码的地址表)的分辨率，若 M 增大，分辨率提高。同样，若 M 固定，而输入向量 $\boldsymbol{S}_i$ 中的元素变化间距变小(如 0.5→1→1.5→2→…)，分辨率也会提高。A^* 是由第一次映射后的每个向量 $\boldsymbol{A}_i$ 对应的元素连接获得的。表 7.1 中的 $\boldsymbol{A}_1$、$\boldsymbol{A}_2$ 向量中的对应元素连接后得到表 7.2。

表 7.2　二维输入对应的元素形成

	1				2				3				4				5			
S_2 \ S_1	A	B	C	D	E	B	C	D	E	F	C	D	E	F	G	D	E	F	G	H
a b c d 1	Aa	Bb	Cc	Dd	Ea	Bb	Cc	Dd	Ea	Fb	Cc	Dd	Ea	Fb	Gc	Dd	Ea	Fb	Gc	Hd
e b c d 2	Ae	Bb	Cc	Dd	Ee	Bb	Cc	Dd	Ee	Fb	Cc	Dd	Ee	Fb	Gc	Dd	Ea	Fb	Ge	Hd
e f c d 3	Ae	Bf	Cc	Dd	Ee	Bf	Cc	Dd	Ee	Ff	Cc	Dd	Ee	Ff	Gc	Dd	Ee	Ff	Gc	Hd
e f g d 4	Ae	Bf	Cg	Dd	Ee	Bf	Cg	Dd	Ee	Ff	Cg	Dd	Ee	Ff	Gg	Dd	Ee	Ff	Gg	Hd
e f g h 5	Ae	Bf	Cg	Dh	Ee	Bf	Cg	Dh	Ee	Ff	Cg	Dh	Ee	Ff	Gg	Dh	Ee	Ff	Gg	Hh
i f g h 6	Ai	Bf	Cg	Dh	Ei	Bf	Cg	Dg	Ei	Ff	Cg	Dh	Ei	Ff	Gg	Dh	Ei	Ff	Gg	Hh

如果 $S_1=5$，$S_2=3$，则 A^* 由 $A_{15}=|\mathrm{E},\ \mathrm{F},\ \mathrm{G},\ \mathrm{H}|$ 和 $A_{23}=|e,\ f,\ c,\ d|$ 对应的元素形成，所以对于 $S=(5,\ 3)$，$A^*=|\mathrm{Ee},\ \mathrm{Ff},\ \mathrm{Gc},\ \mathrm{Hd}|$，用汉明距 H_{ij} 表示泛化能力，并定义为

$$H_{ij}=M-|A_i^* \wedge A_j^*| \tag{7.3}$$

式中，∧为相交的符号。例如，输入向量 $\boldsymbol{S}_1=(2,\ 4)\to\boldsymbol{S}_1-(2,\ 6))$之间的汉明距为

$$H_{12}=4-|\mathrm{Ee},\ \mathrm{Bf},\ \mathrm{Cg},\ \mathrm{Dd}| \wedge |\mathrm{Ei},\ \mathrm{Bf},\ \mathrm{Cg},\ \mathrm{Dh}|=2 \tag{7.4}$$

从而可知，在 M 选定的情况下，汉明距愈小，说明两个集合之间相交得愈多。

一个网络的知识描述即权值(矩阵)。权值计算就是权值学习训练过程。CMAC 网经过 $g\colon A\to P$ 映射后，即把表 7.2 的元素经泛化处理后存放在联想单元中，对上例表 7.2 中的 120(5×6×4)个元素经泛化处理后仅剩下 18 个。也就是说，表 7.2 中只有 18 个元素是不相同的。然后把这 18 个元素按 S_2 嵌套在 S_1 内的变化规律存放在 P 的联想单元中作为地址。每个地址对应一个权值。所以，任何输入向量是地址指针的集合，而输出向量在最简单的形式下是这些地址指针的权值之和，因此，输出 $P=(p_1+p_2+\cdots+p_n)$ 的每一个元素由一个单独的 CMAC 按下式进行计算：

$$P_k=a_{1k}w_{1k}+a_{2k}w_{21k}+\cdots+a_{n1k}w_{nk} \tag{7.5}$$

式中，$\boldsymbol{A}_k=[a_{1k}\quad a_{2k}\quad \cdots\quad a_{nk}]$是第 k 个 CMAC 的联想单元向量(即存储地址向量)，$\boldsymbol{W}_k=[w_{1k}\quad w_{2k}\quad \cdots\quad w_{nk}]^{\mathrm{T}}$为地址向量 $\boldsymbol{A}_k$ 所对应的存储数据(即权值)。对给定的输入，其输出值可随激活联想单元的权值的改变而改变。

7.2　改进的 CMAC 干式变压器卷线机跑偏信号谐波分析

卷线机跑偏信号是一种含有多次谐波的非线性信号，在生产过程中，能否准确地检测到并识别卷线机跑偏信号，对于控制精度起着极其重要的作用。近年来，各个领域的专家

们利用对非线性的频率分析方法，或采用频率分析与数据挖掘方法结合的方法来解决实际的复杂非线性问题，取得了长足的进展。Golnaraghi M. F.、Jazar G. Nakhaie 等对于分段悬浮系统进行频率分析，获得了系统扩大振动的范围；Wang Chengdong、Zhu Yongsheng 等利用频率分析和支持向量机结合的方法解决机车的故障诊断问题[56]。这里探讨一种基于改进的 CMAC 神经网络对干式变压器卷线机跑偏信号谐波分析方法，该方法是在检测到干式变压器卷线机跑偏信号的基础上，对不同频率的谐波进行了分析、推论；将常规 CMAC 网络的学习因子 a 改进成随学习误差 e 的变化动态调整；然后采用这种基于改进的 CMAC 神经网络对跑偏各谐波分别辨识，再将主次非线性谐波叠加。分析与大量仿真表明，这种对卷线机跑偏信号谐波分析方法不仅能方便地识别出最大跑偏信号谐波的基频最小频率范围，而且比在相同情况下采用常规的 BP 辨识的精度高，最大学习误差在 2‰ 以内，学习速度提高 20%，同时得到了最大跑偏信号谐波的最简模型。

7.2.1 CMAC 网络对非线性函数的学习过程

CMAC 神经网络的输入向量为 $\boldsymbol{S}=(S_1, S_2, \cdots, S_n)$，CMAC 接收到输入信号后，先进行散列编码，选定联想单元的个数 A^*，然后产生一个对应于输入向量的输出向量 $\boldsymbol{P}=F(S)$，该输出向量即为调整联想单元 A^* 中在各个采样 k 时刻所存的权值。CMAC 网络在学习非线性过程中不断修正权值，使该权值能代表当前采样时刻非线性的采样值。

CMAC 采用有监督的学习，权值修正式为

$$w_{k+1} = w_k + \Delta w = w_k + a\Big(d - \sum_{i=1}^{A^*} w_i\Big) \tag{7.6}$$

式中：w_k 是第 k 时刻的权值，即 CMAC 第 k 时刻输出 P_k；d 为教师信号；a 为学习因子，取值范围为{0.02，0.1}。

现以幅值为 1 的正弦信号作为学习样本，讨论 CMAC 对非线性信号的学习过程，采样时间为 20 度，离散化值并列入表 7.3，同时选定联想单元的个数 $A^*=4$。

表 7.3 幅值为 1 的正弦信号离散化值

k	1	2	3	4	5	6	7	8	9	10
A^*	ABCD	EBCD	EFCD	EFGD	EFGH	IFGH	IJGH	IJKH	IJKL	JKLM
d	0	0.2	0.4	0.6	0.8	1	0.8	0.6	0.4	0.2

对于输入样本 d，CMAC 网络学习过程如下：

(1) 初始化，给 A^* 所对应的四地址赋权值的初值、循环次数等。

(2) 循环开始，读取样本 $d(k)$。

(3) 计算 k 时刻的权值 $p=\sum_{i=1}^{4} w_i = w_1+w_2+w_3+w_4$，并保存权值 $w(k)=p$。

(4) 计算误差，$e=\frac{1}{2}(d-p)^2$。

(5) 修正权值，$w_5=w_4+a(d-p)$；更新权值，$w_1=w_2$，$w_2=w_3$，$w_3=w_4$，$w_4=w_5$。

(6) 判断循环是否结束。若是，绘图；否则，转步骤(2)继续读取样本 $d(k)$。

学习结果如表 7.4 所示。

表 7.4　CMAC 对输入非线性样本学习结果

A^*	A	B	C	D	E	F	G	H	I	J	K	L	M
w_i	−0.1	0	0	0.1	0.1	0.2	0.2	0.3	0.3	0	0	0.1	0.1

验证：表 7.3 中，$k=2$ 时，在表 7.4 中联想单元 B、C、D、E 对应的权值之和 $p=0+0+0.1+0.1=0.2$，$k=6$ 时，联想单元 I、F、G、H 之和 $p=0.3+0.2+0.2+0.3=1$。依次类推，在各个 k 时刻学习误差均为 0。

7.2.2　干式变压器卷线机跑偏信号谐波分析方法

1. 干式变压器卷线机跑偏信号检测

在参与某变压器厂将引进德国的 200 kW 干式变压器卷线机国产化项目中测得如下参数：卷线机主动轮到从动轮的机械部分长约 4 m。干式变压器卷线机由一台 60 个点的 PLC 可编程控制器控制，控制机械由六台电动机连锁控制，其结构示意图如图 7.2 所示。图中，由一台 200 kW 的交流电动机拖动主动轮，将经过压光、刨毛处理后的 10～12 cm 宽的铝箔(导线)卷绕；从动轮装放未经处理的铝箔卷；压 1 和压 2 是由两个完全相同的 500 W 笼式电动机分别拖动的两个同直径(20 cm)的圆形压光辊，压光辊宽 12 cm，分布在由从动轮卷向到主动轮的铝箔的上下，完成对铝箔的挤压；刨毛 1 和刨毛 2 是由两个完全相同的 500 W 笼式电动机分别拖动的两个同直径的圆形刨毛轮，分布在由从动轮卷向到主动轮的铝箔的两侧，位于压光辊的左侧，完成对挤压后铝箔两边的刨毛。靠近从动轮的铝箔上侧太阳形器件是在机架上安装的发光管，铝箔下侧安装了接收装置，在铝箔跑偏时，便可检测到跑偏信号。测得最大跑偏信号近似于余弦信号，其富氏级数展开为

$$f(\omega t)=\frac{2A}{\pi}\left(\frac{1}{2}+\frac{\pi}{4}\cos\omega t+\frac{1}{3}\cos 2\omega t-\frac{1}{15}\cos 4\omega t+\frac{1}{35}\cos 6\omega t+\cdots\right) \tag{7.7}$$

式中：A 为跑偏信号的幅值，$A=5$ V；$\omega=2\pi f$，为随工况变化的角频率。

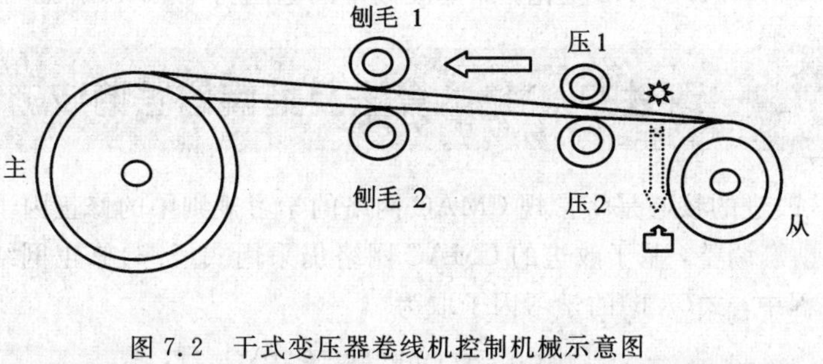

图 7.2　干式变压器卷线机控制机械示意图

2. 干式变压器卷线机稳态跑偏信号谐波分析

测得干式变压器卷线机稳态情况下的线速度为 5 m/s，从动轮的圆形线卷满，其最大半径为 0.9 m，对应的周长为 5.0868 m，在这种情况下最大(指从动轮每转一圈跑偏一次)跑偏信号的时间间隔 $T_1=5.0868\text{ m}/5\text{ m}=1.0174$ s，对应的频率 $f_1=0.983$ Hz，取采样周期为 1 ms，则跑偏信号式(7.7)变为

$$f(2\pi f_1 k)=\frac{2A}{\pi}\left(\frac{1}{2}+\frac{\pi}{4}\cos 6.17k+\frac{1}{3}\cos 12.35k-\frac{1}{15}\cos 24.69k+\frac{1}{35}\cos 37.04k+\cdots\right) \tag{7.8}$$

当主动轮干式变压器快卷满，从动轮的圆形线卷快被拉空时，测得圆形线架的半径为0.1 m，对应的周长为0.628 m，最大可能跑偏信号的时间间隔 $T_2=0.628\text{ m}/5\text{ m}=0.1256\text{ s}$，对应的频率 $f_2=7.962\text{ Hz}$，取采样周期为1 ms，则跑偏信号式(7.7)变为

$$f(2\pi f_2 k)=\frac{2A}{\pi}\left(\frac{1}{2}+\frac{\pi}{4}\cos 50.02k+\frac{1}{3}\cos 100.05k-\frac{1}{15}\cos 200.11k+\frac{1}{35}\cos 300.16k+\cdots\right) \tag{7.9}$$

从而可见，卷线机稳态情况下最严重跑偏信号谐波在式(7.8)和式(7.9)之间变化。频率 f 在0.983～7.962 Hz之间变化，即基波频率的范围为6.17 rad$<\omega<$50.02 rad。

3. 卷线机动态跑偏信号谐波分析

干式变压器卷线机动态情况是指无论何因，卷线机重新启动的过程。卷线机主动轮是由变频调速交流电动机拖动的，稳态情况下的线速度为5 m/s，而电动机启动时测得的最低线速度只有0.8 m/s。在这种情况下，从动轮的圆形线卷满时，最大可能跑偏信号的时间间隔 $T_{q1}=5.0868\text{ m}/0.8\text{ m}=6.3585\text{ s}$，对应的频率 $f_{q1}=0.1572\text{ Hz}$，取采样周期为1 ms，则跑偏信号式(7.7)变为

$$f(2\pi f_{q1} k)=\frac{2A}{\pi}\left(\frac{1}{2}+\frac{\pi}{4}\cos 0.99k+\frac{1}{3}\cos 1.97k-\frac{1}{15}\cos 3.95k+\frac{1}{35}\cos 5.93k+\cdots\right) \tag{7.10}$$

当从动轮的圆形线卷快被拉空时，跑偏信号的时间间隔 $T_{q2}=0.628\text{ m}/0.8\text{ m}=0.7854\text{ s}$，对应的频率 $f_{q2}=1.2733\text{ Hz}$，取采样周期为1 ms，则跑偏信号式(7.7)变为

$$f(2\pi f_{q2} k)=\frac{2A}{\pi}\left(\frac{1}{2}+\frac{\pi}{4}\cos 8.00k+\frac{1}{3}\cos 16.00k-\frac{1}{15}\cos 32.00k+\frac{1}{35}\cos 48.00k+\cdots\right) \tag{7.11}$$

综上所述，卷线机动态情况下最严重跑偏信号谐波在式(7.10)和式(7.11)之间变化。频率 f 在0.1573～1.2733 Hz变化，即基波频率的范围为0.99 rad$<\omega<$8.00 rad。

7.3 改进的CMAC算法及跑偏信号谐波仿真

对CMAC改进的核心是将常规CMAC网络的学习规则中的修正因子 a 改进成随学习误差 e 的变化动态调整，基于改进的CMAC网络仍采用式(7.6)修正网络权值，其改进在于程序编制过程中，式(7.6)的学习因子取为

$$a=b^*\left(1-\frac{k}{N+1}\right) \tag{7.12}$$

$N=150$ 为学习次数，参数 $0.026<b<0.078$。一旦参数 b 选定，学习因子 a 便随着学习循环次数 k 的增加而变化，即在开始循环时，误差 $e=d-\sum_{i=1}^{A^*}w_i$ 较大，$a=b^*(1-k/(N+1))$ 较小，a 从参数 b 的 $\frac{1}{2}$ 开始；随着 k 增大，误差 $e=d-\sum_{i=1}^{A^*}w_i$ 减小，$a=b^*(1-k/(N+1))$ 逐步

增加；改进的 CMAC 网络与在相同情况下采用常规 BP 网络辨识相比[56]，不仅辨识精度高，而且学习速度提高 20%，从上述卷线机跑偏信号谐波分析可知，稳态情况下最大跑偏信号谐波频率 f 在 0.983～7.962 Hz 之间变化；动态情况下频率 f 在 0.1572～1.2733 Hz 之间变化。综合稳态和动态两种情况下最大跑偏信号谐波频率 f 在 0.1572～7.962 Hz 之间变化，即发生最大跑偏信号的时间 $0.1256\ \text{s} < T < 6.3585\ \text{s}$，也就是说，卷线机最大跑偏信号谐波在式(7.10)和式(7.9)之间变化。从卷线机稳态到动态最大跑偏信号谐波式(7.8)到式(7.11)看，其直流成分始终不变。所以我们只要分析式(7.10)和式(7.9)范围内随频率变化部分的谐波，将测得的跑偏信号的幅值 $A=5$ V 代入，则式(7.10)和式(7.9)可写成以下两式：

$$f(2\pi f_{q1}k) = 2.5\cos 0.99k + 1.06\cos 1.97k - 0.21\cos 3.95k + 0.03\cos 5.93k + \cdots) \tag{7.13}$$

$$f(2\pi f_2 k) = 2.5\cos 50.02k + 1.06\cos 100.05k - 0.21\cos 200.11k + 0.03\cos 300.16k + \cdots) \tag{7.14}$$

采用基于改进的 CMAC 网络对卷线机跑偏谐波信号进行分析，利用 MATLAB 的 M 文件编程。选定联想单元的个数 $A^*=4$，按式(7.6)修正权值。

例 7.1　按照图 6.5 所示的前向建模并联结构形式，采用 CMAC 网络对频率为 0.1572 Hz 的式(7.13)谐波进行辨识，选择联想单元集合 $A^*=4$，权值为 wa=w1+w2+w3+w4。

编程如下(在光盘中对应的源程序为 FLch7eg1.m)：

```
%CMAC 程序，包括 5 个程序
%CMAC program 1
clear
w1=0.1; w2=0.0; w3=-0.1; w4 =0.0 ; %子 CMAC 网络 1 初始化
N=144; N1=20; E=0.0;
b=0.062; k=0; i=0;
for k=1: N
  yp=2.5 * cos(0.99 * k);             %取对应 fq1=0.1573 Hz 时的基波样本
for j=1: 30
  wa=w1+w2+w3+w4;                     %计算子 CMAC 网络 1 的四个地址单元的权值和
  a=b * (1-k/N+1);                    %计算动态学习因子
  w5=w4+a * [yp-wa];                  %修正子 CMAC 网络 1 的权值
w1=w2; w2=w3; w3=w4; w4=w5;    %权值递推暂存
end
e=[(yp-wa).^2]/2;                     %计算学习误差
sub1e(k)=e;                           %存储子 CMAC 网络 1 的学习误差
  yp1(k)=yp;                          %存储样本
  sub1w(k)=wa;                        %存储学习结果(权值和)
end
sub1wz=sub1w;
  %CMAC program 2
w1=0.1; w2=0.0; w3=-0.1; w4=0.0;    %子 CMAC 网络 2 初始化
  N=144; N1=20; E=0.0;
```

```
b=0.0612; %b=0.12;
k=1;
for k=1: N
ypp=10/(pi*3)*cos(1.97*k);    %取对应 fq1=0.1573 Hz时的二次谐波样本
for j=1: 30
  wa=w1+w2+w3+w4;             %计算子CMAC网络2的四个地址单元的权值和
  a=b*(1-k/N+1);
  w5=w4+a*[ypp-wa];
w1=w2; w2=w3; w3=w4; w4=w5;
end
e=[(ypp-wa).^2]/2;
sub2e(k)=e;
  yp2(k)=ypp;
  sub2w(k)=wa;
  end
sub2wz=sub2w;
%CMAC program 3
w1=0.0; w2=0; w3=-0.1; w4=0.1;    %子CMAC网络3初始化
  N=144; N1=20; E=0.0; wa0=0; wa1=0;
b=0.062; k=0; i=0;
for k=1: N
yppp=-10/(pi*15)*cos(3.95*k);     %取对应 fq1=0.1573 Hz时的三次谐波样本
for j=1: 30
  wa=w1+w2+w3+w4;
  a=b*(1-k/N+1);
  w5=w4+a*[yppp-wa];
   w1=w2;
  w2=w3;
  w3=w4;
  w4=w5;
end
%e=yppp-wa;
e=[(yppp-wa).^2]/2;
sub3w(k)=wa;
  yp3(k)=yppp;
  sub3e(k)=e;
end
sub3wz=sub3w;
%CMAC program 4
%clear
w1=0.1; w2=0.0; w3=-0.1; w4=0.0; %子CMAC网络4初始化
N=144; N1=20; E=0.0;
b=0.0612; %b=0.12;
k=1;
for k=1: N
```

```
ypp=10/(pi*35)*cos(5.93*k);               %取对应 f_q1=0.1573 Hz时的四次谐波样本
for j=1:30
  wa=w1+w2+w3+w4;
  a=b*(1-k/N+1);
  w5=w4+a*[ypp-wa];
  w1=w2;
  w2=w3;
  w3=w4;
  w4=w5;
end
e=[(ypp-wa).^2]/2;
sub4e(k)=e;
  yp4(k)=ypp;
  sub4w(k)=wa;
  end
sub4wz=sub4w;
%CMAC program zong
w1=0.1; w2=0.0; w3=-0.1; w4=0.0;
  N=144; N1=20; E=0.0;
b=0.0612; %b=0.12;
k=1;
for k=1:N
ypp=2.5*cos(0.99*k)+10/(pi*3)*cos(1.97*k)-10/(pi*15)*cos(3.95*k)
      +10/(pi*35)*cos(5.93*k);
for j=1:30
  wa=w1+w2+w3+w4;
  a=b*(1-k/N+1);
  w5=w4+a*[ypp-wa];
  w1=w2;
  w2=w3;
  w3=w4;
  w4=w5;
end
e=[(ypp-wa).^2]/2;
subze(k)=e;
  ypz(k)=ypp;
  subzw(k)=wa;
  end
subzwz=subzw;
  %grapher
  i=1:N
  subplot(6, 1, 1)          %绘制 6 行 1 列的第 1 张图基波 yp1 及学习结果 sub1w
  plot(i, yp1, i, sub1w,'rx')
```

```
    ylabel('w1')
    legend('y1', 'w1')
    subplot(6, 1, 2)                %绘制 6 行 1 列的第 2 张图二次谐波 yp2 及学习结果 sub2w
    plot(i, yp2, i, sub2w, 'rx')
    ylabel('w2')
    legend('y2', 'w2')              %图标注二次谐波 yp2 及学习结果权值 w2
    subplot(6, 1, 3)                %绘制 6 行 1 列的第 3 张图三次谐波 yp3 及学习结果 sub3w
    plot(i, yp3, i, sub3w, 'rx')
    ylabel('w3')
  legend('y3', 'w3')                %图标注三次谐波 yp3 及学习结果权值 w3
    subplot(6, 1, 4)                %绘制 6 行 1 列的第 4 张图四次谐波 yp4 及学习结果 sub4w
    plot(i, yp4, i, sub4w, 'rx')
    ylabel('w4')
  legend('y4', 'w4')                %图标注四次谐波 yp4 及学习结果权值 w4
  subplot(6, 1, 5)                  %绘制 6 行 1 列的第 5 张图总谐波 ypz 及学习结果 subzw
    plot(i, ypz, i, subzw, 'rx')
    ylabel('wz')
  legend('yz', 'wz')                %图标注总谐波 yz 及学习结果权值 wz
  subplot(6, 1, 6)                  %绘制以上学习的 5 种误差
    plot(i, sub1e, 'o', i, sub2e, 'x', i, sub3e, ':', i, sub4e, '-', i, subze, '*')
    %plot(i, sub1e, 'x', i, sub2e, 'o')
    xlabel('k')
    ylabel('e')
    legend('e1', 'e2', 'e3', 'e4','ez')   %误差图标注
```

运行该程序，辨识结果如图 7.3 所示。由于四次谐波的 $\omega=5.93$ rad，与 2π 的差为 0.35 rad，比基波 $\omega=0.99$rad 小，所以在图 7.3 中，四次谐波的样本 y4 和 CMAC 的辨识结果比基波的 y1 和 w1 变化还缓慢，但其幅值是基波的 1/50。

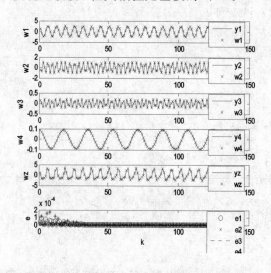

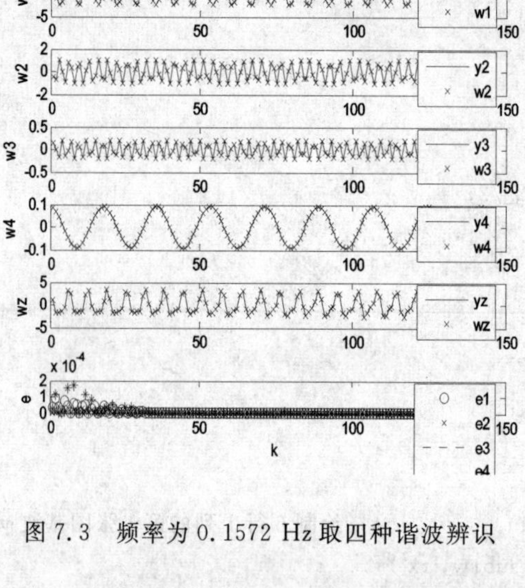

图 7.3 频率为 0.1572 Hz 取四种谐波辨识

例 7.2　按照例 7.1 的方法对卷线机从动轮的圆形线卷快被拉空时，最大可能跑偏信号的时间间隔 $T_2=0.628\ \text{m}/5\ \text{m}=0.1256\ \text{s}$，对应的频率为 7.962 Hz 的式(7.14)谐波辨识，由于程序太长此处不列出(在光盘中对应的源程序为 FLch7eg2.m)。

辨识结果如图 7.4 所示。图中，横轴为辨识步长 k，纵轴为各次谐波的样本 yi(i=1，2，3，4，z)"—"和 CMAC 网路辨识结果权值"x"，其中 w1、w2、w3、w4、wz 和 e 分别为基波、二次谐波、四次谐波、六次谐波在辨识过程中样本和 CMAC 网络的输出权值以及四种谐波合成的卷线机跑偏信号谐波和对各种谐波信号的辨识误差。

图 7.3 和图 7.4 中，e1、e2、e3、e4 分别是基波、二次谐波、四次谐波、六次谐波的 CMAC 辨识误差，可看出，无论谐波的频率高低，辨识误差 e 的纵轴为 2×10^{-4}，可见辨识误差均在 2‰以内，比在同样情况下用常规 BP 辨识的速度约提高 20%(篇幅限制，用常规 BP 辨识的编程不多赘述，可参看文献[73]的第 7 章 BP 网络辨识 MATLAB 仿真)。

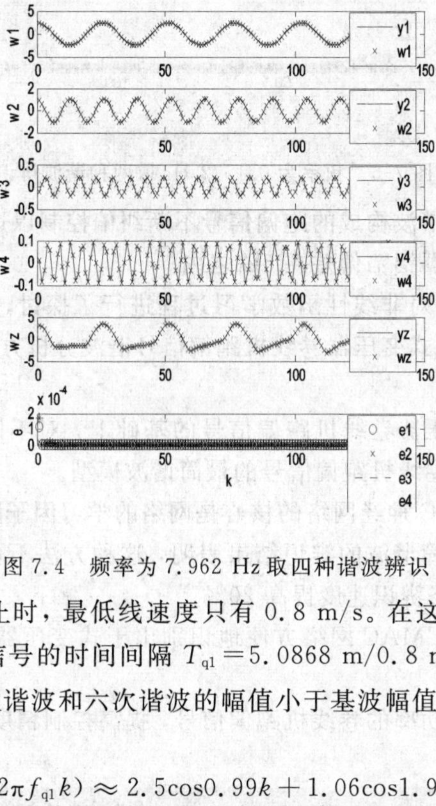

图 7.4　频率为 7.962 Hz 取四种谐波辨识

在该卷线机启动和停止时，最低线速度只有 0.8 m/s。在这种情况下，从动轮的圆形线卷满时，最大可能跑偏信号的时间间隔 $T_{q1}=5.0868\ \text{m}/0.8\ \text{m}=6.3585\ \text{s}$，对应的频率 $f_{q1}=0.1573$ Hz，由于四次谐波和六次谐波的幅值小于基波幅值的 1/10，可以忽略，因此，式(7.13)可写成

$$f(2\pi f_{q1}k)\approx 2.5\cos 0.99k+1.06\cos 1.97k \tag{7.15}$$

例 7.3　按照例 7.1 的方法，采用 CMAC 网络对频率为 0.1572 Hz 取基波和 2 次谐波的式(7.15)进行辨识。由于程序太长此处不列出(在光盘中对应的源程序为 FLch7eg3.m)，辨识结果如图 7.5 所示。图 7.5 中的跑偏信号辨识结果 wz 与图 7.3 同频下取四种谐波合成仿真卷线机跑偏信号 wz 几乎吻合。在式(7.15)的基础上，取 $\omega=2\pi f_{q1}k+2\pi=2\pi\times0.1572+2\pi$，则得下式：

$$f((2\pi f_{q1}+2\pi)k)=2.5\cos 7.2372k+1.06\cos 14.5364k \tag{7.16}$$

式(7.16)的仿真结果与图 7.5 所示的仿真曲线完全相同。可见，谐波以 2π 周期重复。因此，式(7.14)的基波频率 $\omega=2\pi f=50.02$ rad 与 $\omega=6.04$ rad 的谐波信号仿真完全相同。

图 7.5 中，二次谐波有畸变，但幅值只不到基波的 1/2。所以式(7.15)即为干式变压器卷线机跑偏信号的最简谐波模型。

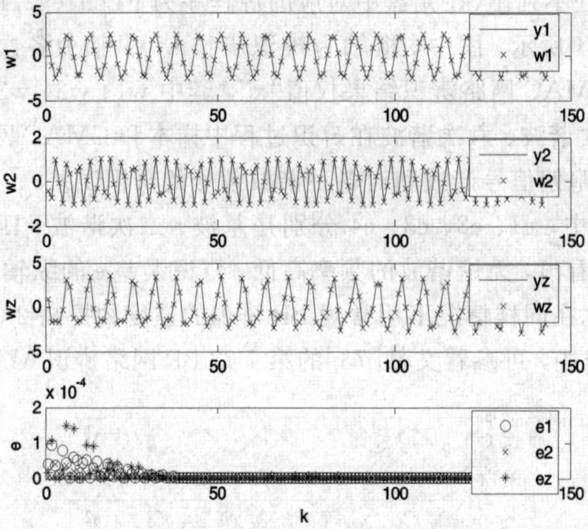

图 7.5　频率为 0.1572 Hz 取两种谐波辨识

卷线机正是依据这些谐波构成的跑偏信号不断纠偏控制以达到其控制精度，实现了卷线机绕成的干式变卷线压器铝箔偏差在 5‰之内。

该例采用 CMAC 网络对非线性函数学习过程进行了探讨，在此基础上提出了一种基于改进的 CMAC 网络对干式变压器卷线机跑偏信号谐波分析方法，经分析、推论和辨识仿真验证得到如下结论：

(1) 在检测到干式变压器卷线机跑偏信号的基础上，对不同频率的谐波进行了分析、推论，得到了干式变压器卷线机跑偏信号的最简谐波模型。

(2) 基于改进的 CMAC 神经网络的核心是网络的学习因子随误差动态调整，对干式变压器卷线机跑偏信号的最简谐波的辨识结果表明，这种方法不仅学习误差小于 2‰，而且比同样条件下采用 BP 网络辨识速度提高 20%。

(3) 采用基于改进的 CMAC 网络方便地识别出干式变压器卷线机最大跑偏信号谐波的基频最小频率范围。

该方法为准确识别大功率的卷线机跑偏信号，提高控制精度提供了依据。

7.4　改进的 CMAC 学习多维函数

例 7.4　采用改进的 CMAC 网络学习多维函数：

$$y_{\mathrm{p}}=5\sin\left(2\pi\times\frac{0.56k}{100}\right)\times 1.2\exp\left(-\frac{i}{260}\right)$$

在 MATLAB 软件中写成：

```
yp=5 * sin(2 * pi * 0.0056 * k) * 1.2 * exp(-i/260)
```

解　选择联想单元集合 $A^*=6$，权值 wa＝w1＋w2＋w3＋w4＋w5＋w6。

(1) 编程如下(在光盘中对应的源程序为 FLch7eg4.m)：

```
clear
w1=-0.1; w2=0.0; w3=0.1; w4=-0.0; w5=-0.2; w6=0.2;   %CMAC 程序初始化
N=180; N1=20; E=0.0;
b=0.013; k=0; i=0; w4=0.1; d=0.09;
for k=1: N                                   %N=180 循环开始
p=pi*0.0056*k;
for i=1: N1                                  %点循环开始
yp=5*sin(2*p)*1.2*exp(-i/260);               %取样本
for j=1: 6                                   %开始修正权值
wa=w1+w2+w3+w4+w5+w6;                        %求修正的 6 个地址单元中权值和
e=(yp-wa);                                   %求学习误差
a=b*(1-k/N);                                 %求改进 CMAC 神经网络算法的修正系数
c=d*(1-k/N);
wb=w6+a*[yp-wa];                             %计算修正后的权值
wc=w5+c*[yp-wa];
w(k, i)=wa;                                  %存储学习过程的动态权值和
e1(k, i)=e;                                  %存储学习过程的动态误差
ypp(k, i)=yp;                                %存储学习过程的样本
w1=w2; w2=w3; w3=w4; w4=w5; w5=wc; w6=wb;    %权值更新
  end                                        %完成修正权值
end                                          %点循环结束
  %if e<=E, break, else, end
end                                          %完成了 N=180 次循环
w1=w                                         %打印权值
yp1=ypp                                      %打印样本
e2=e1                                        %打印误差
  %grapher
  subplot(3, 1, 1)                           %绘制 3 行 1 列的第 1 张图样本
  mesh(ypp)
  zlabel('ypp')
  subplot(3, 1, 2)                           %绘制 3 行 1 列的第 2 张图学习结果
mesh(w)
  zlabel('w')
  subplot(3, 1, 3)                           %绘制 3 行 1 列的第 3 张图误差
  mesh(e1)
  xlabel('k'),
  ylabel('i')
  zlabel('e1')
```

程序运行结果如图 7.6 所示。由图可见，CMAC 网络学习多维函数误差在 3%之内。

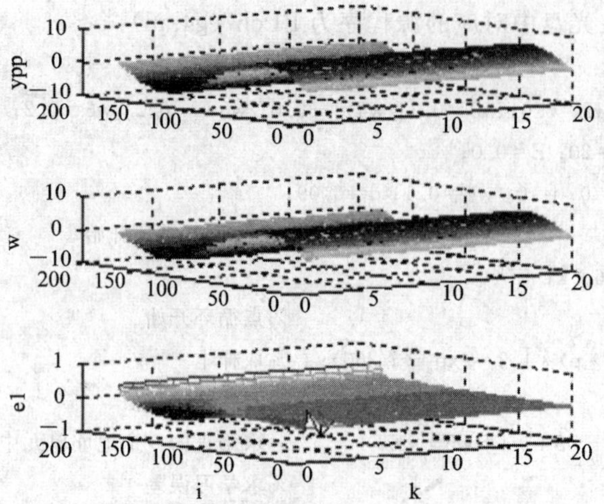

图 7.6　CMAC 网络学习多维函数程序运行结果

7.5 小　结

本章在介绍 CMAC 特点的基础上，提出并探讨了基于改进的 CMAC 的对干式变压器卷线机跑偏的非线性信号辨识的方法，对 CMAC 改进的核心是将常规 CMAC 网络学习规则中的修正因子 a 改进成随学习误差 e 的变化动态调整，然后对干式变压器卷线机跑偏谐波进行了分析和仿真；最后采用改进的 CMAC 网络学习多维函数，学习误差在 3%之内，并给出了开发的程序及其程序剖析。

习　题

1. 简述 CMAC 神经网络的特点。

2. 在 CMAC 学习过程如何在查表过程中修正地址及每个地址所对应的权值？

3. CMAC 神经网络与 BP 网络有何区别？试用 CMAC 神经网络学习 $y=\sin(2\pi\omega k)$，ω 自己选择，并将学习结果与 BP 网络的学习结果进行比较。

4. 选择联想单元集合 A^* 的多少对辨识精度有何影响？

7. 试举例说明如何用汉明距 H_{ij} 计算输入空间存储的压缩和泛化能力。

6. 小脑模型 CMAC 网络的输入空间为 $\boldsymbol{S}=[S_i\quad S_j]^{\mathrm{T}}$，对 $0<i<5$，$0<j<4$ 的输入空间范围进行编码，写出编码表，并说明你的编码泛化能力如何。

S_i	A_i^*
	A B C D
	E B C D
	…

S_j	A_j^*
	c d e f
	g d e f
	…

第 8 章　非线性动态系统其它辨识方法

非线性系统是广泛存在的，严格地讲，几乎所有的实际系统都是非线性系统。在工程中，很多非线性系统都可以用线性系统足够好地近似，但对非线性程度严重的系统必须采用特殊的方法来处理。除了以上讨论的非线性辨识方法以外，还有一些其它的处理方法。本章主要讨论非线性离散时间动态系统的辨识问题。关于非线性动态系统的辨识问题，一般可以通过最优化方法来解决，读者可参阅有关书籍，这里不再赘述。

非线性系统类型很多，不可能由一种辨识理论来解决所有非线性系统辨识问题，因此必须针对不同的非线性系统分别来研究其辨识问题。

不同类型的非线性系统可以用不同的模型来描述，其中最重要的一类模型是非线性微分方程或差分方程模型。这类模型的特点是：可以通过物理规律直接地或经过某些近似后自然地得到模型；在数值上容易处理；符合减少参数的原则。其它一些重要的已研究的非线性模型是：① 用 Volterra 级数展开表示的多项式系统；② 含有无记忆非线性的 Hammerstein 模型；③ 双线性系统模型；④ 解析－线性(Analytic－Linear)系统模型；⑤ $\dot{x}=f(x, c)(x\in \mathbf{R}^m)$ 型的自治非线性模型。

另外，还有一些特殊类型的非线性系统模型，如继电式、滞环、极限圈及混沌运动等。特别指出，用于系统辨识的神经网络加上训练后的权值和阈值参数也可以表示被辨识系统的模型。

目前，针对不同类型的非线性模型已提出了不少辨识方法。由于非线性系统的复杂性，用于辨识的数学工具也是多种多样，有的还相当深奥。限于篇幅，这里只介绍两种比较典型的非典型模型的辨识方法。

8.1　Volterra 级数的表示及其辨识方法

用多阶脉冲响应表示的 Volterra 级数可对一类广泛的非线性过程给出一般的非参数表达式。下面推导非线性系统 Volterra 级数的表达式[61]。

8.1.1　非线性系统 Volterra 级数的表示

考虑有记忆的非线性过程。假定当 $t<0$ 时，输入信号 $u(t)=0$，此外还假定这个记忆是有限的，亦即系统以前的输入对目前的输出是有影响的，但是当 τ 足够大时，$u(t-\tau)$就不再对响应 $y(t)$产生影响了。这些假定自然满足过程的稳定性和物理可实现性(但是，一个理想的积分器是有无限记忆的)。过程输入量可以通过具有有限面积的矩形脉冲来近似，

如图 8.1 所示。以时间间隔 Δt 为周期，当 $\tau \leqslant t_0$ 时，从 $u(t)$ 上得到的采样值分别记为 u_1、u_2、…、u_N。N 应该选取得足够大，使当 $n > N$ 时，u_N 将不再影响 $y(t_0)$，于是响应 $y(t_0)$ 便逼近 N 个变量的函数 $f(u_1, u_2, \cdots, u_N)$。设 $y(0) = f(0, 0, \cdots,) = 0$ 利用多维泰勒级数在零点处展开，可得到(对某一时刻 t)系统的输出为

$$\begin{aligned}\tilde{y}(t) &= (a_1u_1 + a_2u_2 + \cdots + a_Nu_N) + (a_{11}u_1^2 + a_{12}u_1u_2 + \cdots + a_{NN}u_N^2) \\ &\quad + (a_{111}u_1^3 + a_{123}u_1u_2u_3 + \cdots + a_{NNN}u_N^3) + \cdots \\ &= \sum_{i=1}^{N}a_iu_i + \sum_{i=1}^{N}\sum_{j=1}^{N}a_{ij}u_iu_j + \sum_{i=1}^{N}\sum_{j=1}^{N}\sum_{k=1}^{N}a_{ijk}u_iu_ju_k + \cdots \\ &= \tilde{y}_{\text{lin}} + \tilde{y}_{\text{quadr}} + \tilde{y}_{\text{cub}} + \cdots \end{aligned} \tag{8.1}$$

上式称为 Kolmogorov－Gabor 多项式，式中 $\tilde{y}$ 表示 y 的近似值，$\tilde{y}_{\text{lin}}$ 表示线性项求和，$\tilde{y}_{\text{quadr}}$、$\tilde{y}_{\text{cub}}$ 分别表示二次项求和及三次项求和。在前面已经指定的条件下，如果 Δt 比系统时间常数小，则 $\tilde{y}(t)$ 和 $y(t)$ 非常近似。

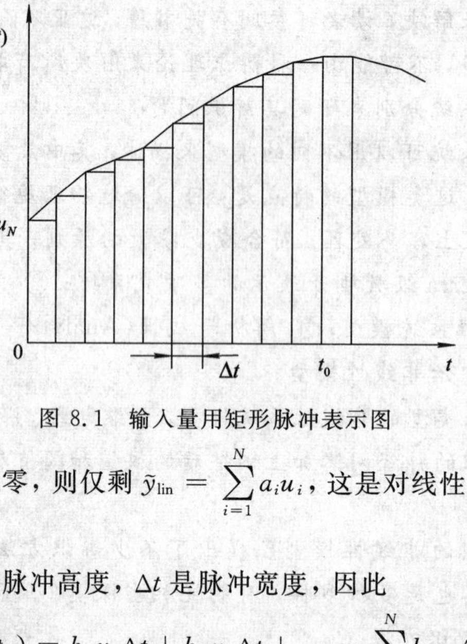

图 8.1　输入量用矩形脉冲表示图

若使所有的 a_{ij} 和 a_{ijk} 为零，则仅剩 $\tilde{y}_{\text{lin}} = \sum_{i=1}^{N}a_iu_i$，这是对线性过程的卷积积分的近似。这可作如下说明。

令 $a_i = h_i\Delta t$，其中 h_i 是脉冲高度，Δt 是脉冲宽度，因此

$$\tilde{y}_{\text{lin}}(t_0) = h_1u_1\Delta t + h_2u_2\Delta t + \cdots = \sum_{i=1}^{N}h_iu_i\Delta t \tag{8.2}$$

考虑到图 8.1 中 u_i 的编号方向，当 $\Delta t \to 0$，$N \to \infty$ 以及 $N\Delta t = t_0$ 时，此式变为

$$\tilde{y}_{\text{lin}}(t_0) = \int_0^{t_0}h_1(\tau)u(t_0 - \tau)\mathrm{d}\tau \tag{8.3}$$

这里 $h_1(\tau)$ 表示系统的一阶响应(核)，相当于线性系统的脉冲响应。若使两个脉冲加到系统上，那么对于线性和的作用遵循叠加原理：

$$h_iu_i\Delta t + h_ju_j\Delta t \tag{8.4}$$

但对平方和、立方和等的和式，脉冲间的相互作用同样是明显存在的。假定 $a_{ij} = h_{ij} \times \Delta t\Delta t$，则对 $\tilde{y}_{\text{quadr}}$ 的作用是：

$$h_{ii}u_i^2\Delta t\Delta t + 2h_{ij}u_iu_j\Delta t\Delta t + h_{jj}u_j^2\Delta t\Delta t \tag{8.5}$$

对 $\tilde{y}_{\text{quadr}}$ 取极限则变成

$$\tilde{y}_{\text{quadr}}(t_0) = \int_0^{t_0}\int_0^{t_0}h_2(\tau_1, \tau_2)u(t_0 - \tau_1)u(t_0 - \tau_2)\mathrm{d}\tau_1\mathrm{d}\tau_2 \tag{8.6}$$

在这种情况下

$$\bar{y}(t) = \bar{y}_{\text{lin}}(t) + \bar{y}_{\text{quadr}}(t) + \bar{y}_{\text{cub}}(t) + \cdots \tag{8.7}$$

就变为 Volterra 级数：

$$\begin{aligned} y(t) = & \int_0^t h_1(\tau)u(t-\tau)\mathrm{d}\tau + \int_0^t\int_0^t h_2(\tau_1, \tau_2)u(t-\tau_1)u(t-\tau_2)\mathrm{d}\tau_1\mathrm{d}\tau_2 \\ & + \int_0^t\int_0^t\int_0^t h_3(\tau_1, \tau_2, \tau_3)u(t-\tau_1)u(t-\tau_2)u(t-\tau_3)\mathrm{d}\tau_1\mathrm{d}\tau_2\mathrm{d}\tau_3 \end{aligned} \tag{8.8}$$

所以用 Volterra 级数来描述非线性过程，是用卷积积分描述线性过程的直接推广，线性系统的脉冲响应 $h(\tau)$ 被各阶脉冲响应（核）$h_1(\tau)$、$h_2(\tau_1, \tau_2)$、$h_3(\tau_1, \tau_2, \tau_3)$ 等所取代。这里称 h_i 为第 i 阶脉冲响应，称积分

$$\int_0^t\int_0^t\cdots\int_0^t h_i(\tau_1, \tau_2, \cdots, \tau_i)u(t-\tau_1)\cdots u(t-\tau_i)\mathrm{d}\tau_1\cdots\mathrm{d}\tau_i \tag{8.9}$$

为第 i 次泛函。

8.1.2 Volterra 级数的辨识

假定非线性系统是稳定的，并具备有限的建立时间，亦即该系统为有限记忆的，为了辨识内核 $h_n(\tau_1, \tau_2, \cdots, \tau_n)$，需把 Volterra 级数离散化，即用它的采样数据形式近似

$$\begin{aligned} y(k) = & \sum_{t=0}^{p} h(i)u(k-i) + \sum_{i=0}^{p}\sum_{j=0}^{p} h(i, j)u(k-i)u(k-j) \\ & + \sum_{i=0}^{p}\sum_{j=0}^{p}\sum_{m=0}^{p} h(i, j, m)u(k-i)u(k-j)u(k-m) + \cdots \end{aligned} \tag{8.10}$$

式中：$k \geqslant p$；采样周期为 T；$t_k = kT$；pT 是建立时间；$h(i) = h_1(\tau = iT)T$，$h(i, j) = h_2(\tau_1 = iT, \tau_2 = jT)T^2$ 等等。为了简化起见，在式(8.10)中省略了 T。

现在的目标就是从输入输出数据序列 $u(k)$ 和 $y(k)$ 中估计出 $h(i)$、$h(i, j)$ 等。这种估计可以很容易地用参考文献[61]第 4 章中的分阶段最小二乘估计来得到。如果取 Volterra 级数的前两项来近似，并假定系统输出端受干扰，即如图 8.2 所示，则

$$z(k) = \boldsymbol{h}^{\mathrm{T}}(k)\theta + v(k) \tag{8.11}$$

式中，$v(k)$ 是附加的随机噪声。

$$\boldsymbol{h}^{\mathrm{T}}(k) = [u(k)\cdots u(k-p) \mid u^2(k)u(k)u(k-1)\cdots u^2(k-p)] \tag{8.12}$$

$$\boldsymbol{\theta}^{\mathrm{T}} = [h(0)\cdots h(p) \mid h(0, 0)h(0, 1)\cdots h(p, p)] \tag{8.13}$$

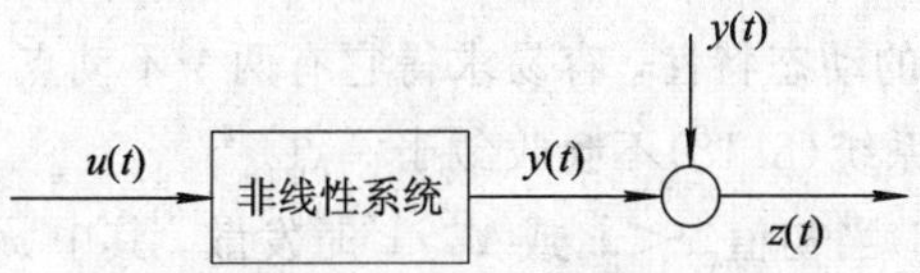

图 8.2　系统输出端受干扰（具有测量噪声）

令 $J = \sum v^2(k)$ 趋于最小，则从式(8.11)可得 θ 的最小二乘估计。J 的求和式中 $k = 1, 2, \cdots, N$，$N > \theta$ 的维数。关于 θ 的详细解法可参阅文献[61]第 6 章非线性控制系统的频域分析，先找到 Volterra 级数和广义频率响应（Generalized Frequency Response Function, GFRF）的对应关系，然后用非线性系统的 GFRF 递推算法求 Volterra 的内核 $h(\tau)$（脉冲响

应)；对 MIMO 系统，采用 MIMO 非线性系统的 GFRFM 递推算法求矩阵形式的 Volterra 的内核 $H(\tau)$，即可求出多变量系统的脉冲响应。

8.2 复杂系统的混沌现象及其辨识

混沌是非线性系统的通有行为，控制过程出现混沌现象是不可避免的。而且控制系统中经常含有不确定的因素，因此非线性控制系统比非线性自治系统更为复杂，很容易出现混沌现象。控制系统的混沌运动来自三个方面：一是非线性控制系统本身的混沌；二是控制算法带来的混沌；三是系统离散化引起的混沌。若系统模型用状态方程来描述，则对定常系统而言，只有三阶以上的系统能够产生混沌。对于时变系统能够产生混沌至少需二阶，而一阶时间延迟系统就可能有复杂运动行为。

文献[61]的第 5 章指出：混沌的控制完全不同于常用的控制问题，它有两层意思 ：一是确实消除了混沌，使系统稳定到期望点或期望的轨道；另一层含义是抑制混沌，将其幅值减小到期望的范围之内。混沌的同步属于混沌的控制范围，它是在给定的相空间锁定相轨迹，即混沌的同步是控制的轨迹跟踪期望轨迹的一类特殊控制问题。

8.2.1 反馈系统和优化过程中的混沌现象

1. 反馈控制引起的混沌

考虑具有反馈延迟的离散控制系统：

$$x_{k+1} = f(x_k) + u_k,\ u_k = u(x_{k-\tau}) \tag{8.14}$$

其相应的闭环系统为

$$x_{k+1} = f(x_k) + u(x_{k-\tau}) = F(x_k,\ x_{k-\tau}) \tag{8.15}$$

延迟系统比相应的无延迟系统具有更丰富的动态特性。文献[71]通过研究一类二次映射来加以说明。考虑

$$f(x_k) = 1 - ax_k^2,\ u(x_{k-\tau}) = bx_k - \tau \tag{8.16}$$

取 $a=1.4$，$b=0.3$，则

$$\tau \neq 0:\ x_{k+1} = 1 - 1.4x_k^2 + u_k,\ u_k = 0.3x_{k-\tau} \tag{8.17}$$

$$\tau = 0:\ x_{k+1} = 1 - 1.4x_k^2 + 0.3x_k \overset{\text{def}}{=} F(k) \tag{8.18}$$

先研究无延迟系统(8.18)的动态特性。容易求得它有两个不动点 $x_1=0.63$ 和 $x_2=-1.13$，且均不稳定(排斥子)，故系统(8.18)不会收敛于一点。

定理 8.1 系统(8.18)当初值 $x<x_1$ 或 $x>x'$ 时发散，其中 $x'=1.77$。

可以证明，系统(8.18)具有不变区间 $I=[x_1,\ x']$，在 I 上非拓扑传递。

利用大量仿真数据可算得系统(8.18)在 I 内的 Lyapunov 指数 $\sigma<0$，故它不可能呈混沌态。但它在 I 内不收敛于一点，又不发散，故只能是周期或拟圆周运动。

再考虑延迟系统(8.17)。取 $\tau=1$ 时便得到著名的 Henon 映射，而 Henon 映射是混沌的，可见，反馈延迟引起了混沌动态行为。

下面讨论连续非线性闭环系统：

$$\begin{cases}\dot{x} = f(x) + u \\ u = g(x(t-t))\end{cases} \tag{8.19}$$

式(8.19)可改写为

$$\dot{x} = f(x) + g(x(t-\tau)) \triangleq F(x, x_\tau) \tag{8.20}$$

式中，$x_\tau = x(t-\tau)$。设 x^* 是式(8.20)的一个平衡点，在 x^* 附近展成泰勒级数并保留到一次项，可得

$$\dot{z} = az + bz_\tau \tag{8.21}$$

式中，$z = x - x^*$，$a = \left.\dfrac{\partial F}{\partial x}\right|_{x=x^*}$，$b = \left.\dfrac{\partial F}{\partial x_\tau}\right|_{x_\tau = x^*}$，则式(8.20)在 x^* 附近的局部稳定性可通过研究式(8.21)得到，对此有如下主要的结果。

定理 8.2　如果式(8.21)满足 $|b| < |a|$ 或 $|b| > |a|$，且 $\tau < \arccos(-a/b)\sqrt{b^2 - a^2}$，则 $\mathrm{Re}(\lambda) < 0$，此时，x^* 即为式(8.20)的一个局部渐近稳定平衡点。

若有 $|b| < |a|$，则由该定理立即得出，当 $\tau \geqslant \arccos(-a/b)\sqrt{b^2 - a^2}$ 时，平衡点将失稳，从而使得式(8.20)的动力学变得复杂起来。随着延迟时间的增加，系统将表现出从振荡直到混沌等一系列复杂的动态。因此，对于任何实际的反馈控制系统，当系统中存在着明显的非线性时，设计控制算法必须考虑完成该算法所需的时间，它应使系统总的延迟时间不超过上述定理所界定的范围。

2. 动态系统优化引起的混沌

考虑一类带参数 a 的非线性动态系统：

$$x_{k+1} = F(a, x_k),\ k = 0, 1, 2, \cdots \tag{8.22}$$

其中 $F: R \to R$，$a \in \Omega$ 为待优化的参数，Ω 是容许参数集合。对系统(8.22)的参数 a 进行优化，即求出某一 $a = a^* \in \Omega$ 使目标函数 J 最优。比如定义 J 为

$$\max_a J = \sum_{k=0}^{N-1} f(a, x_k) \tag{8.23}$$

该优化问题的直接解析求解可利用拉格朗日乘子法和离散变分法，也可进行数值计算。讨论优化问题时常把注意力集中于优化目标上而忽视系统的动态行为。当

$$x_{k+1} = F(a^*, x_k),\ k = 0, 1, 2, \cdots \tag{8.24}$$

这是一维迭代映射，其稳定性和动态行为可应用文献[61]的第 2 和第 3 章的中心流行定理及结构稳定性的方法加以处理。不同的参数 a 往往得出不同的目标值，也可能导致完全不同的动态行为，甚至出现混沌。下面举例说明。

考虑典型系统：

$$x_{k+1} = F(a, x_k) = ax_k(1 - x_k),\ x_0 = 0.4,\ A = [1, 4] \tag{8.25}$$

取 $\max\limits_a J_1 = \sum\limits_{k=0}^{100} x_k$ 时，$a^* \approx 3.709$，对应的 $\max\limits_a J_1 = 67.777$。若取 $\max\limits_a J_1 = \sum\limits_{k=0}^{100} x_k^2$ 进行优化，也能得到几乎同样的 a^*，在 A 内的 $(J_i \sim a)$，$i = 1, 2$ 仿真表明，在 $a = a^*$ 时，$i = 1, 2$ 两种情况均出现混沌。

3. 采样控制系统的分叉与混沌

有许多原因导致连续系统的离散化，如计算机控制、数值计算等。用离散化技术处理连续系统时离散步长或周期是一个重要参数，它对信号恢复和系统稳定性等都有一定影

响。这里从动态系统理论的角度来研究这一问题。

考虑一维非线性反馈控制系统：

$$\dot{x} = f(x) + u(t), \quad u(t) = u(x) \tag{8.26}$$

其闭环控制系统为

$$\dot{x} = f(x) + u(x) \triangleq G(x) \tag{8.27}$$

可采用多种方法将连续系统(8.27)离散化，一种简单的前向差分法表示为

$$\dot{x} \approx \frac{x_{k-1} - x_k}{T}, \quad x(t) = x_k \tag{8.28}$$

其中 T 为采样周期。于是，闭环系统(8.27)近似为

$$x_{k-1} = x_k + TG(x_k) \triangleq F(x_k T), \quad k = 1, 2, \cdots \tag{8.29}$$

容易证明，系统(8.27)的平衡点 x' 即为相应离散系统(8.29)的不动点 x^f，并且：若 x' 不稳定，则 x^f 不稳定；若 x^f 稳定，则 x' 稳定。随着采样周期 T 的变化，离散系统(8.29)呈现出比连续系统(8.27)更为丰富的动态特性，如奇异吸引子和混沌等。

定理 8.3　当系统(8.29)的不动点 x^f 满足 $G'(x^f)<0$ 时，若 $0<T<-2/G'(x^f)$，则 x^f 稳定；若 $T>-2/G'(x^f)$，则 x' 不稳定。

证明　因 $G'(x^f)<0$，故当 $0<T<-2/G'(x^f)$ 或 $T>-2/G'(x^f)$ 时，$|F'(x^f)| = |1+TG'(x^f)|$ 分别大于 1 和小于 1，于是由稳定性定义，可知 x' 分别是稳定的和不稳定的。

定理 8.4　当系统(8.29)的不动点 x^f 满足 $G'(x^f)<0$ 时，若 T 由小到大穿越 $T=-2/G'(x^f)$，则系统产生分叉。

下面通过一个实例，分析采样周期 T 变化引起的分叉和混沌的机理。设

$$f(x) = ax^3 - bx,\ u(x) = -c(x),\ a > 0,\ b > 0,\ c > 0 \tag{8.30}$$

进而设反馈系数 $c=a-b$，则式(8.27)和式(8.29)分别写成

$$\dot{x} = a(x^3 - x) = G(x) \tag{8.31}$$

$$x_{k+1} = x_k + T[a(x_k^3 - x_k)] = F(x_k, T) \tag{8.32}$$

系统(8.31)有三个平衡点 $x_1^c=0$，$x_{2,3}^c=\pm 1$，且 x_1^c 稳定，$x_{2,3}^c$ 不稳定。而式(8.32)有三个不动点 $x_i^f=x_i^c(i=1,2,3)$，并且 $x_{2,3}^f$ 不稳定。若采样周期 T 由小到大穿越 $T=-2/a$，则 x_1^f 由稳定变为不稳定(定理 8.3)，产生分叉(定理 8.4)。

定理 8.5　当采样周期 $T=4/a$ 时，离散控制系统(8.32)在不变区间 $I=[-1,1]$ 内呈混沌状态，证明见文献[61]的 5.2 节。

8.2.2　基于控制理论的混沌分析方法

传统的控制理论也可以用来处理控制系统中的混沌现象，下面介绍利用描述函数分析混沌。

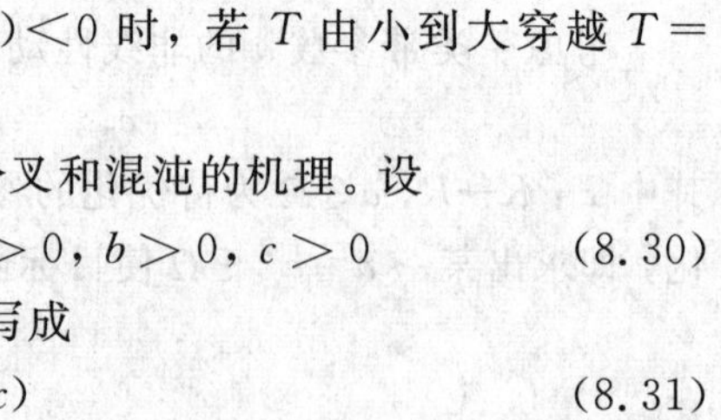

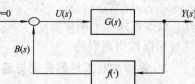

图 8.3　非线性反馈控制系统

对于图 8.3 所示的一类典型的非线性控制系统，可由下式描述：

$$G(s) = \frac{k(s^{n-1} + b_{n-1}s^{n-2} + \cdots + b_2 s + b_1)}{s^n + a_n s^{n-1} + \cdots + a_2 s + a_1} \tag{8.33}$$

式中，k 为大于零的可调增益。系统的平衡点可由下

述方程得到：

$$y + G(0)f(y) = 0 \tag{8.34}$$

设它的解是 $y=E_i(i=1, 2, \cdots)$。现设 $r=0$，作如下假设：

假设 8.1　系统输出形式为 $y_0(t)=A+B\sin\omega t(B>0, \omega>0)$。

假设 8.2　非线性输出，即 $f[y_0(t)]$可由傅立叶级数展开成：

$$f(y(t)) = F_0(A, B, \omega) + \sum_{k=1}^{\infty}(F_{KR}(A, B, \omega)\sin k\omega t + F_{KI}(A, B, \omega)\cos k\omega t) \tag{8.35}$$

这里 F_{KR}、F_{KI}是相应的谐波系数。忽略式(8.35)中的高次谐波，得

$$N_0 = \frac{F_0}{A}, \quad N_1 = \frac{F_{1R} + jF_{1I}}{B}$$

$$N_0(A, B) = \frac{1}{2\pi A}\int_{-\pi}^{\pi} f(A + B\sin\varphi)\mathrm{d}\varphi \tag{8.36}$$

$$N_1(A, B) = \frac{1}{\pi B}\int_{-\pi}^{\pi} f(A + B\sin\varphi)\mathrm{d}\varphi \tag{8.37}$$

分析表明，当系统的极限环和具有稳定特征的平衡点产生交互作用，且系统具有一定的滤波作用时，反馈系统会产生混沌运动。

定理 8.6　Lur'e 非线性反馈系统当其极限环和平衡点相互作用时，系统能够产生混沌的近似必要条件为

$$B \geqslant |E - A| \tag{8.38}$$

对实际的 Lur'e 非线性反馈系统，可按下列步骤分析其混沌现象：

(1) 解 $A[1+G(0)N_0(A, B)=0]$和 $1+G(j\omega)N_1(A, B)=0$ 可得极限环 $y=y_0(t)$存在的条件；

(2) 解方程 $y+G(0)f(y)=0$ 得系统的平衡点 $y=E_i(i=1, 2, \cdots)$；

(3) 由劳斯判据和奈奎斯特稳定性判据可获得平衡点和极限环的稳定性；

(4) 由 $y_0(t)=A+B\sin\omega t(B\geqslant|E-A|)$，即可得到极限环和平衡点相互作用的条件。

若图 8.3 中非线性反馈环节取为 $f[y(t)]=y^3(t)/3$，前向通路环节为

$$G(s) = \frac{k(s^2 + b_2 s + b_1)}{s^3 + a_3 s^2 + a_2 s + a_1} \qquad (k > 0)$$

可解得系统的输出平衡点为

$$E_1 = \sqrt{-3a_1/kb_1},\ E_2 = 0,\ E_3 = -\sqrt{-3a_1/kb_1} \quad (k > 0,\ a_1 b_1 < 0)$$

由于它为三阶系统，从而可能出现复杂运动行为。此时系统的闭环极点具有以下特征：实部有正有负；无零实部极点(即虚轴上无极点)；所有极点之和小于零；存在复共轭极点。这些保证了系统是耗散的，具有有界、总体吸引、局部排斥等特性。这时系统在稳定的流形上能收缩，在不稳定的流形上可以扩张。现考虑直流分量为零的情况，应用上述步骤对该系统进行分析，可得出下列结论：

定理 8.7　对图 8.3 所示的非线性系统，若

$$G(s) = \frac{k(s^2 + b_2 s + b_1)}{s^3 + a_3 s^2 + a_2 s + a_1} \quad (k > 0), \qquad f[y(t)] = \frac{y^3(t)}{3}$$

则当参数 $a_i(i=1, 2, 3)$、$b_i(i=1, 2)$同时满足如下条件 1 和条件 2 时，则系统随 k 变化会

出现混沌运动。

条件 1：$(a_2+a_3b_2-b_1)^2>4b_2(a_3a_2-a_1)$ (8.39)

条件 2：(1) $b_1>0$，$\Delta>a_2+a_3b_2-b_1$；

(2) $b_2>0$，$\Delta<a_2+a_3b_2-b_1$；

(3) $b_1<0$，$\Delta<-(a_2+a_3b_2-b_1)$； (8.40)

(4) $b_2<0$，$\Delta>-(a_2+a_3b_2-b_1)$

其中 $\Delta=\sqrt{(a_2+a_3b_2-b_1)^2-4b_2(a_3a_2-a_1)}$。

例 8.1 考虑系统 $G(s)=\dfrac{k(s^2+3s+66.25)}{s^3+0.5s^2+7s-15}$，其零点为 $z_1=-1.5-8j$，$z_2=-1.5+8j$，极点为 $S_1=-1-3j$，$S_2=-1+3j$，$S_3=1.5$。极点分布具有上面的四个特征，系数 $a_i(i=1, 2, 3)$、$b_i(i=1, 2)$满足定理 8.7，故系统参数 k 的变化会出现混沌运动。

8.2.3 混沌识别与混沌系统辨识

1. 未知模型时混沌系统的识别

对于大多数情况，人们并不了解系统的精确数学模型，甚至连系统的阶次也不知道，只能得到一组输入输出数据，即系统某些状态的时间序列。而且这种未知结构系统往往具有不可测量的噪声。这就是第 1 章所述的“黑箱”辨识问题，即具有不可测输入激励的未知结构的动力系统。对这种“黑箱”系统，首先必须解决的是如何区分混沌与噪声，即对混沌姿态进行识别。

对于时间序列中的噪声，一般来说分为两种，即动力学噪声和观测噪声，这两种噪声对系统的分析都有重大的影响。使用计算得到的关联维数可以区分混沌与噪声。对于混沌运动，随着嵌入维数 d 的增大，关联维数 D 将收敛于某一确定值；而对于噪声，关联维数将随着嵌入维数的增大而增大，如图 8.4 中嵌入维数 d 与关联维数 D 的关系。但有时用关联维数来分析系统的混沌非线性性质是失效的。

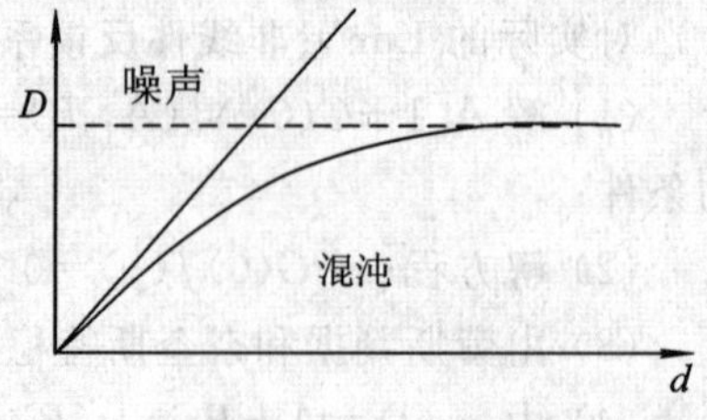

图 8.4　嵌入维数与关联维数的关系

对于未知模型混沌系统的具体识别方法主要有三种：序列的可预测性方法、非线性预报方法和替代数据法。

1) 序列的可预测性方法

由于混沌是“无序中的有序”，混沌时间序列是短期可预测而长期不可预测的，噪声是不可预测的，故由序列的可预测特性来区分混沌与噪声。对于一个时间序列来说，首先要进行相对空间重构，在此基础上分析序列的可预测特性，具体由原始序列和预测序列的相关系数 r 来表示：

$$r=\frac{\sum_{n=1}^{p}(x(n)-\bar{x})(\hat{x}(n)-\hat{x})}{\sqrt{\sum_{n=1}^{p}(x(n)-\bar{x})^2}\sqrt{\sum_{n=1}^{p}(\hat{x}(n)-\bar{\hat{x}})^2}} \tag{8.41}$$

其中，$x(n)$、$\hat{x}(n)$分别为序列的实际值和预测值，$\bar{x}$,$\bar{\hat{x}}$分别为相应的均值，p 为预测总的点数。嵌入维数和预测步数都对 r 有影响。

改变嵌入维数 d 对序列作单步预测时，对于混沌时间序列而言，开始阶段 r 达到最大值。而随后，r 随嵌入维数的增加而减小。对于噪声时间序列而言，r 几乎不随嵌入维数改变。

取 r 最大时的嵌入维数 d 值对序列作多步预测。对于混沌序列而言，r 随预测步数的增加而急剧下降；而随机噪声序列则几乎为零，不改变。

2) 非线性预报方法

1990 年，Sufihara 和 May 提出了一种具有动态分析实验数据特点的非线性预报方法。其基本思想是混沌运动虽然对初值敏感，长期不可预测，但由于它具有确定性运动的特征，短期可以预测，这样就可以较好地区分混沌和噪声。

依据非线性预报法的原理，下面给出这种用于区分混沌与噪声方法的实现算法。

算法 8.1　非线性预报方法：

(1) 先将序列 $\{u(k)\}$ 分为两半，前一半 $N/2$ 个数用作预报，后一半数则用于比较预报与实际序列值的差别。

(2) 取 $(\Delta u(k)=u(k+1)-u(k)$，$k=1, 2, \cdots, N/2$。

(3) 选定嵌入维数 d 和时间延迟 τ，并形成 d 个数的数列 $(\Delta u(k), \Delta u(k+\tau), \cdots, \Delta u(k+(d-1)\tau))$，它表示 d 维空间的一个点 $x(k)$。

(4) 在 $x(k)$ 所有的邻点中，按照与 $x(k)$ 距离最小的原则，选出 $d+1$ 个 d 维的邻点 $x(i)$，构成包含 $x(k)$ 点的最小单纯形。

(5) 通过上面的邻点 $x(i)(i=1, 2, \cdots, d+1)$ 和时间 $T_p=p\tau$（p 为预报的步数）后的演化点 $x^p(i)$，以各邻点与其 p 步预测后的点 $x(i)$ 距离的指数作为权重，按下式确定：

$$\overline{x^p(i)}=\frac{1}{i-1}\sum_{i=1}^{d+1}\exp(-\|x(k)-x(i)\|)x^p(i) \tag{8.42}$$

(6) 以 $x(k)$ 点 p 步后的实际值为横坐标，$x(k)$ 点 p 步后的预报值 $\overline{x^p(k)}$ 为纵坐标，作对应的坐标图。如果点聚集在两坐标的对角线附近，则表示预报准确，时间序列可以预测，即此序列是混沌的；否则，说明该序列是随机序列。

3) 替代数据法

Oshome 和 Theiler 等基于随机系统中零假设的概念，提出了一种利用替代数据，即直接由原始时间序列产生随机数据的统计量，来判定该序列非线性的特性。这种方法是目前区分混沌与噪声比较好的方法，在实际对象中非常实用。

替代数据法是一种统计检验方法，它的基本思想是假设所研究的时间序列为具有某种特性的非线性随机过程，如非线性高斯过程，然后用特定的方法对原始数据进行随机化，并根据原假设保留数据的某些非线性特性，如均值、方差、频谱等，这就是所谓的替代数据。随后对原始数据和替代数据分别计算某些检验参量，再用数理统计方法来确定两者之间是否有显著差异。如果有，则假设不成立，说明研究对象不是所假设的非线性随机系统。

为了检验原始数据和替代数据是否存在显著差异，需要计算某些非线性特性的统计参量。目前常用的检验参量有关联维数、李雅普诺夫分析、非线性预测误差、局部流等方法。

替代数据法一般的研究步骤如下：

(1) 需要确定原假设 H_0，一般假设原序列为一非线性随机过程。

(2) 对原序列随机化，产生所需要的替代数据，并使替代数据保留原序列在原假设 H_0 下的非线性特性。

(3) 选择非线性检验参量。

(4) 分别计算原始数据和替代数据的检验参量，并用数理统计方法来确定原假设 H_0 是否成立。

目前常用的替代数据法有三种：随机化相为替代数据、混序傅立叶变换替代数据和高斯标度替代数据。随机化相为替代数据对原序列相位加入具有某种特性的均匀分布的随机变量；混序傅立叶变换替代则对随机化相为替代数据保持幅值不变，而重新进行升序或降序排列处理；而高斯标度替代数据则对原序列相位加入高斯分布的随机序列，再产生随机化相位高斯过程(有色噪声)。依据随机化相为替代数据法的原理，下面给出这种用于区分混沌与噪声方法的实现算法。

设$\{u(k)\}(k=1, 2, \cdots, N)$为从试验中获得的一组反映系统状态的时间序列。

算法 8.2 替代数据法步骤：

(1) 对时间序列 $u(k)=u(k, \Delta k)(k=0, 1, 2, \cdots, N-1)$，作傅立叶变换：

$$U(\omega) = \frac{1}{2\pi}\sum_{k=1}^{N-1} u(k, \Delta t)\mathrm{e}^{\mathrm{j}k\omega\Delta t} \tag{8.43}$$

或

$$U(\omega) = A(\omega)\mathrm{e}^{\mathrm{j}\varphi(\omega)} \quad \omega = 0, \pm\Delta\omega, \cdots, \pm N\Delta\omega, \Delta\omega = \frac{1}{N\Delta t} \tag{8.44}$$

(2) 对频率变换 $U(\omega)$增加一个均匀分布在区间$(0, 2\pi)$的随机量 $\Psi(\omega)$，并使 $\Psi(\omega)=\varphi(-\omega)$，则有

$$\overline{U(\omega)} = A(\omega)\mathrm{e}^{\mathrm{j}(\varphi(\omega)+\Psi(\omega))} \tag{8.45}$$

(3) 对$\overline{U(\omega)}$进行傅立叶反变换，即可得替代时间序列：

$$u(k) = \frac{1}{N}\sum_{i=0}^{N-1} \overline{U(\omega)}\mathrm{e}^{-k(2\pi jk/N)} \tag{8.46}$$

(4) 进行显著性检验：

$$\eta = \frac{|Q_0 - uH|}{\sigma H} \tag{8.47}$$

式中，Q_0为原始序列的一个判别统计量，uH 和 σH 分别是替代数据对应的统计量Q_0的均值和方差。

(5) 判别：如果步骤(4)中的 η 大，则表示替代数据和原始数据有显著差异，即说明有非线性序列存在；否则，说明该时间序列是噪声。

2. 混沌系统的辨识

混沌的辨识是指确定一个混沌系统的数学模型，包括结构辨识和参数辨识两部分。为了能从时间序列中得到动力系统相空间的几何机构，Packard 等人做了创造性工作，他们把一维时间序列嵌入到 d 维空间中，采用时间延迟技术重构相空间，Takens 和 Mane 证明了只要 $d>2D+1$，其中 D 为吸引子的分维数，则映射

$$\Psi: R^n \to R^m, R^n \text{ 为相空间}, R^m \text{ 为嵌入空间}$$

是在吸引子附近的光滑、一对一映射，从而嵌入空间中吸引子的几何特性与原动力系统中

的几何特性等价。1985 年，Eekman 等人证明了只要 $d>D$，嵌入空间中点集的维数就等价于吸引子的维数，从而解决了相空间重构理论中的一个重要问题。理论上讲对于具有无穷精度的无限长时间序列，延迟参数 τ 的选取是可以任意的，d 只需要大于 D。而在实际应用中，$(d-1)\tau$ 中 d 和 τ 的选取十分重要。若 τ 太小，则嵌入空间中相点矢量各分量的冗余度会增大，而太大会造成分维估计值偏大，使相点矢量各分量近似相等，在相空间中吸引分子就会成为一条对角直线。Broomhed 和 King 提出了一种主分量分析法，即先选定 $(d-1)$ 值，在增加 d 的同时，减少 τ，但保持 $(d-1)\tau$ 不变。另外，还可用线性不相关时间、交互信息时间和拓扑原则来重构相空间。相空间重构的方法比较成熟，但只是在某种意义下等价重构出原系统一些重要的动力学特性，并非与原系统完全等价。

至于对于混沌系统如何获得其精确的数学模型，进行具体的参数辨识，是一个有待于深入研究的问题，目前报道这方面的文献很少。Qammer、Aruirre 等在这方面做了一定的工作。他们所得到的辨识方法和传统的控制理论中的辨识不同，但由于这些方法计算量大，因此很难用于在线控制。Ljung 阐明可以用传统控制理论中的辨识方法如最小二乘法、递推最小方差法来确定混沌系统的模型。采用这种方法一般需先选择一类模型，然后对这类模型利用模型检验和代价最小的方法进行适当选择，不具有普遍性。

8.3　小　结

本章介绍了复杂非线性动态系统辨识的两种方法。一种是 Volterra 级数的表示及其辨识方法，先找到 Volterra 级数和广义频率响应(GFRF)的对应关系，然后用非线性系统的 GFRF 递推算法求 Volterra 的内核 $h(\tau)$，即系统的脉冲响应；另一种是复杂系统的混沌现象及其辨识，讨论了三种对于未知模型混沌系统的具体识别方法，即序列的可预测性方法、非线性预报方法和替代数据法。只有识别混沌，才能进而控制混沌或诱导混沌。至于对于混沌系统如何获得其精确的数学模型，进行具体的参数辨识，则是一个有待深入研究的问题。

思　考　题

1. 试用 Volterra 级数来描述二阶非线性系统的脉冲响应。
2. 如何区分混沌和噪声？
3. 未知模型混沌系统的具体识别方法有哪几种？
4. 抑制混沌和诱导混沌的实质是什么？

光盘附件目录

参 考 文 献

[1] Guo Yuzhu，Zhao Yifan，Billings S A. Identification of excitable media using a scalar coupled map lattice model. International Journal of Bifurcation and Chaos[J]. 2010，20(7)：2137－2150
[2] 李鹏波，胡德文，张纪阳. 系统辨识[M]. 北京：中国水利水电出版社，2010
[3] 刘党辉，蔡远文，苏永芝. 系统辨识方法及应用[M]. 北京：国防工业出版社，2010
[4] 王志贤. 最优状态估计与系统辨识[M]. 西安：西北工业大学出版社，2004
[5] 丁锋. 系统辨识新论[M]. 北京：科学出版社，2013
[6] 刘金琨，沈晓蓉，赵龙. 系统辨识理论及 MATLAB 仿真[M]. 北京：电子工业出版社，2013
[7] Zhang B，Lang Z Q，Billings S A. System identification methods for metal rubber devices[J]. Mechanical Systems and Signal Processing，2013，39(2)：207－226
[8] Nehmzow U. I，Akanyeti O. Towards modelling complex robot training tasks through system identification[J]. Robotics and Autonomous Systems，2010，58(3)：265－275
[9] 曾操，廖桂生. 基于样本加权的三通道 SAR－GMTI 机载数据处理及性能分析[J]，电子学报，2009，37(3)：506－512
[10] Paul Harris，Sarah Lindley，Martin Gallagher. Identification and verification of ultrafine particle affinity zones in urban neighbourhoods[J]. Sample design and data preprocessing. 2009，8(Suppl 1)：1－6
[11] Erickson W，Séverine Coquoz，et al. Large-scale analysis of high-speed atomic force microscopy data sets using adaptive image processing[J]. Journal of Nanotechnology terms and conditions，2012，3，747－758
[12] Wang Yingxu，Chen Fugui，Qu Xilong. Research and Application of Large-Scale Data Set Processing Based on SVM[J]. Journal of Convergence Information Technology，2012，7(16)：195－200
[13] Laurent Vermeiren，Thierry Marie Guerra，Hakim Lamara. Application of practical fuzzy arithmetic to fuzzy internal model control[J]. Engineering Applications of Artificial Intelligence，2011(24)：1006－1017
[14] VINOPRABA T. SIVAKUMARAN N，NARAYANAN S. Design of internal model control based fractional order PID controller[J]. Control Theory Appl，2012 10 (3)：297－302
[15] 宋文祥，尹赟. 一种基于内模控制的三相电压型 PWM 整流器控制方法[J]. 电工技术学报，2012，27(12)：94－101
[16] 靳其兵，权玲，王学伟. 改进的内模控制方法对一阶非自衡对象的控制研究[J]. 化工自动化及仪表，2010，37(7)：10－12
[17] 韩超远，董秀成. 神经网络内模控制在非线性时滞系统中的应用研究[J]. 计算机应用研究，2011，29(5)：1784－1786
[18] 李正涛，卢丽丽，王鹏. 内模控制及其仿真应用[J]. 中国科技信息，2010(23)：36，39－41
[19] 靳其兵，刘斯文，权玲. 基于奇异值分解的内模控制方法及在非方系统中的应用[J]. 自动化学报，2011，37(3)：354－359
[20] 戴文战，丁良，杨爱萍. 内模控制研究进展[J]，控制工程，2011，18(4)：487－493
[21] 吴重光. 系统建模与仿真[M]. 北京：清华大学出版社，2008

[22] 龚金鑫，李荣庆. 小样本问题的概率分析及工程应用[J]. 大连理工大学学报，2010，50(1)：87-92
[23] 陈果，周伽. 小样本数据的支持向量机回归模型参数及预测区间研究[J]. 计量学报，2013，29(1)：92—96
[24] 杜京义，侯媛彬. 基于核算法的故障诊断理论及其方法研究[M]. 北京：北京大学出版社，2010
[25] 卞亦文. 大样本数据聚类的改进算法[J]. 控制与决策，2009，171(1)：11-13
[26] 朱德新，宋雅娟. 海量数据分析及处理算法实现[J]. 长春大学学报，2011，21(8)：42-45
[27] Nguyen Thail, Liao Yuan. Short-term load forecasting based on adaptive Neuro-Fuzzyinference system[J]. Journal of Computers, 2011, 6(11): 2267-2271
[28] Nguyen1 Thai, Liao Yuan. Transmission line fault type classification based on novel features and neuro-fuzzy system[J]. Electric Power Components and Systems, 2010, 38(6): 695-709
[29] Qureshi M F, Jha Manoj, Rathore A. Pittsburgh approach of genetic fuzzy system control for realtime power system stabilization[J]. Advances in Modelling and Analysis, 2012. 67(2): 60-82
[30] Yadav P K, Pradhan P. A fuzzy clustering method to minimize the inter task communication effect for optimal utilization of processor's capacity in distributed real time systems[J]. Advances in Intelligent and Soft Computing, 2012, 130(1): 154-168
[31] 要艳静，王晶，潘立登. 多变量多时滞非方系统的解耦内模控制[J].化工学报，2008，59 (7)：1737-1742.
[32] Da Cunha Santos, Fernanda Maria, et al. On the application of intelligent systems for fault diagnosis in induction motors[J]. Controle Autom, 2012, 23(5): 553-569
[33] 徐承伟，吕勇哉. 模糊系统的串联补偿解耦[J]. 自动化学报，1987，13(3)：177-183
[34] Sprungk Björn, Van Den Boogaart K. Gerald. Stochastic differential equations with fuzzy drift and diffusion[J]. Fuzzy Sets and Systems, 2013, 230: 53-64
[35] 王殿辉，柴天佑，张化光. 一种Fuzzy推理合成的新算法[J]. 控制与决策，1994，9(1)：59-63
[36] Chiou-Jye Huang, Tzuu-Hseng S. Li, etc. Fuzzy Feedback Linearization Control for MIMO Nonlinear System and Its Application to Full-Vehicle[J], Circuits Syst Signal Process, 2009, 28(10): 959-991
[37] Mallick Sourav Acharjee P, Ghoshal S P. Determination of maximum load margin using fuzzy logic [J]. International Journal of Electrical Power and Energy Systems, 2013, 52(1): 231-246
[38] Mehrsai Afshin, Karimi Hamid-Reza, Scholz-Reiter Bernd. Toward learning autonomous pallets by using fuzzy rules, applied in a Conwip system[J]. International Journal of Advanced Manufacturing Technology, 2013, 64(5-8): 1131-1150
[39] 王敏，张科，崇阳. 一种双模糊解耦控制器的设计与仿真[J]. 科技技术与工程，2013，13(10)：2695-2698
[40] 郭西进，高警卫，沈磊. 重介选煤工艺多参数的模糊解耦控制研究[J]. 选煤技术，2012(3)：79-82
[41] 彭斐，彭勇刚，韦巍. 注塑机料桶温度模糊解耦控制系统[J]. 工程塑料应用，2010，38(3)：71-74
[42] 平玉环，于希宁，孙剑. 多变量系统模糊解耦方法综述[J]. 仪器仪表用户，2010，17(1)：1-2
[43] 庞中华，崔红. 系统辨识与自适应控制 MATLAB 仿真[M]. 北京：北京航空航天大学出版社，2009
[44] 李言俊. 系统辨识理论及应用[M]. 北京：国防工业出版社，2012
[45] 方崇智，萧德云. 过程辨识[M]. 北京：清华大学出版社，2000
[46] 易继锴，侯媛彬. 智能控制技术[M]. 北京：北京工业大学出版社，2007

[47] 侯媛彬，韩崇昭. 能对非线性多变量解耦的神经网络[J]. 软件学报，1997，8(增刊)：105－108

[48] 侯媛彬，易继锴. 降低一类神经网络灵敏度的理论和方法的研究[J]. 公路交通大学学报，1998，18(4)：115－118

[49] 侯媛彬. 提高神经网络收敛速度的一种赋初值算法研究[D]. 模式识别与人工智能，2001，14(4)：385－389

[50] 侯媛彬. 一类非线性动态系统建模与控制研究[D]. 博士学位论文，A397339，西安交通大学，1997

[51] Hou Yuanbin. A Decoupling Control Method with Improving Genetic Algorithm[C]. IEEE，ICMLC02 (The First International Conference on Machine Learning and Cybernetics)，2002(4－5)：2112－2115

[52] Hou Yuanbin，Yi Jikai. Nonlinear Identification Control and Chaos[J]. Journal of The Beijing Polytechnic University. 1997，23(3)：91－98

[53] Wang Mei，Hou Yuanbin，etc. Intelligent System of Cable Fault Location and Its Data Fusion[C]. ICMLC'02(The First International Conference on Machine Learning and Cybernetics，2002(4－5)：788－790

[54] 侯媛彬，等. 带管理器的单神经元实时控制非线性系统方案的实现[J]. 信息与控制，1999，28(5)：378－382

[55] 侯媛彬，高云，汪梅. 隶属函数型神经网络与模糊控制融合的解耦方法[C]. 控制与决策学术年会论文集，2001，5：539－543

[56] 侯媛彬，杜京义，汪梅. 神经网络[M]. 西安：西安电子科技大学出版社，2007

[57] 侯媛彬，祝海江. 一种改进适应度函数的遗传神经解耦控制器[C]. 第四届全球智能控制会议，2002，6：2883－2886

[58] 侯媛彬，李宁. 基于改进极大似然的随机噪声非线性系统辨识[J]. 噪声与振动控制，2010，30(6)：136－139

[59] Hou Yuanbin，Li Ning. Fault diagnosis of conveyance machine based on fuzzy support vector[J]. Advances in Science and Engineering Ⅱ，2011，135－136(2)：547－552

[60] 侯媛彬，杜京义. 改进小脑模型网络对轧辊偏心谐波的分频辨识[J]. 中国机械工程. 2007，18(8)：938－940

[61] 曹建福，韩崇昭，方洋旺. 非线性系统理论及应用[M]. 西安：西安交通大学出版社，2001

[62] 刘豹，王正欧. 系统辨识[M]. 北京：机械工业出版社，1993

[63] Andjelic Z. A novel approach for free-form optimization in engineering design[J]. IEEE Transactions on Magnetics，2013，49(5)：2101－2104

[64] Etghani Mir Majid，Shojaeefard Mohammad Hassan，et al. A hybrid method of modified NSGA-II and TOPSIS to optimize performance and emissions of a diesel engine using biodiesel[J]. Applied Thermal Engineering，2013，59(2)：309－315

[65] Hare Warren，Nutini Julie，Tesfamariam，Solomon. A survey of non-gradient optimization methods in structural engineering[J]. Advances in Engineering Software，2013，59(3)：19－28

[66] 陈洁，杨秀，朱兰. 微网多目标经济调度优化[J]. 中国电机工程学报，2013，33(19)，58－66

[67] 宋子岭，王肇东，范军富. 露天煤矿采区转向接续期间剥采工程优化[J]. 科技导报，2013，31(9)：50－54

[68] 曾武，易灵芝，禹云辉. 开关磁阻风力发电系统输出电压优化控制[J]. 电力系统及其自动化学报，2013，25(3)：61－66

[69] Pence Benjamin，Hays Joseph，Fathy Hosam K. Vehicle sprung mass estimation for rough terrain [J]. International Journal of Vehicle Design，2013，61(4)：3－26

[70] Kirsch Sebastian, Hanke-Rauschenbach Richard, Stein Bianka. The electro-oxidation of H2, CO in a model PEM fuel cell: Oscillations, chaos, pulses[J]. Journal of the Electrochemical Society, 2013, 160(4): 436-446

[71] 修春波，刘新婷，张欣. 基于混沌特性分析的风速序列混合预测方法[J]. 电力系统保护与控制，2013，41(1)：14-20

[72] 李飞建，郑玲. 混沌免疫遗传算法在汽车悬置系统设计中的应用[J]. 噪声与振动控制，2013(1)：127-131

[73] 侯媛彬，汪梅，王立琦. 系统辨识及其 MATLAB 仿真[M]. 北京：科学出版社，2004

[74] 王志贤. 最优状态估计与系统辨识[M]. 西安：西北工业大学出版社，2004

[75] 杨承志，孙棣华，张长胜. 系统辨识与自适应控制[M]. 重庆：重庆大学出版社，2003

[76] 陈霸东，朱煜，胡金春. 系统参数辨识的信息准则及算法[M]. 北京：清华大学出版社，2011

[77] 潘立登，潘仰东. 系统辨识与建模[M]. 北京：化学工业出版社，2004

[78] 唐利民. 非线性最小二乘的不适定性及算法研究[M]. 博士学位论文. 中南大学，2011

[79] 邢永忠. 最小二乘支持向量机的若干问题与应用研究[M]. 博士学位论文. 南京理工大学，2009